高等院校精品课程系列教材

计算机网络技术教程
例题解析与同步练习
第2版

吴英 编著
南开大学

Computer Networking
Answer Book Second Edition

机械工业出版社
China Machine Press

图书在版编目（CIP）数据

计算机网络技术教程例题解析与同步练习/吴英编著 . —2 版 . —北京：机械工业出版社，2020.9

（高等院校精品课程系列教材）

ISBN 978-7-111-66440-6

I. 计… II. 吴… III. 计算机网络 – 高等学校 – 题解 IV. TP393-44

中国版本图书馆 CIP 数据核字（2020）第 164266 号

　　本书在分析计算机专业硕士研究生全国统考大纲、试题的基础上，结合近年来收集到的计算机、通信与软件企业人员招聘考题，根据计算机网络课程的知识点结构设计例题和练习题。在写作上采取例题和练习题内容互补、数量适当、难度适中，以及例题解析与知识复习和难点分析相结合的思路，突出网络技术的重点与难点，构成合理的例题和练习题体系，辅助学生理解网络知识和掌握基本技能，希望对学生通过研究生考试、网络技术认证，以及提高就业竞争力有所帮助。

　　本书可以作为计算机、软件工程、信息安全、物联网、通信、微电子、电子信息等相关专业的本科生与硕士研究生学习计算机网络课程的教学参考书，以及准备参加计算机专业硕士研究生全国统考、求职考试的学生的参考资料，也可以供信息技术领域的教师、工程技术人员学习和研究网络技术时参考。

出版发行：机械工业出版社（北京市西城区百万庄大街 22 号　邮政编码 100037）

责任编辑：佘　洁		责任校对：殷　虹	
印　　刷：北京瑞德印刷有限公司		版　　次：2020 年 9 月第 2 版第 1 次印刷	
开　　本：185mm×260mm　1/16		印　　张：16.75	
书　　号：ISBN 978-7-111-66440-6		定　　价：49.00 元	

客服电话：（010）88361066　88379833　68326294　　　投稿热线：（010）88379604
华章网站：www.hzbook.com　　　　　　　　　　　　　　读者信箱：hzjsj@hzbook.com

前　言

　　计算机网络技术的成熟与互联网的广泛应用，对当今人类社会的政治、科研、教育、文化与经济发展都产生了重大的影响。无论是政务运行、商务活动、文化教育，还是科学研究、休闲娱乐甚至军事活动，都越来越依赖于计算机网络与互联网。继报纸、电视、广播之后，互联网已成为一个重要的信息来源。当今社会逐渐成为一个运行在计算机网络上的社会，而计算机网络与电力网、电话网、电视网以及邮政系统一起，成为支持现代社会运行的基础设施。总而言之，计算机网络与互联网已成为一个国家的经济、文化、科学与社会发展水平的重要标志之一。

　　计算机网络是计算机技术与通信技术相互渗透、密切结合而形成的交叉学科，同时它也正在与其他专业相结合，促进相关交叉学科的发展。我国信息技术与产业的发展需要大量从事网络应用系统设计、网络系统集成、网络软件开发的专业技术人员，以及网络与信息系统的使用和维护人员。随着互联网应用的快速发展，社会对网络技术人才的需求还会增长。计算机网络教育正在由普及阶段，向"扁平化"和"深层次"方向发展。"扁平化"表现在计算机网络课程的教学正在从计算机专业向相关专业发展，"深层次"表现在社会急需大量网络技术专门人才。

　　笔者在本科、硕士、博士学习阶段以及多年的教学过程中体会到，计算机网络具有交叉学科的特点，很多计算机及相关专业的学生学习起来有一定的困难。首先，计算机网络知识结构比较庞杂，涉及面比较广，很难理出一个头绪。其次，网络技术发展、知识更新的速度快，技术术语很多，容易产生混淆。最后，学习时虽然表面上读懂了课本知识，但遇到问题仍无从下手。笔者本身经历过这个痛苦的过程，对于初学者的困惑深有体会。针对这些问题，笔者结合多年教学、科研工作中积累的知识和资料，为读者编写了这本内容适度、自成体系、难易适中的例题解析与同步练习辅导书。

　　本书遵循以下写作思路。

　　（1）结构清晰

　　本书以主教材《计算机网络技术教程：自顶向下分析与设计方法》（第2版）为基准并参考主流计算机网络教材的内容来形成章节结构，力求做到结构清晰，方便读者对某类问题进行查找。

　　（2）内容实用

　　本书的例题、练习题的设计覆盖了计算机专业硕士研究生全国统考大纲的基本内容，习题参考了统考试题的命题风格，以满足学生准备研究生入学考试的需要。同时，笔者也参考了Cisco公司CCNA/CCNP培训和考试大纲、教育部考试中心全国计算机等级考试（三级）网络技术考试大纲，并收集了一些大型IT企业的招聘题，希望能覆盖主要的网络认证考试以及IT界对毕业生能力与知识的要求，帮助学生通过研究生入学考试、网络技术认证，提高就业竞争力。

（3）自成体系

本书在构思中采取例题和练习题内容互补、数量适当、难度适中，以及例题解析与知识复习和难点分析相结合的思路，突出网络技术的重点与难点，构成结构相对合理、完善的例题与练习题体系。

（4）尽量简单

本书不是在每章开始处用大量篇幅总结知识要点，而是在解析例题过程中分析知识要点，指出初学者容易出现的错误。针对网络知识体系的重点与难点，安排适当的练习题，便于读者进一步加深理解，巩固知识，掌握网络的工作原理与实现技术。由于希望在既便于学生考研和就业前的准备，又能够满足学习要求的前提下，能够减轻学生负担，因此例题与练习题尽量精练且不重叠，希望读者在阅读本书时，对于例题采取先做再看解析的方式。

教师可根据教学需要直接使用本书中的习题，也可以根据例题改编形成新的习题。学生可以在课后通过阅读例题解析与完成练习题⊖系统地掌握网络课程的知识，为网络课程学习、研究生入学考试、求职考试奠定基础。

在本书的写作过程中，笔者得到了南开大学徐敬东教授、张建忠教授的建议，在此谨表衷心的感谢。

书中若有错误与不妥之处，恳请读者批评指正。

吴　英（wuying@nankai.edu.cn）

南开大学计算机学院

⊖　本书同步练习的习题参考答案可从华章网站（www.hzbook.com）下载。

目　　录

第1章 计算机网络概论

1.1 例题解析

1.1.1 计算机网络发展阶段与特点

例1 以下关于计算机网络发展第一阶段特征的描述中，错误的是（　　）。

A）数据通信技术为网络形成奠定了技术基础

B）分组交换概念为网络形成奠定了理论基础

C）TCP/IP 协议研究为网络应用奠定了基础

D）Web 应用并没有在该阶段产生促进作用

分析：设计该例题的目的是加深读者对计算机网络技术发展过程的认识。在讨论计算机网络发展的第一阶段时，需要注意以下几个主要问题。

1）第一阶段是指在开展 ARPANET 项目研究之前，计算机网络研究的技术准备与理论准备阶段。

2）在 20 世纪 60 年代之前，人们将独立发展的计算机技术与通信技术相结合，完成数据通信技术与计算机通信网的研究，为计算机网络的产生奠定了理论基础。

通过上述描述可以看出，TCP/IP 协议研究开始于 1972 年，而 Web 技术最早出现于 1989 年，它是推动互联网应用发展的主要技术。显然，C 所描述的内容并不属于计算机网络发展第一阶段的特征。

答案：C

例2 以下关于计算机网络发展第二阶段特征的描述中，错误的是（　　）。

A）ARPANET 的成功运行证明了分组交换理论的正确性

B）TCP/IP 协议的广泛应用为更大规模的网络互联奠定了基础

C）DNS、E-mail、FTP 等网络应用展现了美好前景

D）P2P 的应用推动了网络技术的发展

分析：设计该例题的目的是加深读者对计算机网络技术发展过程的认识。在讨论计算机网络发展的第二阶段时，需要注意以下几个主要问题。

1）第二阶段应该从 20 世纪 60 年代美国 ARPANET 与分组交换技术研究开始。

2）ARPANET 是计算机网络技术发展的一个里程碑，其研究成果对促进计算机网络技术发展和理论体系研究具有重要作用。

3）TCP/IP 协议研究为互联网的形成奠定了基础。

4）DNS、E-mail、FTP、Telnet、BBS 等应用促进了互联网发展。

通过上述描述可以看出，DNS、E-mail、FTP、Telnet 等应用促进了互联网发展，而 P2P 技术的真正大量应用始于 2000 年。显然，D 所描述的内容并不属于计算机网络发展第二阶段的特征。

答案：D

例 3   以下关于计算机网络发展第三阶段特征的描述中，错误的是（   ）。

A）广域网、局域网设备生产商纷纷制定了各自的网络标准

B）IEEE 在制定网络互联模型与网络协议标准化方面做了大量工作

C）OSI 参考模型在推进网络协议标准化方面起到了重要作用

D）TCP/IP 协议推广是对 OSI 参考模型与协议的重大挑战

分析：设计该例题的目的是加深读者对计算机网络技术发展过程的认识。在讨论计算机网络技术发展的第三阶段时，需要注意以下几个主要问题。

1）第三阶段大致是从 20 世纪 70 年代中期开始的。那时，如果不能推进网络协议与网络体系结构标准化，未来更大规模的网络互联将会面临巨大阻力。

2）在推进网络协议与网络体系结构标准化方面，国际标准化组织（ISO）起到了重要作用，ISO 专门成立了一个分委会来研究和制定 OSI 参考模型。

3）在计算机网络领域的协议标准方面，国际电气电子工程师协会（IEEE）的主要贡献表现在局域网协议的制定上，最重要的是 IEEE 802 局域网参考模型。

通过上述描述可以看出，ISO 在制定网络互联参考模型与网络协议标准化方面有重要贡献，而 IEEE 的工作主要集中在局域网参考模型方面。显然，B 所描述的内容混淆了不同标准化组织所关注的技术领域。

答案：B

例 4   以下关于计算机网络发展第四阶段特征的描述中，错误的是（   ）。

A）互联网在经济、文化、科研、教育、社会生活等方面发挥重要作用

B）无线局域网已成为一个现代化城市的唯一信息基础设施

C）无线自组网、无线传感器网的研究与应用受到高度重视

D）P2P 网络研究为现代信息服务业带来了新的经济增长点

分析：设计该例题的目的是加深读者对计算机网络技术发展阶段的认识。在讨论计算机网络技术发展的第四阶段时，需要注意以下几个主要问题。

1）互联网作为一个国际性国际网与大型信息系统，正在当今经济、文化、科研、教育与社会生活等方面发挥重要作用。

2）计算机网络与电信网、有线电视网的"三网融合"促进了宽带城域网的概念、技术演变。宽带城域网已成为现代化城市的重要基础设施之一。

3）无线局域网技术日益成熟并进入应用阶段，可以作为传统局域网组网方式的有效补充。无线自组网、无线传感器网的研究与应用受到了高度重视。

4）P2P 技术的研究促使新的网络应用不断涌现，并为现代信息服务业带来新的产业增长点。

通过上述描述可以看出，无线局域网仅作为传统局域网的补充，用于局部范围内的固定、移动结点的接入，还不能独立构成一个城市的网络基础设施。实际上，宽带城域网才是一个现代化城市的重要信息基础设施之一。

答案：B

例 5   以下关于 ARPANET 特点的描述中，错误的是（   ）。

A）ARPANET 分为通信子网与资源子网

B）通信子网的报文存储转发结点由主机与 IMP 构成

C）为了保证可靠性，每个结点的 IMP 必须有两个以上的备份设备

D）IMP 将报文分成短的分组并采用存储转发方式传输

分析：设计该例题的目的是加深读者对 ARPANET 特点的理解。在讨论 ARPANET 时，需要注意以下几个主要问题。

1）ARPANET 分为两个部分：通信子网与资源子网。

2）通信子网的报文存储转发结点由一些小型机组成，这些小型机称为接口报文处理器（IMP），它们通过速率 56kbit/s 的线路相连。

3）为了保证高度的可靠性，每个结点的 IMP 都与多个其他结点的 IMP 相连。如果一些线路或 IMP 被毁坏，仍然可以通过其他路径自动转发分组。

4）ARPANET 采用分组交换的设计思路，IMP 将报文分成长度为 1008 位的分组，再将这些分组转发给下一个 IMP，直至所有分组到达目的结点。

通过上述描述可以看出，为了保证可靠性，每个结点的 IMP 必须与多个其他结点的 IMP 相连，如果一些线路或 IMP 被毁坏，仍可通过其他路径自动转发分组。但是，并没有要求每个结点的 IMP 有两个以上的备份设备。

答案：C

例 6　以下关于分组交换概念的描述中，错误的是（　　）。

A）结点将传输的数据预先分成多个短的、具有相同长度与格式的分组

B）如果两个结点之间不直接相连，传输的分组需要通过中间结点"存储转发"

C）每个中间结点可以独立地根据链路状态与通信量为分组选择路径

D）当某个中间结点接收到一个分组时，首先需要校验接收的分组是否正确

分析：设计该例题的目的是加深读者对分组交换概念的理解。在讨论分组交换概念时，需要注意以下几个主要问题。

1）最初兰德公司的研究人员建议在分布式网络中采用"分组交换"技术，他们想象的是一个网状结构、分布式控制的计算机网络。

2）结点在发送数据之前，预先按照协议的规定将数据分成多个短的、有固定格式的分组。

3）如果两个不直接相连的结点通信，需要通过中间结点采用"存储转发"的方法来转发分组。

4）每个中间结点可以独立地根据链路状态与通信量为分组进行路由选择。

5）当某个中间结点接收到一个分组时，首先需要校验接收的分组是否正确。如果接收的分组正确则先存储起来，然后为该分组寻找最佳转发路由。

通过上述描述可以看出，A 所描述的内容包括"短的""相同长度"与"相同格式"。这里，"短的"说明分组是按照协议分成的短的数据单元；"相同格式"说明分组必须根据协议来确定结构；"相同长度"说明分组必须根据协议规定固定长度，但是相关协议仅规定了分组的最大长度。

答案：A

例 7　计算发送延时与传播延时。

条件：发送结点与接收结点之间传输介质长度为 1000km。电磁波在传输介质上的传播速度为 2×10^8 m/s。

1）数据长度为 1×10^7 位，数据发送速率为 100kbit/s。

2）数据长度为 1×10^3 位，数据发送速率为 1Gbit/s。

计算两种情况下的发送延时与传播延时。

分析：

（1）结点发送延时

图1-1给出了结点发送延时的概念。如果结点的数据发送速率是100kbit/s，也就是说它每秒发送 1×10^5 位，那么它发送 1×10^6 位时，需要10s。

结点发送延时 = 发送的位数 / 发送速率 = N/S

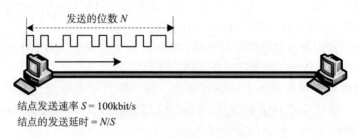

发送的位数 N

结点发送速率 S = 100kbit/s
结点的发送延时 = N/S

图1-1   结点发送延时的概念

（2）数据传播延时

图1-2给出了数据传播延时的概念。电磁波传播是需要时间的。电磁波在空间中的传播速度为 3×10^8 m/s，而在传输介质（如双绞线）中的传播速度约等于空间中传播速度的2/3。如果发送结点与接收结点之间传输介质长度为 D，信号传播速度为 V，那么信号传播距离 D 所需的时间是 D/V，这个时间就是数据传播延时。

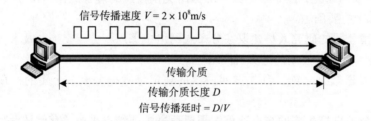

信号传播速度 $V = 2 \times 10^8$ m/s

传输介质

传输介质长度 D
信号传播延时 = D/V

图1-2   数据传播延时的概念

计算：

1）发送延时：$T_{t1} = 1 \times 10^7/(1 \times 10^5) = 100$（s）
　　传播延时：$T_{c1} = 1 \times 10^6/(2 \times 10^8) = 5 \times 10^{-3}$（s）= 5（ms）

2）发送延时：$T_{t2} = 1 \times 10^3/(1 \times 10^9) = 1 \times 10^{-6}$（s）= 1（μs）
　　传播延时：$T_{c2} = 1 \times 10^6/(2 \times 10^8) = 5 \times 10^{-3}$（s）= 5（ms）

答案：

1）发送延时为100s，传播延时为5ms。

2）发送延时为1μs，传播延时为5ms。

例8   计算传输介质的传播延时带宽积。

条件：电磁波在传输介质上的传播速度为 2.3×10^8 m/s，发送结点与接收结点之间传输介质长度分别为：

1）网卡（10cm）。

2）局域网（100m）。

3）城域网（100km）。

4）广域网（5000km）。

计算发送速率为 1Mbit/s 与 10Gbit/s 时的传播延时带宽积。

分析：

1）图 1-3 给出了传输介质上正在传播的位数。信号从发送结点到接收结点的传播延时与传输介质长度 D、传输速度 V 相关，即 $T_c = D/V$。

2）如果发送结点的发送速率为 S，那么在 T_c 时间内出现在传输介质上的位数 n 应该为 $n = S \times D/V$。

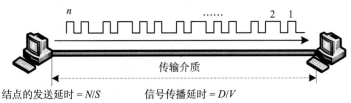

图 1-3　传输介质上正在传播的位数

3）传输介质上正在传播的位数与结点发送速率 S、传播延时相关，是衡量网络性能的参数之一，也称为"以位为单位的链路长度"或"传播延时带宽积"。

计算：

（1）网卡的传输介质长度 $D_1 = 0.1\text{m}$

①发送速率 $S_1 = 1\text{Mbit/s}$

传播延时 $T_{c1} = 0.1/(2.3 \times 10^8) \approx 4.35 \times 10^{-10}$（s）

传播延时带宽积 $n = 1 \times 10^6 \times 4.35 \times 10^{-10} = 4.35 \times 10^{-4}$（位）

②发送速率 $S_1 = 10\text{Gbit/s}$

传播延时 $T_{c1} = 0.1/(2.3 \times 10^8) \approx 4.35 \times 10^{-10}$（s）

传播延时带宽积 $n = 1 \times 10^{10} \times 4.35 \times 10^{-10} = 4.35$（位）

（2）局域网的传输介质长度 $D_2 = 100\text{m}$

①发送速率 $S_2 = 1\text{Mbit/s}$

传播延时 $T_{c2} = 100/(2.3 \times 10^8) \approx 4.35 \times 10^{-7}$（s）

传播延时带宽积 $n = 1 \times 10^6 \times 4.35 \times 10^{-7} = 0.435$（位）

②发送速率 $S_2 = 10\text{Gbit/s}$

传播延时 $T_{c2} = 100/(2.3 \times 10^8) \approx 4.35 \times 10^{-7}$（s）

传播延时带宽积 $n = 1 \times 10^{10} \times 4.35 \times 10^{-7} = 4.35 \times 10^3$（位）

（3）城域网的传输介质长度 $D_3 = 100\text{km}$

①发送速率 $S_3 = 1\text{Mbit/s}$

传播延时 $T_{c3} = 1 \times 10^5/(2.3 \times 10^8) \approx 4.35 \times 10^{-4}$（s）

传播延时带宽积 $n = 1 \times 10^6 \times 4.35 \times 10^{-4} = 4.35 \times 10^2$（位）

②发送速率 $S_3 = 10\text{Gbit/s}$

传播延时 $T_{c3} = 1 \times 10^5/(2.3 \times 10^8) \approx 4.35 \times 10^{-4}$（s）

传播延时带宽积 $n = 1 \times 10^{10} \times 4.35 \times 10^{-4} = 4.35 \times 10^6$（位）

（4）广域网的传输介质长度 $D_4 = 5000$km

①发送速率 $S_4 = 1$Mbit/s

传播延时 $T_{c4} = 5 \times 10^6/(2.3 \times 10^8) \approx 2.17 \times 10^{-2}$（s）

传播延时带宽积 $n = 1 \times 10^6 \times 2.17 \times 10^{-2} = 2.17 \times 10^4$（位）

②发送速率 $S_4 = 10$Gbit/s

传播延时 $T_{c4} = 5 \times 10^6/(2.3 \times 10^8) \approx 2.17 \times 10^{-2}$（s）

传播延时带宽积 $n = 1 \times 10^{10} \times 2.17 \times 10^{-2} = 2.17 \times 10^8$（位）

答案：答案如表 1-1 所示。

表 1-1　传输介质长度、传播延时与传播延时带宽积

传输介质长度 /m	传播延时 /s	传播延时带宽积 / 位	
		发送速率 =1Mbit/s	发送速率 =10Gbit/s
0.1	4.35×10^{-10}	4.35×10^{-4}	4.35
100	4.35×10^{-7}	0.435	4.35×10^3
1×10^5	4.35×10^{-4}	4.35×10^2	4.35×10^6
5×10^6	2.17×10^{-2}	2.17×10^4	2.17×10^8

例9　比较电路交换与分组交换的延时。

条件：

1）传送的报文长度为 L（位）。

2）从源结点到目的结点要经过 k 条电路。

3）每条链路的传播延时为 d（s）。

4）数据传输速率为 b（bit/s）。

5）在电路交换中，电路的建立时间为 s（s）。

6）在分组交换中，分组长度为 p（位）。

7）各结点的排队等待时间忽略不计。

计算在什么条件下，分组交换的总延时比电路交换的总延时小？

分析：

1）图 1-4 给出了电路交换工作过程。

忽略排队等待时间，电路交换总延时为：$T_1 =$ 连接延时 + 发送延时 + 传播延时。

①已知连接延时为 s（s）。

②已知传送的报文长度为 L（位），数据传输速率为 b（bit/s），则报文的发送延时为 L/b（s）。

③已知每条链路的传播延时为 d（s），共有 k 段电路，则电路交换的传播延时为 $d \times k$（s）。

④ $T_1 = s + L/b + d \times k$ (1-1)

2）图 1-5 给出了分组交换工作过程。

忽略排队等待时间，分组交换总延时为：$T_2 =$ 发送延时 + 传播延时。

①如果将一个长度为 L 的报文分为长度为 p 的分组，则可以分为 n（L/p）个分组。

②已知分组长度为 p（位），数据传输速率为 b（bit/s），则发送一个分组的发送延时为 $\Delta t = p/b$（s），发送 n 个分组的发送延时为 $n \times \Delta t = (p/b) \times (L/p) = L/b$（s）。

③已知从源结点到目的结点要经过 k 条电路，每个分组要通过（$k-1$）个结点转发，则发送延时为 $(k-1) \times p/b$（s）。

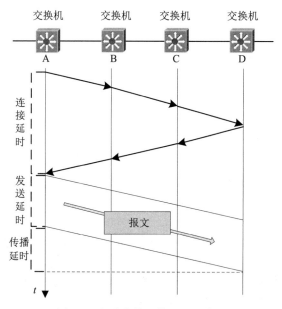

图 1-4　电路交换工作过程示意图

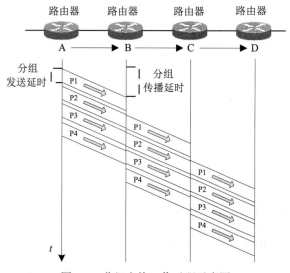

图 1-5　分组交换工作过程示意图

④已知每条链路的传播延时为 d（s），共有 k 段电路，则分组交换的传播延时也等于 $d \times k$（s）。

⑤$T_2 = (k-1) \times p/b + L/b + d \times k$　　　　　　　　　　　　　　（1-2）

计算：

分组交换的总延时比电路交换的总延时小，即 $T_2 < T_1$。

根据式（1-1）与式（1-2），可以得到：$(k-1) \times p/b + L/b + d \times k < s + L/b + d \times k$

最终得到：$(k-1) \times p/b < s$

答案：$(k-1) \times p/b < s$

例 10 计算分组交换的延时。

条件：

1）传送的报文长度为 L（位）。

2）分组长度为 $p + h$（位），其中 p 为数据字段长度，h 为分组头长度。

3）从源结点到目的结点要经过 k 条电路。

4）数据传输速率为 b（bit/s）。

5）忽略传播延时与结点排队等待延时。

计算：如果希望分组传输总延时达到最小，则分组中数据字段长度 p 应取多少？

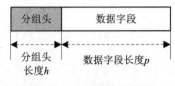

图 1-6　分组结构示意图

分析：

1）图 1-6 给出了分组结构。

2）忽略排队等待时间，分组交换的总延时为：$T =$ 发送延时 + 传播延时

①如果将一个长度为 L 的报文分为多个长度为 $p + h$ 的分组，则可以分为 n（L/p）个分组。

②已知分组长度为 $p + h$（位），数据传输速率为 b（bit/s），则一个分组的发送延时为 $\Delta t = (p + h)/b$（s），而 n 个分组的发送延时为 $n \times \Delta t = ((p + h)/b) \times (L/p)$（s）。

③已知从源结点到目的结点要经过 k 条电路，每个分组要通过（$k - 1$）个结点转发，则转发延时为 $(k - 1) \times (p + h)/b$（s）。

④忽略传播延时，即 $d = 0$（s）。

⑤ $T = (k - 1) \times (p + h)/b + (p + h)/b \times (L/p)$　　　　　　　　　　（1-3）

计算：

分组传输的总延时如式（1-3）所示，本题是求使分组传输的总延时 T 最小时分组数据字段长度 p 的值，即对 p 求导。

$$T'(p) = -(Lh/bp^2) + (k - 1)/b$$

令 $T'(p) = 0$，即 $-(Lh/bp^2) + (k - 1)/b = 0$。

最终得到 $p = (Lh/(k - 1))^{1/2}$。

答案：$(Lh/(k - 1))^{1/2}$

1.1.2　计算机网络技术发展的三条主线

例 1　以下关于计算机网络发展第一条主线"ARPANET 到互联网"的描述中，错误的是（　　）。

A）ARPANET 研究为互联网发展奠定基础，而联系二者的是客户机 / 服务器（Client/Server）模型

B）广域网、城域网与局域网技术的成熟加速了互联网发展进程

C）计算机网络、电信网与有线电视网从结构、技术到服务领域正在快速融合

D）P2P 模式进一步扩大了网络资源共享范围和深度

分析：设计该例题的目的是加深读者对第一条主线"从 ARPANET 到互联网"的认识。在讨论互联网技术发展时，需要注意以下几个主要问题。

1）从 ARPANET 演变到互联网的过程中，广域网、城域网与局域网技术研究与应用得到了快速发展；而广域网、城域网与局域网技术的成熟与标准化，又加速了互联网的发展进程。

2）与传统的客户机/服务器模式不同，对等网络（P2P）模式淡化了服务提供者与使用者的界限，进一步扩大了网络资源共享的范围和深度。

3）计算机网络、电信网与有线电视网的三网融合趋势已十分清晰。

4）TCP/IP协议研究为互联网发展奠定了基础。

通过上述描述可以看出，客户机/服务器是互联网应用系统的一种工作模型，不能说它是奠定ARPANET与互联网发展的基础，而是TCP/IP奠定了互联网发展的基础。显然，A所描述的内容混淆了两种技术的作用。

答案：A

例2 以下关于计算机网络发展第二条主线"无线网络"的描述中，错误的是（   ）。

A）无线城域网属于基于基础设施的无线网络

B）无线局域网是一种自组织、对等式、多跳的无线网络

C）无线传感器网将无线自组网与传感器技术相结合

D）无线网状网是无线自组网在接入领域的一种应用

分析：设计该例题的目的是加深读者对第二条主线"无线网络"的认识。在讨论无线网络技术发展时，需要注意以下几个主要问题。

1）无线网络可以分为两类：基于基础设施与无基础设施。无线局域网与无线城域网属于基于基础设施的无线网络。无线自组网、无线传感器网属于无基础设施的无线网络。

2）无线自组网是在无线分组网的基础上发展起来，它是一种自组织、对等式、多跳的无线移动网络，在军事、特殊应用领域有重要的应用前景。

3）无线传感器网是无线自组网与传感器技术的结合。

4）无线网状网是无线自组网在接入领域的一种应用。

通过上述描述可以看出，无线局域网是一种基于基础设施、单跳的无线网络，而无线自组网是一种无基础设施、自组织、多跳的无线移动网络。显然，B所描述的内容混淆了两种无线网络的基本特征。

答案：B

例3 以下关于计算机网络发展第三条主线"网络安全"的描述中，错误的是（   ）。

A）现实社会对网络技术依赖程度越高，网络安全技术就越重要

B）当前网络攻击已逐步发展到有组织的经济犯罪

C）互联网使用的是TCP/IP，对计算机病毒传播有一定的抑制作用

D）网络安全产品无法保证网络的绝对安全

分析：设计该例题的目的是加深读者对第三条主线"网络安全"的理解。在讨论网络安全技术时，需要注意以下几个主要问题。

1）网络安全是现实社会的安全问题在网络虚拟社会的反映。网络安全技术将会伴随着前两条主线的发展而发展，永远不会停止。

2）现实社会对网络技术依赖的程度越高，网络安全技术就越显得重要。

3）在"攻击-防御-新攻击-新防御"的循环中，网络攻击与网络防攻击技术相互影响、相互制约，共同发展，这个过程将一直延续下去。目前，网络攻击已经从最初的显示才能、玩世不恭，逐步发展到出于经济利益驱动的有组织犯罪。

4）计算机病毒也会伴随着计算机与网络技术的发展而演变。计算机网络特别是互联网已成为传播计算机病毒的重要渠道。

5）网络安全是一个系统的社会工程。网络安全的研究是一个涉及技术、管理、道德与法制环境等多个方面的问题。

通过上述描述可以看出，计算机病毒针对的是操作系统、应用软件、网络协议等，TCP/IP 本身也存在各种漏洞，攻击者经常利用这些漏洞来传播病毒或进行攻击，因此协议本身不可能对计算机病毒传播有抑制作用。

答案：C

1.1.3 计算机网络的定义与分类

例 1 以下关于计算机网络定义的描述中，错误的是（　）。

A）建立计算机网络的目的是实现计算机之间的数据通信

B）互联的计算机是分布在不同地理位置的多台独立的"自治计算机系统"

C）联网计算机之间的通信必须遵循共同的网络协议

D）资源共享角度的定义能比较准确地描述计算机网络的基本特征

分析：设计该例题的目的是加深读者对计算机网络定义涵盖内容的理解。在讨论计算机网络的定义时，需要注意以下几个主要问题。

1）计算机网络的定义主要有 3 种：广义的观点、资源共享的观点、用户透明的观点。不同的定义反映着当时网络技术发展的水平，以及人们对网络的认识程度。

2）从资源共享的角度出发，计算机网络被定义为"以能够相互共享资源方式互联起来的自治计算机系统的集合"。根据目前网络技术发展的水平与特征，基于资源共享观点的计算机网络定义比较准确。

3）计算机网络的基本特征主要表现在 3 个方面：建立计算机网络的目的是实现计算机资源的共享；互联的计算机是分布在不同地理位置的多台独立的"自治计算机系统"；联网计算机之间的通信必须遵循共同的网络协议。

通过上述描述可以看出，根据计算机网络的第一个基本特征，建立计算机网络的目的是实现计算机资源的共享。显然，A 所描述的内容仅涉及计算机网络的一个特征，没有说明网络资源共享这个最重要的功能。

答案：A

例 2 以下关于按照传输技术进行网络分类的描述中，错误的是（　）。

A）通信信道的类型有两类：广播式信道与点 – 点式信道

B）根据采用的传输技术，网络可以分为两类：广播式网络与点 – 点式网络

C）在广播式网络中，所有联网计算机共享一个公共信道

D）存储转发与介质访问控制是点 – 点式网络的主要特征

分析：设计该例题的目的是加深读者对网络分类方法的理解。在讨论网络分类时，需要注意以下几个主要问题。

1）通信信道的类型有两类：广播式信道与点 – 点式信道。按照采用的传输技术，网络可以分为广播式网络与点 – 点式网络。

2）在广播式网络中，所有联网计算机共享一个公共信道。当一台计算机利用共享信道发送一个分组时，所有其他计算机都会"收听"到这个分组。

3）在点 – 点式网络中，每条物理线路连接两台计算机。如果两台计算机之间没有直接相连，则它们之间的分组传输就要通过中间结点转发。分组存储转发与路由选择机制是点 –

点式网络与广播式网络的重要区别之一。

通过上述描述可以看出，存储转发与路由选择是点－点式网络的主要特征，而介质访问控制是广播式网络的主要特征。显然，D 所描述的内容混淆了点－点式网络与广播式网络的基本特征。

答案：D

例 3　以下关于按照覆盖范围进行网络分类的描述中，错误的是（　　）。

A）按照覆盖的地理范围，计算机网络主要分为局域网、城域网与广域网

B）局域网用于将有限范围内的计算机通过 TCP/IP 互联起来

C）城域网主要满足几十千米范围内的大量企业、学校等的局域网互联需求

D）广域网覆盖的地理范围从几十千米到几千千米

分析：设计该例题的目的是加深读者对网络按照覆盖范围进行分类特点的理解。在讨论网络按照覆盖范围进行分类时，需要注意以下几个主要问题。

1）按照覆盖的地理范围分类，计算机网络主要分为 4 类：广域网、城域网、局域网与个人区域网。

2）广域网覆盖的地理范围从几十千米到几千千米。广域网可以覆盖一个国家、地区，或横跨几个洲，甚至是国际性远程网络。

3）城域网主要满足几十千米范围内的大量校园、企业等的多个局域网互联的需求，实现大量用户之间数据、图像、语音与视频等的传输。

4）局域网用于将有限范围内的各种计算机、终端与外设互联起来。

5）个人区域网的覆盖范围最小（通常为 10m 以内），用于连接计算机、平板电脑、智能手机等数字终端设备。

通过上述描述可以看出，局域网用于将有限范围内的各种计算机、终端与外设互联，它仅涉及物理层与数据链路层的协议内容，而 TCP/IP 主要描述网络层、传输层与应用层的协议内容。显然，B 所描述的内容不符合局域网的基本特征。

答案：B

1.1.4　计算机网络的拓扑结构

例 1　以下关于网络拓扑概念的描述中，错误的是（　　）。

A）拓扑学研究将实体抽象成的"点""线""面"之间的关系

B）网络拓扑反映出网中结点与通信线路之间的关系

C）拓扑设计对网络性能、系统可靠性等有重大影响

D）网络拓扑是指资源子网与通信子网的拓扑构型

分析：设计该例题的目的是加深读者对网络拓扑概念的理解。在讨论网络拓扑概念时，需要注意以下几个主要问题。

1）拓扑学是将实体抽象成"点"，将连接实体的线路抽象成"线"，进而研究"点""线""面"之间的关系。

2）网络拓扑通过网中结点与通信线路之间的几何关系表示网络结构，反映出网中各实体之间的结构关系。

3）网络拓扑设计是网络系统设计的第一步，它对网络性能、系统可靠性与通信费用都有重大影响。

4）网络拓扑是指通信子网的拓扑构型。

通过上述描述可以看出，通信子网负责为资源子网中的计算机提供分组传输服务，它决定了网络性能、系统可靠性与通信费用，研究网络拓扑主要是研究通信子网的拓扑。显然，D 所描述的内容混淆了研究对象及其范围。

答案：D

例 2 以下关于网络拓扑的描述中，错误的是（ ）。

A）星形拓扑的中心结点是网络性能与可靠性的瓶颈

B）总线型拓扑必须解决多结点访问总线的介质访问控制问题

C）环形拓扑无须解决多结点访问总线的介质访问控制问题

D）网状拓扑必须解决路由选择、流量控制与拥塞控制问题

分析：设计该例题的目的是加深读者对网络拓扑特点的理解。在讨论不同网络拓扑时，需要注意以下几个主要问题。

1）网络拓扑主要分为 5 种类型：星形、环形、总线型、树形与网状。

2）星形拓扑的结点通过点 – 点线路与中心结点连接。中心结点控制全网的通信。星形拓扑的优点是结构简单，易于实现，便于管理。但是，中心结点是网络性能与可靠性的瓶颈，其故障可能造成全网瘫痪。

3）环形拓扑的结点通过点 – 点线路连接成闭合环路。环中数据沿一个方向逐站传送。环形拓扑的优点是结构简单，传输延时确定。但是，每个结点与点 – 点线路都是网络可靠性的瓶颈。环形拓扑须解决结点加入与退出、介质访问控制、环维护等问题。

4）总线型拓扑的所有结点都连接在一条作为公共传输介质的总线上。如果有两个或两个以上结点同时打算利用总线发送数据，就会出现冲突，造成传输失败。总线型拓扑的优点是结构简单。总线型拓扑须解决多结点访问总线的介质访问控制问题。

5）树形拓扑的结点按层次进行连接，信息交换主要在上、下层结点之间，相邻及同层结点之间通常不交换数据或交换数据量较小。树形拓扑可以看成星形拓扑的一种扩展，它适用于信息汇集类的应用需求。

6）网状拓扑结点之间的连接关系任意，没有规律。网状拓扑的最大优点是系统可靠性高。但是，网状拓扑结构复杂，必须解决路由选择、流量控制与拥塞控制等问题。

通过上述描述可以看出，无论总线型拓扑还是环形拓扑，都需要解决介质访问控制问题，只是不同拓扑采用的方法不同。例如，总线型拓扑的 Ethernet 采用随机访问型的 CSMA/CD 方法，而环形拓扑的 Token Ring 采用确定访问型的令牌方法。显然，C 所描述的内容混淆了总线型拓扑与环形拓扑的特征。

答案：C

1.1.5 计算机网络的组成与结构

例 1 以下关于早期广域网结构的描述中，错误的是（ ）。

A）主要连接大型机、中型机、小型机等主机

B）从逻辑上分为通信子网与资源子网两个部分

C）数据转发功能主要由通信控制处理器完成

D）资源子网主要包括多种主机、通信线路等资源

分析：设计该例题的目的是加深读者对早期计算机网络结构特点的理解。在讨论早期计

算机网络的结构时，需要注意以下几个主要问题。

1）最早出现的计算机网络是指广域网，设计目标是将分布在很大地理范围内的多台主机进行互联，这些主机主要是指大型机、中型机或小型机。

2）从逻辑功能上来看，计算机网络可以分成两部分：资源子网与通信子网。

3）资源子网主要包括主机、终端、外部设备、软件与信息资源等。资源子网负责完成数据处理业务，为网络用户提供各种资源与服务。

4）通信子网主要包括通信控制处理器、通信线路、其他通信设备等。通信子网负责完成数据的路由与转发等通信处理任务。

通过上述描述可以看出，通信子网主要包括通信控制处理器、通信线路、其他通信设备等；而资源子网主要包括主机、终端、外部设备、软件与信息资源等。显然，D 所描述的内容混淆了通信子网与资源子网的组成部分。

答案：D

例 2 以下关于互联网结构的描述中，错误的是（ ）。

A）互联网是一个由大量路由器将广域网、城域网、局域网互联而成的网际网

B）国际、国家级主干网构成互联网的主干网

C）国际、国家级与地区主干网的大量网络结点上连接有很多服务器集群

D）用户计算机均通过 IEEE 802.3 局域网接入本地的企业网或校园网

分析：设计该例题的目的是加深读者对互联网结构特点的理解。在讨论互联网的结构时，需要注意以下几个主要问题。

1）随着互联网的广泛应用，简单的两级结构网络模型已很难表述现代网络的结构。互联网是一个由大量路由器将广域网、城域网、局域网互联而成，网络结构不断发生着变化的网际网。

2）国际、国家级主干网构成互联网的主干网。大型主干网可能有上千台分布在不同位置的路由器，通过光纤连接提供高带宽的传输服务。

3）国际、国家级主干网与地区主干网的大量网络结点上连接有很多服务器集群，为接入的用户提供各种互联网服务。

4）用户计算机可以通过 IEEE 802.3 以太网、IEEE 802.11 无线局域网、IEEE 802.16 无线城域网、电话交换网（PSTN）、有线电视网（CATV）、无线自组网（Ad hoc）、无线传感器网（WSN）等接入本地的企业网或校园网。

5）企业网或校园网通过路由器与光纤汇聚到地区主干网。地区主干网通过城市宽带出口连接到国家或国际级主干网。国际或国家级主干网、地区主干网和大量企业网或校园网组成了互联网。

通过上述描述可以看出，用户接入互联网不只是以太网一种接入方式，其他像无线局域网、无线城域网、电话交换网、有线电视网、无线自组网，甚至通过无线传感器网都可以接入互联网。显然，D 所描述的内容混淆了用户的接入方式。

答案：D

1.1.6 网络体系结构与网络协议

例 1 以下关于网络协议概念的描述中，错误的是（ ）。

A）网络协议是为网络数据交换而制定的规范

B）语法是用户数据与控制信息的结构与格式

C）语义描述了网络实体之间的拓扑关系

D）时序是对事件实现顺序的详细说明

分析：设计该例题的目的是加深读者对网络协议概念的理解。在讨论网络协议概念时，需要注意以下几个主要的问题。

1）计算机网络中的多台计算机之间要有条不紊地交换数据，每台计算机都必须遵守某种事先约定好的网络协议。

2）网络协议主要由以下 3 个要素组成：语法、语义与时序。

3）语法是用户数据与控制信息的结构与格式。

4）语义是网络实体发送的控制信息，以及双方完成的动作与响应。

5）时序是对事件实现顺序的详细说明。

通过上述描述可以看出，语义描述的是网络实体发送的控制信息，以及双方完成的动作与响应，而不是网络实体之间的拓扑关系。显然，C 所描述的内容混淆了协议概念中语义要素涉及的主要内容。

答案：C

例 2　以下关于网络体系结构中"层次"概念的描述中，错误的是（　　）。

A）网络中的对等实体具有相同的层次

B）不同系统的同等层具有相同的功能

C）高层使用低层提供的服务

D）高层需要知道低层服务的具体实现方法

分析：设计该例题的目的是加深读者对网络体系结构特点的理解。在讨论网络体系结构的特点时，需要注意以下几个主要问题。

1）层次结构体现出对复杂问题采取"分而治之"的处理方法，它将一个复杂问题分解为多个可以控制的小问题，分别加以解决。

2）"层次"是网络体系结构中的一个重要概念。设计者将网络总体功能分配在不同的层次中，对每个层次需要完成的服务及实现流程有明确规定。

3）网络中的对等实体具有相同的层次，不同系统的同等层具有相同的功能。

4）高层使用低层提供的服务时，无须知道低层服务的具体实现方法。

通过上述描述可以看出，当高层使用低层提供的服务时，无须知道低层服务的具体实现方法。显然，D 所描述的内容不符合网络层次设计原则。

答案：D

例 3　以下关于接口概念的描述中，错误的是（　　）。

A）接口是通信结点之间交换信息的连接点

B）协议对接口信息交互过程与格式有明确的规定

C）低层通过接口向高层提供服务

D）只要接口条件不变，低层功能的实现方法不会影响整个系统

分析：设计该例题的目的是加深读者对接口概念的理解。在讨论接口的概念时，需要注意以下几个主要问题。

1）接口是同一结点内相邻层之间交换信息的连接点。

2）协议对接口信息交互过程与格式有明确的规定。

3）低层通过接口向高层提供服务。

4）只要接口条件与功能不变，低层功能的具体实现方法不会影响整个系统。

通过上述描述可以看出，接口是同一结点内相邻层之间交换信息的连接点，而不是通信结点之间交换信息的连接点。显然，A 所描述的内容不符合接口的定义。

答案：A

例 4   以下关于网络体系结构的描述中，错误的是（   ）。

A）网络体系结构就是网络协议的集合

B）网络各层之间相对独立

C）高层仅需知道下层提供的服务，而无须知道低层的服务如何实现

D）每层功能与提供服务已有明确说明，这有利于促进协议的标准化

分析：设计该例题的目的是加深读者对网络体系结构概念的理解。在讨论网络体系结构的概念时，需要注意以下几个主要问题。

1）网络体系结构是网络层次结构模型与各层协议的集合。网络体系结构对网络应该实现的功能有精确的定义，而这些功能通过怎样的硬件与软件去完成，这是具体的实现问题。网络体系结构是抽象的，而实现技术是具体的。

2）各层之间相对独立，高层仅需要知道下层提供的服务，而不需要知道低层的服务是如何实现的。

3）各层可以采用最合适的技术来实现，其实现方法和技术改变不影响其他层。

4）每层的功能与所提供的服务已有明确的说明，这有利于促进协议的标准化。

通过上述描述可以看出，网络体系结构是网络层次结构模型与各层协议的集合。显然，A 所描述的内容忽略了"层次结构模型"这个重要概念。

答案：A

例 5   以下关于 OSI 参考模型概念的描述中，错误的是（   ）。

A）定义了开放系统的层次结构、层次之间的相互关系

B）"开放"是指只要遵循 OSI 标准，任何两台计算机之间都可以通信

C）用来协调进程间通信标准的制定，并且定义具体的实现方法

D）采用的是三级抽象：体系结构、服务定义与协议规范

分析：设计该例题的目的是加深读者对 OSI 参考模型概念的理解。在讨论 OSI 参考模型的概念时，需要注意以下几个主要问题。

1）OSI 参考模型中的"开放"是指只要遵循 OSI 标准，一台计算机就可以与位于世界上任何地方、遵循同一标准的其他计算机进行通信。

2）OSI 参考模型定义了开放系统的层次结构、层次之间的相互关系，以及各层包括的服务。它作为一个框架来协调和组织各层协议的制定，也是对网络内部结构最精炼的概括与描述。

3）OSI 参考模型只是描述了一些概念，用来协调进程间通信标准的制定，并没有定义具体的实现方法。

4）OSI 参考模型采用了三级抽象：体系结构、服务定义与协议规范。

通过上述描述可以看出，OSI 参考模型是一个在制定标准时所使用的概念性框架，它与在实现某种服务时所采用的具体技术、方法无关。显然，C 所描述的内容不符合 OSI 参考模型的定义。

答案：C

例 6 以下关于 OSI 参考模型各层功能的描述中,错误的是( )。

A)物理层利用传输介质实现比特序列的传输

B)数据链路层使得物理线路传输无差错

C)网络层实现路由选择、分组转发、流量控制等功能

D)传输层提供可靠的"端-端"通信服务

分析:设计该例题的目的是加深读者对 OSI 参考模型各层功能的理解。在讨论 OSI 参考模型各层的主要功能时,需要注意以下几个主要问题。

1)物理层利用传输介质实现比特序列的传输。

2)数据链路层采用差错控制与流量控制方法,使得有差错的物理线路变成无差错的数据链路。

3)网络层提供路由选择、分组转发、流量控制、拥塞控制等功能。

4)传输层向高层用户提供可靠的"端-端"传输服务,向高层屏蔽下层数据通信的具体细节。

5)会话层负责维护两台计算机之间的进程通信,以便确保"点-点"传输不中断,以及管理数据交换等。

6)表示层维护两个计算机系统交换数据的表示方式,完成数据的格式变换、加密与解密、压缩与恢复等功能。

7)应用层通过应用软件提供了多种网络服务,如文件服务、数据库服务、电子邮件、Web 服务等。

通过上述描述可以看出,从数据通信的原理上来看,要求物理线路传输无差错是不现实的。数据链路层采用差错控制与流量控制方法,发现物理线路传输中的错误,并采取重传方式纠正错误,将有差错的物理线路变成无差错的数据链路。

答案:B

例 7 以下关于 OSI 环境中数据传输过程的描述中,错误的是( )。

A)应用层协议数据单元针对某个应用进程

B)传输层协议数据单元通常称为报文

C)网络层协议数据单元通常称为分组

D)数据链路层协议数据单元通常称为信元

分析:设计该例题的目的是加深读者对 OSI 环境中数据流的理解。在讨论 OSI 环境中的数据传输过程时,需要注意以下几个主要问题。

1)当某个应用进程的数据传送到应用层时,应用层为数据(data)加上应用层报头构成应用层协议数据单元,然后传送到表示层。

2)表示层接收到应用层协议数据单元之后,加上表示层报头构成表示层协议数据单元,然后传送到会话层。

3)会话层接收到表示层协议数据单元之后,加上会话层报头构成会话层协议数据单元,然后传送到传输层。

4)传输层接收到会话层协议数据单元之后,加上传输层报头构成传输层协议数据单元,它通常称为报文(message),然后传送到网络层。

5)网络层接收到传输层协议数据单元之后,加上网络层报头构成网络层协议数据单元,它通常称为分组(packet),然后传送到数据链路层。

6）数据链路层接收到网络层协议数据单元之后，加上数据链路层报头与报尾构成数据链路层协议数据单元，它通常称为帧（frame），然后传送到物理层。

7）物理层接收到数据链路层协议数据单元之后，以位（bit）作为物理层协议数据单元，然后发送到某种传输介质。

通过上述描述可以看出，网络体系结构中每层的协议数据单元有专用术语，数据链路层的协议数据单元称为帧，而 ATM 网络的协议数据单元称为信元。显然，D 所描述的内容混淆了不同协议数据单元的名称。

答案：D

例 8 以下关于 TCP/IP 特点的描述中，错误的是（ ）。

A）独立于特定的计算机硬件与操作系统

B）独立于特定的网络硬件，适用于网络互联

C）统一由 ISP 动态分配网络地址

D）标准化的应用层协议，可以提供多种网络服务

分析：设计该例题的目的是加深读者对 TCP/IP 特点的理解。在讨论 TCP/IP 的特点时，需要注意以下几个主要问题。

1）TCP/IP 是开放的协议标准。

2）独立于特定的计算机硬件与操作系统。

3）独立于特定的网络硬件，可以运行在局域网、城域网与广域网，适用于网络互联。

4）统一的网络地址分配方案，所有 TCP/IP 设备都具有唯一的网络地址。

5）标准化的应用层协议，可以提供多种网络服务。

通过上述描述可以看出，TCP/IP 提供统一的网络地址分配方案，所有 TCP/IP 设备都具有唯一的网络地址，并没有规定统一由 ISP 动态分配网络地址。显然，C 所描述的内容不符合 TCP/IP 的基本特征。

答案：C

例 9 以下关于两种参考模型层次结构的描述中，错误的是（ ）。

A）TCP/IP 参考模型的应用层与 OSI 参考模型的应用层相对应

B）TCP/IP 参考模型的传输层与 OSI 参考模型的传输层相对应

C）TCP/IP 参考模型的互联层与 OSI 参考模型的网络层相对应

D）TCP/IP 参考模型的主机 – 网络层与 OSI 参考模型的数据链路层、物理层相对应

分析：设计该例题的目的是加深读者对两种参考模型层次结构的理解。在讨论两种参考模型的层次结构时，需要注意以下几个主要问题。

1）TCP/IP 参考模型与 OSI 参考模型都采用层次结构，但是它们定义的层数、每层的名称不同。

2）TCP/IP 参考模型包括 4 层，即应用层、传输层、互联层与主机 – 网络层；而 OSI 参考模型包括 7 层，即应用层、表示层、会话层、传输层、网络层、数据链路层与物理层。

3）TCP/IP 参考模型的应用层与 OSI 参考模型的应用层、表示层、会话层相对应；TCP/IP 参考模型的传输层与 OSI 参考模型的传输层相对应；TCP/IP 参考模型的互联层与 OSI 参考模型的网络层相对应；TCP/IP 参考模型的主机 – 网络层与 OSI 参考模型的数据链路层、物理层相对应。

通过上述描述可以看出，TCP/IP 参考模型的应用层与 OSI 参考模型的应用层、表示层、

会话层相对应，而不是仅与 OSI 参考模型的应用层相对应。显然，A 所描述的内容混淆了两种参考模型的层次对应关系。

答案：A

例 10 以下关于互联网管理问题的描述中，错误的是（   ）。

A）互联网并不归属于任何一个国际组织、大型企业或政府机构

B）互联网由一些独立的机构来管理，它们都有自己特定的职能

C）ISOC 是一个非政府、非营利的行业性国际组织

D）ICANN 是 ISOC 下设的互联网相关技术标准的制定组织

分析：设计该例题的目的是加深读者对互联网管理问题的理解。在讨论互联网的归属与管理问题时，需要注意以下几个主要问题。

1）实际上，没有任何组织、企业或政府能够完全拥有互联网，它是由一些独立的机构来管理，这些机构都有自己特定的职能。

2）互联网协会（ISOC）是一个非政府、非营利的行业性国际组织，致力于为全球互联网发展创造有益、开放的条件。互联网工程任务组（IETF）是 ISOC 下设的一个技术研究机构，主要负责互联网相关技术标准的研发和制定。

3）互联网名称与号码分配委员会（ICANN）是一个非政府、非营利的行业性国际组织，负责监督全球 IP 地址和自治域号码分配、域名系统和根域名服务器的管理，以及互联网协议相关号码和参数的分配。

通过上述描述可以看出，IETF 是 ISOC 下设的互联网相关技术标准的制定者，而 ICANN 是负责监督全球 IP 地址、自治域号码分配等的国际组织。显然，D 所描述的内容混淆了 IETF 与 ICANN 两个互联网管理组织。

答案：D

例 11 计算数据传输效率。

条件：长度为 100B、1000B 的应用层数据，通过传输层时加上 20B 的 TCP 报头，通过网络层时加上 20B 的 IP 分组头，通过数据链路层时加上 18B 的 Ethernet 帧头和帧尾。

计算这两个应用层数据的传输效率。

分析：

1）图 1-7 给出了应用层数据的封装过程，它通过传输层、网络层、数据链路层分别封装成 TCP 报文、IP 分组与 Ethernet 帧。

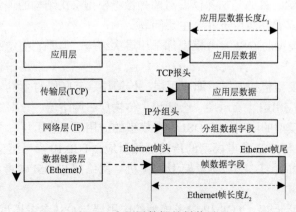

图 1-7 应用层数据的封装过程

2）如果应用层数据长度为 L_1，经过封装后 Ethernet 帧长度为 L_2，则数据传输效率应该等于 L_1/L_2。

计算：

1）当应用层数据长度为 100B 时

① $L_1 = 100$（B）

② $L_2 = 100 + 20 + 20 + 18 = 158$（B）

③ $L_1/L_2 = 100/158 \approx 63.3\%$

2）当应用层数据长度为 1000B 时

① $L_1 = 1000$（B）

② $L_2 = 1000 + 20 + 20 + 18 = 1058$（B）

③ $L_1/L_2 = 1000/1058 \approx 94.5\%$

答案：当应用层数据长度为 100B 时，数据传输效率约等于 63.3%。

当应用层数据长度为 1000B 时，数据传输效率约等于 94.5%。

1.1.7　中国互联网的发展状况

例1　以下关于我国互联网管理问题的描述中，错误的是（　　）。

A）我国互联网是全球互联网的组成部分

B）InterNIC 负责统一管理各国建设的互联网

C）CNNIC 负责协调我国互联网主干网管理

D）CNNIC 开展我国互联网发展状况统计

分析：设计该例题的目的是加深读者对我国互联网管理问题的理解。在讨论我国互联网的管理问题时，需要注意以下几个主要问题。

1）没有任何组织、企业或政府能完全拥有互联网，中国互联网是全球互联网的重要组成部分之一。

2）中国互联网信息中心（CNNIC）于 1997 年成立，并开始管理我国自己组建的互联网主干网部分。

3）CNNIC 的主要职责包括：负责国家网络基础资源的运行、管理和服务，承担国家网络基础资源的技术研发并保障安全，开展互联网发展研究并提供咨询，促进全球互联网开放合作和技术交流。

通过上述描述可以看出，全球互联网由不同国家的互联网构成，它们分别由各国自己的互联网管理机构来管理，我国的互联网管理机构是 CNNIC，而 InterNIC 是一个提供域名注册服务等公开信息的国际性组织。

答案：B

例2　以下关于我国互联网主干网的描述中，错误的是（　　）。

A）我国互联网由不同运营商的主干网共同构成

B）CSTNET 是主要服务于科研领域的互联网

C）CERNET 是主要服务于教育领域的互联网

D）CHINANET 是指中国下一代互联网示范工程

分析：设计该例题的目的是加深读者对我国互联网主干网的理解。在讨论我国互联网的主干网发展时，需要注意以下几个主要问题。

1）我国的各个运营商分别建立各自的主干网，这些主干网之间是互连互通的，并且拥有各自的国际出口带宽。

2）中国电信、中国联通与中国移动的网络分别由我国三大电信运营商来运营，这些互联网都是面向公众提供服务。

3）CERNET 是服务于教育领域的互联网，已连接国内几乎所有高校以及教育机构；CSTNET 是服务于科研领域的互联网，已连接包括中科院在内的各大科研单位。

4）我国于 2003 年启动中国下一代互联网示范工程（CNGI），当前已建成包括 6 个核心网络、22 个城市的 59 个结点、2 个交换中心、273 个驻地网的 IPv6 示范网络。

通过上述描述可以看出，CHINANET 是由我国运营商建立的一个主干网，而 CNGI 是中国下一代互联网示范工程的名称。显然，D 所描述的内容混淆了 CHINANET 与 CNGI 这两个不同网络。

答案：D

1.2 同步练习

1.2.1 术语辨析题

用给出的定义标识出对应的术语（本题给出 26 个定义，请从中选出 20 个，分别将序号填写在对应的术语前的空格处）。

（1）_____ 网络拓扑　　　　　　（2）_____ 网络协议

（3）_____ 分组交换　　　　　　（4）_____ WAN

（5）_____ NSFNET　　　　　　（6）_____ LAN

（7）_____ 计算机网络　　　　　（8）_____ Ad hoc

（9）_____ ISP　　　　　　　　（10）_____ Internet

（11）_____ 主机 – 网络层　　　（12）_____ 网络体系结构

（13）_____ OSI　　　　　　　（14）_____ MAN

（15）_____ DNS　　　　　　　（16）_____ ARPANET

（17）_____ WSN　　　　　　　（18）_____ 互联层

（19）_____ 树形拓扑　　　　　（20）_____ TCP

A. 奠定了计算机网络理论基础的一个网络。

B. 国际标准化组织（ISO）制定的网络参考模型。

C. 覆盖全世界、最重要的网际网。

D. 计算机通过电话交换网实现数据传输的交换方式。

E. 将报文分成格式固定、有最大长度限制的交换方式。

F. 美国国家科学基金会（NSF）组建的对互联网发展产生重要作用的网络。

G. 为家庭用户通过电话线接入互联网提供服务的企业。

H. 一种自组织、对等式、多跳、无线移动网络。

I. 以能够相互共享资源的方式互联起来的自治计算机系统的集合。

J. 保证网络中计算机能有条不紊地交换数据的规则。

K. 所有联网计算机都共享一个公共通信信道的网络。

L. 将一个实验室、一幢大楼、一个校园的计算机、终端与外部设备互联起来的网络。

M. 将几十千米范围内的大量校园、企业等的多个局域网互联起来的网络。

N. 覆盖的地理范围从几十千米到几千千米的网络。

O. 通过网络中结点与通信线路之间的几何关系表示网络各实体之间的结构关系。

P. 通过中心结点控制全网通信的网络拓扑。

Q. 将无线自组网与传感器技术结合起来的网络。

R. 结点按层次连接，信息交换主要在上、下层结点之间的网络拓扑。

S. 网络层次结构模型与各层协议的集合。

T. TCP/IP 参考模型中与 OSI 参考模型的网络层相对应的层次。

U. TCP/IP 参考模型中与 OSI 参考模型的数据链路层、物理层相对应的层次。

V. TCP/IP 参考模型中与 OSI 参考模型的传输层相对应的层次。

W. ARPANET 中的网络控制协议。

X. TCP/IP 中传输层提供可靠的面向连接服务的协议。

Y. TCP/IP 中传输层提供不可靠的无连接服务的协议。

Z. 实现互联网中网络设备名字到 IP 地址映射功能的服务。

1.2.2　单项选择题

（1）对网络理论体系形成与协议标准化起到重要推动作用的研究是（　　）。

    A）应用层协议　　　　　　　　　　B）OSI 参考模型

    C）网络接口　　　　　　　　　　　D）IEEE 802 体系结构

（2）在以下几个网络管理机构中，负责互联网相关技术标准制定的是（　　）。

    A）IANA　　　　　　　　　　　　B）CNNIC

    C）IETF　　　　　　　　　　　　D）ISOC

（3）分组交换技术的 3 个重要概念是：分组、存储转发与（　　）。

    A）路由选择　　　　　　　　　　　B）分组交付

    C）域名解析　　　　　　　　　　　D）协议转换

（4）ARPANET 通信子网的报文存储转发结点称为（　　）。

    A）ISP　　　　　　　　　　　　　B）IMP

    C）ATM　　　　　　　　　　　　D）M2M

（5）在以下几种网络拓扑中，属于无规则拓扑类型的是（　　）。

    A）树形拓扑　　　　　　　　　　　B）星形拓扑

    C）环形拓扑　　　　　　　　　　　D）网状拓扑

（6）OSI 参考模型中提供各种网络服务功能的层次是（　　）。

    A）接入层　　　　　　　　　　　　B）感知层

    C）应用层　　　　　　　　　　　　D）物理层

（7）NSFNET 采用的是一种层次结构，它将网络分为校园网、地区网与（　　）。

    A）FR 网　　　　　　　　　　　　B）接入网

    C）X.25 网　　　　　　　　　　　D）主干网

（8）在以下几种网络中，覆盖范围在几千米至几十千米的是（　　）。

    A）宽带城域网　　　　　　　　　　B）全光广域网

    C）个人区域网　　　　　　　　　　D）无线局域网

（9）计算机网络拓扑是指以下哪个部分的拓扑构型？（　　）

　　A）资源子网　　　　　　　　　B）IP 子网

　　C）通信子网　　　　　　　　　D）覆盖网络

（10）大型主干网通常是通过光纤将哪种网络设备互联起来？（　　）

　　A）路由器　　　　　　　　　　B）交换机

　　C）集线器　　　　　　　　　　D）服务器

（11）为了提供各种网络服务，互联网的国际级、国家级、地区主干网中大量网络结点上连接有很多（　　）。

　　A）存储器集群　　　　　　　　B）客户机集群

　　C）服务器集群　　　　　　　　D）控制器集群

（12）网络协议的语法规定了用户数据与控制信息的结构与（　　）。

　　A）格式　　　　　　　　　　　B）原语

　　C）模型　　　　　　　　　　　D）过程

（13）TCP/IP 体系结构中不包括以下哪个层次？（　　）

　　A）主机 – 网络层　　　　　　　B）传输层

　　C）数据链路层　　　　　　　　D）应用层

（14）网络层的协议数据单元通常称为（　　）。

　　A）报文　　　　　　　　　　　B）帧

　　C）信元　　　　　　　　　　　D）分组

（15）RFC 文档在形成互联网标准的过程中首先称为（　　）。

　　A）草案　　　　　　　　　　　B）建议标准

　　C）标准　　　　　　　　　　　D）草案标准

（16）OSI 参考模型结构中不包括以下哪个层次？（　　）

　　A）物理层　　　　　　　　　　B）主机 – 网络层

　　C）会话层　　　　　　　　　　D）应用层

（17）传输层向高层应用提供的通信服务属于（　　）。

　　A）端 – 端服务　　　　　　　　B）对等服务

　　C）点 – 点服务　　　　　　　　D）C/S 服务

（18）IP 协议提供分组传输服务的性质属于（　　）。

　　A）可靠的　　　　　　　　　　B）安全可靠

　　C）安全的　　　　　　　　　　D）尽力而为

（19）以下关于几种网络拓扑的描述中，错误的是（　　）。

　　A）环形拓扑中数据按固定方向逐站传输

　　B）星形拓扑存在层次结构的多个中心结点

　　C）网状拓扑需要执行分组转发与路由选择

　　D）总线型拓扑需要解决介质访问控制问题

（20）以下关于 OSI 参考模型层次功能的描述中，错误的是（　　）。

　　A）数据链路层主要提供差错控制、流量控制等功能

　　B）物理层通过不同传输介质实现比特序列的传输

　　C）接入层以应用软件的方式提供相应的网络服务

D）传输层为高层应用提供可靠的端－端通信服务

（21）以下关于应用层协议与传输层协议依赖关系的描述中，错误的是（　　）。

 A）HTTP 依赖于 TCP　　　　　　B）SMTP 依赖于 TCP

 C）TFTP 依赖于 UDP　　　　　　D）SNMP 依赖于 TCP

（22）以下关于 ARPANET 发展过程的描述中，错误的是（　　）。

 A）由 NSF 资助并组建的研究性网络

 B）从逻辑上分为资源子网与通信子网

 C）从覆盖范围上属于广域网的范畴

 D）逐步接纳并全面过渡到 TCP/IP

（23）以下关于互联网结构的描述中，错误的是（　　）。

 A）通过路由器将局域网、城域网、广域网等各类网络互联起来

 B）它的网络结构始终处于不断变化中

 C）通信子网、资源子网的两层结构可以准确描述其结构

 D）互联网中可以提供各类信息资源

（24）以下关于几种应用层协议功能的描述中，错误的是（　　）。

 A）HTTP 提供的是 Web 服务

 B）POP 提供的是即时通信服务

 C）FTP 提供的是文件传输服务

 D）SMTP 提供的是邮件发送服务

（25）以下关于 OSI 与 TCP/IP 模型对应关系的描述中，错误的是（　　）。

 A）OSI 模型的物理层对应于 TCP/IP 模型的主机－网络层

 B）OSI 模型的网络层对应于 TCP/IP 模型的互联层

 C）OSI 模型的传输层对应于 TCP/IP 模型的传输层

 D）OSI 模型的应用层、表示层与会话层对应于 TCP/IP 模型的应用层

第 2 章 广域网、局域网与城域网

2.1 例题解析

2.1.1 广域网

例 1 以下关于广域网主要特征的描述中，错误的是（   ）。

A）广域网是一种公共数据网络

B）广域网通常由电信运营商负责组建、运营与维护

C）广域网已成为接入网重要的组成部分

D）广域网的研究重点是宽带核心交换技术

分析：设计该例题的目的是加深读者对广域网主要特征的理解。在讨论广域网的主要特征时，需要注意以下几个主要问题。

1）广域网是一种公共数据网络（PDN）。

2）广域网建设投资很大，管理困难，通常由电信运营商负责组建、运营与维护。有特殊需求的国家部门与大型企业可以自己组建、管理专用广域网。

3）如果用户要使用广域网服务，需要向运营商租用通信线路或其他资源。网络运营商必须按照合同的要求，为用户提供电信级 7×24（每星期 7 天、每天 24 小时）服务。

4）随着互联网应用的快速发展，广域网更多是作为覆盖地区、国家、洲际的远距离、宽带、核心交换平台，其研究重点是如何保证服务质量（QoS）。

通过上述描述可以看出，广域网通常作为覆盖地区和国家的远距离、宽带、核心交换平台，它并不承担最终用户的接入任务，而是由宽带城域网来承担接入任务。显然，C 所描述的内容混淆了广域网与城域网的主要功能。

答案：C

例 2 以下关于 X.25 网技术的描述中，错误的是（   ）。

A）X.25 网是一种典型的公共分组交换网

B）X.25 网采用的组网协议是 X.25 协议

C）X.25 协议是 X.25 交换机之间的接口标准

D）我国的 CHINAPAC 是一种 X.25 网

分析：设计该例题的目的是加深读者对 X.25 技术的理解。在讨论 X.25 网的技术特点时，需要注意以下几个主要问题。

1）X.25 网是采用 X.25 协议组建的一种公共分组交换网。

2）X.25 协议规定了用户终端设备与 X.25 交换机之间的接口标准。

3）由于当时传输线路通信质量不好，误码率高、传输速率低，因此 X.25 协议的设计重点是解决差错控制、流量控制等问题。

4）X.25 网的传输速率比较低，通常为 64kbit/s。

5）早期很多国家和地区都组建了 X.25 网，如 TELENET、DATAPAC、TRANSPAC 等。我国的 CHINAPAC 也是一种 X.25 网。

通过上述描述可以看出，X.25 网是采用 X.25 协议组建的公共分组交换网，X.25 协议是用户终端与 X.25 交换机之间的接口标准，而不是 X.25 交换机之间的接口标准。显然，C 所描述的内容不符合 X.25 协议的定义。

答案：C

例 3　以下关于帧中继技术的描述中，错误的是（　　）。

A）它工作在 OSI 参考模型的低 3 层

B）其帧转发过程称为 X.25 流水线方式

C）帧中继网能够提供 VPN 服务

D）特点是吞吐率高、传输延时短

分析：设计该例题的目的是加深读者对帧中继技术的理解。在讨论帧中继的技术特点时，需要注意以下几个主要问题。

1）1991 年，第一个帧中继网在美国问世，可以提供 1.5Mbit/s 的最大传输速率，此后很多电信运营商开始提供帧中继服务。

2）帧中继网仅工作在物理层与数据链路层上，差错控制、流量控制等功能由高层协议来实现。

3）帧中继交换机只要检测到接收帧的目的地址就开始转发该帧。帧中继网的帧转发过程称为 X.25 流水线方式。

4）帧中继网转发一个帧的延时比 X.25 网小一个数量级，帧中继网的吞吐量比 X.25 网提高了一个数量级以上。

5）帧中继是一种采用虚电路的广域网技术，其协议简单、高效，因此网络吞吐量高、传输延迟小，并且能够提供虚拟专网（VPN）服务。

通过上述描述可以看出，帧中继技术是在 X.25 技术的基础上发展起来的，随着光纤作为常用的传输介质获得广泛的应用，传输介质的通信质量问题得到很大改善。帧中继技术仅工作在物理层与数据链路层上，不再需要复杂的差错控制、流量控制等机制，而是将它们交给数据链路层以上的高层来实现。

答案：A

例 4　以下关于 B-ISDN 技术的描述中，错误的是（　　）。

A）ISDN 可以通过一条线路提供电话、电报、数据等多种业务

B）随着光纤、多媒体技术的发展，研究者提出了 B-ISDN 的研究目标

C）B-ISDN 满足从低速率到高速率的非实时、实时与突发性传输要求

D）B-ISDN 在传输层与应用层采用 ATM 协议

分析：设计该例题的目的是加深读者对 B-ISDN 技术的理解。在讨论 B-ISDN 的技术特点时，需要注意以下几个主要的问题。

1）由于按业务组网的缺点是用户成本高、线路利用率低，因此 CCITT 提出将语音、数据、图像等业务综合在一个网中，这就是综合业务数字网（ISDN）。

2）与原来单一业务的电信网不同，ISDN 线路可以供多种业务共用，同时传输电话、电报、数据等多种信息。

3）随着光纤、多媒体与文件传输技术的发展，用户对数据传输速率的要求越来越高，

研究人员提出了宽带综合业务数字网（B-ISDN）。

4）B-ISDN 的设计目标是将语音、数据、图像与视频的传输，以及传统的服务综合在一个通信网中，满足低速率到高速率的非实时、实时与突发性传输要求。

5）由于 ATM 技术符合 B-ISDN 的需求，因此其底层的传输网采用 ATM 技术。

通过上述描述可以看出，B-ISDN 希望将语音、数据、图像与视频等业务综合在一个网中，满足从低速率到高速率的非实时、实时与突发性传输要求，这样就需要在底层的传输网中采用虚电路技术，而 ATM 技术正好可以满足这种需求。

答案：D

例 5 以下关于 ATM 技术的描述中，错误的是（   ）。

A）ATM 采用的是一种面向连接的技术

B）ATM 信元长度为 53B，其中头部长度为 5B

C）ATM 以虚电路方式来动态分配带宽

D）ATM 提供的传输速率为 155Mbit/s ~ 2.4Gbit/s

分析：设计该例题的目的是加深读者对 ATM 技术的理解。在讨论 ATM 的技术特点时，需要注意以下几个主要问题。

1）ATM 采用的是面向连接的技术。

2）ATM 采用的信元长度为 53B，其中头部长度为 5B，数据长度为 48B。

3）ATM 以统计时分多路复用方式来动态分配带宽，网络传输延时小，能够适应实时性通信的要求。

4）ATM 提供的传输速率为 155Mbit/s ~ 2.4Gbit/s。

通过上述描述可以看出，ATM 能够减小网络传输延时，并适应实时性通信的要求，这是因为它采用面向连接的虚电路和固定长度的信元，以统计时分多路复用方式来动态分配带宽，而不是以虚电路方式来动态分配带宽。

答案：C

例 6 以下关于同步、异步与准同步的描述中，错误的是（   ）。

A）同步是保持接收时钟与发送时钟一致性的过程

B）在同步网络中，所有时钟的精度都必须保持在 $\pm 1 \times 10^{-11}$ 内

C）网络时钟从各自的石英振荡器获得的是准同步系统

D）精度保持在 $\pm 1 \times 10^{-11}$ 内的时钟精度只能通过铯原子钟获得

分析：设计该例题的目的是加深读者对同步、异步与准同步的理解。在讨论相关概念时，需要注意以下几个主要问题。

1）同步是保持接收时钟与发送时钟一致性的过程。

2）如果一组信号为同步信号，意味着这些信号之间的速率和相位必须相同。在同步网络中，所有时钟都是通过基准参考时钟（PRC）获得的，这种时钟的精度必须保持在 $\pm 1 \times 10^{-11}$ 内。这样的时钟精度只能通过铯原子钟获得。

3）如果一组信号为准同步信号，意味着这些信号之间的速率和相位基本相同。如果两个网络中的主机时钟都是通过参考时钟获得的，则两个参考时钟之间也会存在精度偏差，因此这种系统一般称为准同步系统。

4）如果一组信号为异步信号，意味着这些信号之间的速率和相位有一定偏差。如果两个网络的主机时钟从各自的石英振荡器获得，则这两个时钟信号就是异步信号，接收时钟与

发送时钟的差异就会造成发送速率与接收速率的差异。为了保证接收方能正确识别接收的数据，收发双方必须采用复杂的同步技术。

通过上述描述可以看出，网络时钟从各自的石英振荡器获得的是异步系统，而网络时钟都是通过参考时钟获得的才是准同步系统。显然，C 所描述的内容混淆了异步系统与准同步系统的网络时钟获取途径。

答案：C

例 7　以下关于基本速率标准的描述中，错误的是（　　）。

A）T1 载波速率针对 PCM 的 TDM 而设计

B）E1 载波速率与 T1 载波速率共存且不兼容

C）E1 载波速率是 2.048Mbit/s

D）STM-1 速率是 51.84Mbit/s

分析：设计该例题的目的是加深读者对基本速率标准的理解。在讨论基本速率标准的内容时，需要注意以下几个主要问题。

1）数据通信研究初期曾出现过多种速率标准，有些目前仍然在使用，如 T1 载波速率、E1 载波速率、STM-1 速率等。

2）北美的 T1 载波速率是针对 PCM 的 TDM 而设计的。T1 系统将 24 路音频信道复用在一条线路上，每路音频由 PCM 编码器每秒取样 8000 次，24 路 PCM 信号轮流将 8 位插入帧中。每帧由 193 位组成，其中有 1 位是帧开始标志。T1 载波速率为 1.544Mbit/s。

3）欧洲的 E1 载波速率是与 T1 载波速率不兼容的速率标准。E1 系统将 30 路音频信道和 2 路控制信道复用在一条线路上。每帧中为每个信道插入 8 位，这样每帧由 256 位组成。E1 载波速率为 2.048Mbit/s。

4）STM-1 速率是 SDH 速率体系的一种速率。STM-1 帧是一个块状结构，每行 270B，共 9 行，每秒发送 8000 帧。STM-1 速率为 155.52Mbit/s。

通过上述描述可以看出，在 SDH 速率体系中，STS-1 速率是 51.84Mbit/s，经 3 路复用后产生的 STM-1 速率等于 155.52Mbit/s。显然，D 所描述的内容混淆了 STM-1 速率与 STS-1 速率的相关规定。

答案：D

例 8　以下关于 SONET/SDH 概念的描述中，错误的是（　　）。

A）SONET 定义了光纤传输系统的线路速率等级

B）SONET 定义了 3 个光接口层：光子层、线路层与路径层

C）SONET 的基本速率为 51.84Mbit/s

D）SDH 规范了数字信号的帧结构、复用方式、传输速率等级等

分析：设计该例题的目的是加深读者对 SONET/SDH 概念的理解。在讨论 SONET/SDH 的基本概念时，需要注意以下几个主要问题。

1）同步数字体系（SDH）是一种数据传输体制，它规范了数字信号的帧结构、复用方式、传输速率等级、接口码型等。

2）B-ISDN 是以光纤作为传输干线的，实现 B-ISDN 的重要问题是传输速率的标准化。1988 年，ANSI 的 T1.105 和 T1.106 标准定义了光纤传输系统的线路速率等级，即同步光纤网（SONET）标准。

3）SONET 定义了 4 个光接口层（即光子层、分段层、线路层与路径层），以及 51.84Mbit/s ~

2488.32Mbit/s 的传输速率体系，其基本速率（STS-1）是 51.84Mbit/s。同步网络的各级时钟都来自一个精度为 $\pm 1 \times 10^{-11}$ 量级的铯原子钟。

通过上述描述可以看出，SONET 定义了 4 个光接口层：光子层、分段层、线路层与路径层。显然，B 所描述的内容不符合 SONET 标准所定义的层次。

答案：B

例 9 以下关于 SDH 速率体系的描述中，错误的是（　　）。

A）STS 定义的是数字电路接口的电信号传输速率

B）OC 定义的是光纤上传输的光信号速率

C）STS-1 速率对应的是 1024 路语音信道

D）STM-1 速率与 OC-1 速率在数值上相同

分析：设计该例题的目的是加深读者对 SDH 速率体系的理解。在讨论 SDH 速率体系的内容时，需要注意以下几个主要问题。

1）在实际使用中，SDH 速率体系涉及 3 种速率：SONET 的 STS 与 OC 速率标准、SDH 的 STM 标准。

2）STS 定义的是数字电路接口的电信号传输速率。其中，STS-1 速率对应了 810 路语音信道，STS-3 速率对应了 810×3=2430 路语音信道，STS-9、STS-12、STS-18、STS-24 等以此类推。

3）OC 定义的是光纤上传输的光信号速率。

4）STM 定义的是电话公司针对国家之间主干线路的数字信号速率标准。

5）表 2-1 给出了 SDH 速率体系中的对应关系。

表 2-1　SDH 速率体系中的对应关系

传输速率 / (Mbit/s)	OC 级	STS 级	STM 级
51.84	OC-1	STS-1	
155.52	OC-3	STS-3	STM-1
466.56	OC-9	STS-9	
622.08	OC-12	STS-12	STM-4
933.12	OC-18	STS-18	
1243.16	OC-24	STS-24	STM-8
1866.24	OC-36	STS-36	STM-12
2488.32	OC-48	STS-48	STM-16
9952.28	OC-192	STS-192	STM-64

通过上述描述可以看出，STS 定义的是数字电路接口的电信号传输速率，STS-1 速率对应了 810 路语音信道的复用，它的传输速率为 51.84Mbit/s。显然，C 所描述的内容不符合 STS-1 速率所能复用的信道数。

答案：C

例 10 以下关于光以太网的描述中，错误的是（　　）。

A）光以太网为电信运营商建造新一代网络提供技术支持

B）可运营光以太网的设备和线路必须符合电信网络 99% 的高运行可靠性

C）光以太网能够根据用户的实际应用需求分配带宽

D）光以太网支持 VPN 和防火墙，可以有效地保证网络安全分析：设计该例题的目的是加深读者对光以太网技术的理解。在讨论光以太网的技术特点时，需要注意以下几个主要问题。

1）光以太网的设计思想是：利用光纤的巨大带宽资源与成熟的 Ethernet 技术，开发一种可运营的光以太网技术，为电信运营商建造新一代网络提供技术支持。

2）可运营的光以太网设备和线路必须符合电信网络 99.999% 的高运行可靠性。

3）光以太网应具备以下几个特点：根据用户实际应用需求分配带宽；用户访问网络资源须经过认证和授权；提供按上网时间、流量或包月等计费功能；支持 VPN 和防火墙；提供分级的 QoS 服务；快速、灵活适应用户和业务的扩展。

4）光以太网是 Ethernet 与密集波分复用（DWDM）技术结合的产物，它在广域网与城域网的应用中具有明显的优势。

通过上述描述可以看出，可运营的光以太网设备和线路必须符合电信网络 99.999% 的高可靠性。显然，B 所描述的内容达不到电信网络的可靠性要求。

答案：B

2.1.2　局域网

例 1　以下关于局域网技术发展的描述中，错误的是（　　）。

A）Ethernet 的 CSMA/CD 方法适用于通信负荷较重的应用环境

B）Token Bus 的 MAC 方法适用于对数据传输实时性要求较高的应用环境

C）局域网可分为共享式局域网和交换式局域网

D）10GE 技术已经在局域网、城域网与广域网中广泛应用

分析：设计该例题的目的是加深读者对局域网技术发展的理解。在讨论局域网技术的发展过程时，需要注意以下几个主要问题。

1）在局域网研究领域中，最早出现的是令牌环网（Token Ring）。以太网（Ethernet）并不是最早出现的，它是目前最成功的局域网技术。

2）20 世纪 80 年代，局域网领域出现了 Ethernet 与 Token Bus、Token Ring 三足鼎立的局面，并且各自形成相应的国际标准。与采用随机型控制方法的 Ethernet 相比，采用确定型控制方法的 Token Bus、Token Ring 更适于对数据传输实时性要求较高的应用环境（如生产过程控制），以及通信负荷较重的应用环境，但是它们的主要问题是环维护复杂，实现起来比较困难。

3）Ethernet 的核心技术是随机争用型介质访问控制方法 CSMA/CD，它是在 ALOHANET 的基础上发展起来的。1990 年，IEEE 802.3 的物理层标准 10Base-T 出现，非屏蔽双绞线开始用于 10Mbit/s 的 Ethernet，为 Ethernet 与其他局域网产品的竞争带来优势。1993 年，以光纤作为传输介质的物理层标准 10Base-F 出现。1995 年，传输速率为 100Mbit/s 的快速以太网标准出现。1998 年，传输速率为 1Gbit/s 的千兆以太网标准出现。2002 年，传输速率为 10Gbit/s 的 10GE 技术开始在局域网、城域网与广域网中使用。

4）为了克服网络规模与网络性能之间的矛盾，人们提出了 3 种可能的解决方案：提高 Ethernet 的传输速率；研究局域网互联技术；将共享介质方式改为交换方式。

5）基于第 3 种解决方案，局域网被分为两类：共享式局域网（shared LAN）和交换式局域网（switched LAN）。

通过上述描述可以看出，与采用随机型介质访问控制方法的 Ethernet 相比，采用确定型

介质访问控制方法的 Token Bus 更适于对数据传输实时性要求较高的应用环境，以及那些通信负荷相对较重的应用环境。显然，A 所描述的内容混淆了 Ethernet 与 Token Bus 适应的应用环境。

答案：A

例 2 以下关于无线局域网技术的描述中，错误的是（   ）。

A）无线局域网分为红外线局域网、扩频局域网与窄带微波局域网

B）红外无线传输技术分为定向光束红外传输、全方位红外传输与漫反射红外传输

C）窄带微波无线局域网采用跳频扩频或直接序列扩频技术

D）IEEE 802.15.4 定义了无线局域网的通信协议

分析：设计该例题的目的是加深读者对无线局域网技术的理解。在讨论无线局域网的技术特点时，需要注意以下几个主要问题。

1）按照采用传输技术的不同，无线局域网分为 3 类：红外线局域网、扩频局域网与窄带微波局域网。

2）按照工作方式的不同，红外无线传输技术分为 3 类：定向光束红外传输、全方位红外传输与漫反射红外传输。

3）扩频局域网与窄带微波局域网有两种基本技术：跳频扩频（FHSS）与直接序列扩频（DSSS）。免予申请的工业、科学与医药专用的 ISM 频段包括 915MHz 频段、2.4GHz 频段与 5.8GHz 频段。这两类局域网使用的是免予申请的扩频无线电频段。

4）IEEE 802.15.4 是低速无线个人区域网（LR-WPAN）标准，为近距离范围内的不同设备之间的低速互联提供了统一的通信标准。

通过上述描述可以看出，IEEE 802.15.4 是针对低速无线个人区域网（LR-WPAN）制定的标准，而 IEEE 802.11 是针对无线局域网（WLAN）制定的标准。显然，D 所描述的内容混淆了这两类无线网络。

答案：D

2.1.3 城域网

例 1 以下关于宽带城域网定义的描述中，错误的是（   ）。

A）以宽带光传输网为开放平台，以 ATM 网络为基础

B）提供语音、数据、图像、视频、IP 电话、IP 电视、IP 接入和多种增值服务

C）它是计算机网络、广播电视网、电信网互连互通的本地综合业务网

D）可满足大规模互联网接入的需求与交互式应用的需求

分析：设计该例题的目的是加深读者对宽带城域网定义的理解。在讨论宽带城域网的定义时，需要注意以下几个主要问题。

1）IEEE 802 委员会对城域网的定义是在总结 FDDI 技术的基础上提出的，它将城域网的业务定位在城市地区内大量局域网的互联上。随着 Internet 的应用和新服务的不断出现，以及在三网融合的发展趋势下，城域网业务扩展到几乎所有信息服务领域，城域网的概念也随之修改为宽带城域网。

2）宽带城域网的定义是：以宽带光传输网为开放平台，以 TCP/IP 为基础，通过各种网络互联设备，实现数据、语音、图像、视频、IP 电话、IP 电视、IP 接入和各种增值业务，并与广域计算机网络、广播电视网、电信网互连互通的本地综合业务网。

3）推动宽带城域网发展的应用和业务主要包括：大规模 Internet 接入与交互式应用；远程办公、视频会议、网上教育等新的办公与生活方式；网络电视、视频点播与网络电话，以及由此引起的新型服务；家庭网络的应用。

通过上述描述可以看出，宽带城域网是以宽带光传输网为开放平台，以 TCP/IP 为基础，而不是以 ATM 网络为基础。显然，A 所描述的内容混淆了宽带城域网的主要基础性技术。

答案：A

例 2 以下关于宽带城域网结构的描述中，错误的是（　　）。

A）宽带城域网包括网络平台、业务平台、管理平台与城市宽带出口

B）核心层将多个汇聚层连接起来，并且提供本地路由功能

C）汇聚层主要完成用户数据的汇聚、转发与交换

D）接入层连接宽带城域网的最终用户，负责解决"最后一公里"问题

分析：设计该例题的目的是加深读者对宽带城域网的总体结构特点的理解。在讨论宽带城域网结构时，需要注意以下几个主要问题。

1）宽带城域网的整体结构是"三个平台与一个出口"。这里，三个平台是指网络平台、业务平台与管理平台，一个出口是指城市宽带出口。

2）网络平台可进一步划分为 3 个层次：核心层、汇聚层与接入层。

3）核心层将多个汇聚层网络互联，提供高速数据转发服务，与其他地区、国家主干网互联，提供城市的宽带 IP 数据出口。

4）汇聚层主要根据接入层的用户流量，执行本地路由、流量过滤、负载均衡、安全控制、地址转换等处理。

5）接入层连接宽带城域网的最终用户，负责解决"最后一公里"问题。接入层通过各种接入技术为用户提供网络访问和其他信息服务。

通过上述描述可以看出，核心层负责将多个汇聚层网络互联，提供高速数据转发服务；汇聚层主要根据接入层的用户流量，执行本地路由、流量过滤、负载均衡、安全控制、地址转换等处理。显然，B 所描述的内容混淆了核心层与汇聚层的功能。

答案：B

例 3 以下关于宽带城域网设计问题的描述中，错误的是（　　）。

A）宽带城域网必须包括核心层、汇聚层与接入层等 3 个层次

B）宽带城域网必须是可运营的，能够提供 7 × 24 的服务，并保证服务质量

C）宽带城域网必须是可管理、可盈利的

D）在设计与建设宽带城域网时，必须高度重视网络的可扩展性

分析：设计该例题的目的是加深读者对宽带城域网设计问题的理解。在讨论宽带城域网的设计问题时，需要注意以下几个主要问题。

1）宽带城域网的核心层、汇聚层与接入层是一个完整集合。在实际应用中，可根据城市的覆盖范围、用户数量与承载业务采用某个子集。

2）宽带城域网一定是可运营的，能够提供 7 × 24 的服务，并且保证服务质量。

3）宽带城域网一定是可管理的，这种能力主要表现在接入管理、业务管理、计费能力、地址分配、网络安全、服务质量等方面。

4）宽带城域网一定是可营利的，必须定位在可开展的业务上，如 Internet 接入、VPN、语音通话、视频与流媒体、内容提供等业务。

5）宽带城域网设计必须注意组网的灵活性，以及对新业务与用户数量增长的适应性。

通过上述描述可以看出，在宽带城域网的实际应用中，可根据城市的覆盖范围、用户数量与承载业务，灵活选择核心层、汇聚层与接入层。对于一个大城市，通常采用核心层、汇聚层与接入层的完整结构；对于一个中小城市，初期通常仅需采用核心层与汇聚层的两层结构，并将汇聚层与接入层合并起来考虑。

答案：A

例 4　以下关于接入网技术的描述中，错误的是（　　）。

A）接入网解决的是最终用户接入宽带城域网的问题

B）接入网的发展促进了计算机网络与电信网、广播电视网的三网融合

C）接入网关系到网络用户的服务类型、服务质量、资费等问题

D）接入网解决的是家庭接入与有线接入问题

分析：设计该例题的目的是加深读者对接入网技术的理解。在讨论接入网的基本概念时，需要注意以下几个主要问题。

1）接入服务的定义是：利用接入服务器和相应软硬件资源建立业务结点，利用公用电信基础设施将业务结点与 Internet 主干网连接，为各类用户提供 Internet 接入服务。

2）从计算机网络层次的角度来看，接入网属于物理层的问题。但是，接入网技术与电信网、广播电视网都有密切的联系。

3）接入技术关系到如何将成千上万用户接入 Internet，以及用户能获得的服务质量、资费标准等问题，它是网络基础设施建设中要重点解决的问题。

4）从用户类型的角度，接入技术可分为 3 种：家庭接入、校园接入、企业接入等。

5）从通信信道的角度，接入技术可分为两种：有线接入与无线接入。

6）从实现技术的角度，接入技术主要有以下几种：局域网、数字用户线、光纤同轴电缆混合网、光纤入户、无线接入等。无线接入又分为无线局域网、无线城域网与无线自组网。

通过上述描述可以看出，D 所描述的内容将接入技术解决的问题缩小为"家庭接入"与"有线接入"，应该理解为包括家庭接入、校园接入与企业接入，以及有线接入与无线接入等不同接入需求与技术。

答案：D

例 5　以下关于 ADSL 技术的描述中，错误的是（　　）。

A）ADSL 可以通过传统的电话交换网，同时提供电话业务与高速数据业务

B）用户无须专门为获得 ADSL 服务而重新铺设电缆

C）ADSL 上行速率为 16～640kbit/s，下行速率为 1.5～9Mbit/s

D）ADSL 调制解调器不能将局域网接入 ISP

分析：设计该例题的目的是加深读者对 ADSL 技术的理解。在讨论 ADSL 的技术特点时，需要注意以下几个主要问题。

1）数字用户线（xDSL）称为数字用户环路，是指从用户家庭、办公室到本地电话交换中心的一对铜双绞线。xDSL 是美国贝尔实验室于 1989 年为推动视频点播业务开发的基于电话线的高速传输技术。

2）非对称数字用户线（ADSL）技术最初由 Intel、Compaq、Microsoft 等公司成立的特别兴趣组（SIG）提出，至今该组织已包括大多数设备制造商与电信运营商。

3）ADSL 的主要技术特点表现在：可以在现有的电话线上通过传统的电话交换网，不干扰传统电话业务的同时提供高速数据业务；用户无须为获得 ADSL 服务而重新铺设电缆；ADSL 提供非对称的带宽特性，在 5km 范围内上行速率为 16 ~ 640kbit/s，下行速率为 1.5 ~ 9Mbit/s，用户可根据需要选择上行和下行速率。

4）ADSL 调制解调器是用户端的接入设备，它不但可以将计算机通过电话线接入 ISP，还可以将整个局域网接入 ISP。ADSL 调制解调器除了具有调制解调功能外，还兼有网桥和路由器的功能。

5）推广 ADSL 技术对于网络运营商来说很重要，此时用户端的投资比较小。

通过上述描述可以看出，ADSL 调制解调器是用户端的接入设备，它不但可以将计算机通过电话线接入 ISP，还可以将整个局域网接入 ISP。显然，D 所描述的内容不符合 ADSL 接入技术的作用范围。

答案：D

例 6 以下关于 HFC 技术的描述中，错误的是（   ）。

A）早期的有线电视网（CATV）采用共享同轴电缆的树形拓扑组建

B）经过双向改造的 HFC 将光纤干线和同轴分配线相连

C）HFC 上行速率可以达到 1Mbit/s，下行速率仅有 10bit/s

D）HFC 用户可按传统方式接收电视节目，同时可以访问互联网

分析：设计该例题的目的是加深读者对 HFC 技术的理解。在讨论 HFC 的技术特点时，需要注意以下几个主要问题。

1）早期的有线电视网（CATV）能够提供单向的广播业务，那时的网络以共享同轴电缆的分支状或树形拓扑来组建。

2）光纤同轴混合网（HFC）是新一代有线电视网，它将有线电视网改造成双向传输系统。光纤结点将光纤干线和同轴分配线相连。光纤结点通过同轴电缆下引线可以为 500 ~ 2000 个用户服务。

3）HFC 采用非对称的数据传输速率，上行速率可以达到 10Mbit/s，下行速率在 10 ~ 40Mbit/s。

4）HFC 用户可以按照传统方式接收电视节目，同时可以实现视频点播、IP 电话、IP 接入等双向服务功能。

5）我国有线电视网的覆盖面非常广，经过对有线电视网的改造，可以为很多家庭接入互联网提供一种经济、便捷的方法，是一种很有竞争力的宽带接入技术。

通过上述描述可以看出，HFC 采用的是非对称的数据传输速率，它提供的上行速率可以达到 10Mbit/s，下行速率在 10 ~ 40Mbit/s。显然，C 所描述的内容不符合 HFC 上行速率与下行速率的规定。

答案：C

2.1.4 计算机网络的两种融合发展趋势

例 1 以下关于业务上的"三网融合"的描述中，错误的是（   ）。

A）除了计算机网络之外，仅有电信网可作为接入网使用

B）早期的电信网主要是提供模拟电话业务的电话交换网

C）改造前的电视网传输的是包含图像与音频的模拟信号

D）计算机网络、电信网与电视网有业务上融合的发展趋势

分析：设计该例题的目的是加深读者对"三网融合"的理解。在讨论业务上的"三网融合"时，需要注意以下几个主要问题。

1）计算机网络、电信网与广播电视网都可以作为接入网使用。这三种网络长期以来是由不同的部门管理，并且按照各自的需求、采用不同的体制发展的。

2）由电信公司运营的通信网最初主要是电话交换网，用于传输模拟的语音信息。由广电部门运营的广播电视网主要是有线电视网，用于传输模拟的图像与音频信息。计算机网络由不同部门自己建设、运营与管理，主要用来传输计算机的数字信号。

3）电话交换网正在从模拟通信向数字通信发展，广播电视网也在向数字化、双向化发展，而计算机网络本身就是用于传输数字信号的。

4）互联网应用与接入技术的发展促进了计算机网络、电信网与广播电视网在技术、业务与产业上的融合。

通过上述描述可以看出，除了计算机网络之外，电信网、广播电视网等都可以作为接入网来使用，并且它们之间正在逐步走向融合。显然，A 所描述的内容不符合当前"三网融合"的发展趋势。

答案：A

例 2   以下关于覆盖范围的"三网融合"描述中，错误的是（   ）。

A）10GE 技术将 Ethernet 从局域网组网扩展到城域网与广域网

B）10GE 仅工作在全双工方式，并不存在介质争用的问题

C）10GE 仍使用 CSMA/CD 方法，但通过技术手段扩展传输距离

D）10GE 主要采用光以太网技术来扩大网络覆盖范围

分析：设计该例题的目的是加深读者对"三网融合"的理解。在讨论覆盖范围的"三网融合"时，需要注意以下几个主要问题。

1）在 10GE 标准的制定过程中，遵循技术、经济可行性与标准兼容性的原则，目标是将 Ethernet 从局域网组网扩展到城域网与广域网范围，使之成为城域网与广域网主干部分的主流技术之一。

2）10GE 支持的最大传输速率高达 10Gbit/s，传输介质很少使用双绞线，在绝大多数应用场景中使用光纤，以便在城域网和广域网范围内工作。

3）10GE 仅工作在全双工方式，它并不存在介质争用的问题。因此，10GE 无须使用 CSMA/CD 方法，传输距离不再受冲突检测的限制。

4）光以太网技术的发展将导致广域网、城域网与局域网在技术上的融合。

通过上述描述可以看出，10GE 仅工作在全双工方式，并不存在介质争用的问题。因此，10GE 无须使用 CSMA/CD 方法，传输距离不再受冲突检测的限制，而不是采用技术手段来扩展传输距离。显然，C 所描述的内容不符合 10GE 的基本特征。

答案：C

2.2   同步练习

2.2.1   术语辨析题

用给出的定义标识出对应的术语（本题给出 26 个定义，请从中选出 20 个，分别将序号

填写在对应的术语前的空格处）

（1）_____ 红外无线局域网　　　　（2）_____ IEEE 802.15.4

（3）_____ 宽带城域网　　　　　　（4）_____ STM

（5）_____ 核心交换层　　　　　　（6）_____ 汇聚层

（7）_____ 蓝牙　　　　　　　　　（8）_____ B-ISDN

（9）_____ T1 载波　　　　　　　（10）_____ WiMAX

（11）_____ PDN　　　　　　　　（12）_____ 光以太网

（13）_____ Modem　　　　　　　（14）_____ HFC

（15）_____ ADSL　　　　　　　（16）_____ 信元

（17）_____ IEEE 802.16　　　　（18）_____ AON

（19）_____ WiFi　　　　　　　（20）_____ FTTB

A. 由网络运营商组建，提供高质量的数据传输服务的网络。

B. 连接用户计算机与电话线路，利用电话交换网进行模拟数据传输的设备。

C. 由 CCITT 提出的一种新型的宽带综合业务数字网。

D. 称为简化的 X.25 流水线方式的数据网技术。

E. ATM 传输的基本数据单元。

F. 北美地区速率为 1.544Mbit/s 的速率体系。

G. SDH 定义的电话公司为国家之间主干线路的数字信号规定的速率标准。

H. 在光频段完成信号的传输、交换功能的网络。

I. Ethernet 与 DWDM 相结合的技术。

J. 波长在 850nm 到 950nm 的无线局域网。

K. 由 Ericsson 等公司共同开发的短距离、低功耗、低成本的无线通信标准。

L. IEEE 关于低速无线个人区域网（LR-WPAN）的通信标准。

M. 以光纤作为传输介质，传输速率为 100Mbit/s、覆盖范围可达 100km 的城域网技术。

N. 与广域计算机网络、广播电视网、电话交换网互连互通的本地综合业务网。

O. 为整个城域网提供一个高速、安全与保证服务质量的数据传输环境。

P. 根据接入层的用户流量，承担本地路由、过滤、流量均衡等处理功能。

Q. 解决最终用户接入宽带城域网的技术。

R. 为推动数据传输业务开发的基于用户电话线的高速传输技术。

S. 利用有线电视网进行双向数据传输服务的新一代有线电视网。

T. 全称为"固定带宽无线访问系统空间接口"的标准。

U. 致力于 IEEE 802.11 标准 WLAN 推广应用的论坛组织。

V. 致力于 IEEE 802.16 标准 WMAN 推广应用的论坛组织。

W. 针对光纤上传输的光信号速率而定义的速率体系。

X. 传统的通信、计算机、广播电视三大产业的汇聚和融合。

Y. 光纤直接连接到大楼。

Z. 光纤直接连接到办公室。

2.2.2　单项选择题

（1）电信级网络必须保证为用户提供的服务是（　　）。

    A）5×24 服务   B）3×24 服务

    C）7×24 服务   D）1×24 服务

（2）X.25 网的传输速率比较低，通常为（　　）。

    A）16kbit/s   B）64kbit/s

    C）512kbit/s   D）1.024Mbit/s

（3）帧中继网提供的 VPN 服务所在的层次是（　　）。

    A）物理层   B）传输层

    C）网络层   D）数据链路层

（4）B-ISDN 的底层传输网选择的技术是（　　）。

    A）ATM   B）FR

    C）IP   D）X.25

（5）ATM 的数据传输单元称为（　　）。

    A）报文   B）比特流

    C）信元   D）分组

（6）ATM 数据交换方法采用的是（　　）。

    A）统计时分复用   B）同步时分复用

    C）频分多路复用   D）码分多路复用

（7）ATM 网提供的数据传输速率为（　　）。

    A）36Mbit/s ～ 960Mbit/s   B）60Mbit/s ～ 1.2Gbit/s

    C）100Mbit/s ～ 2.0Gbit/s   D）155Mbit/s ～ 2.4Gbit/s

（8）在同步网络中，所有时钟都通过基准参考时钟（PRC）获取，其精度必须保持在（　　）。

    A）$\pm 1 \times 10^{-3}$ B）$\pm 1 \times 10^{-6}$

    C）$\pm 1 \times 10^{-11}$ D）$\pm 1 \times 10^{-15}$

（9）E1 载波复用的语音信道与控制信道数量分别为（　　）。

    A）30 路与 2 路   B）32 路与 0 路

    C）14 路与 2 路   D）16 路与 0 路

（10）STS-1 支持的传输速率为（　　）。

    A）622.08Mbit/s   B）155.52Mbit/s

    C）466.56Mbit/s   D）51.84Mbit/s

（11）10GE 的覆盖范围能够从局域网、城域网到（　　）。

    A）接入网   B）广域网

    C）体域网   D）覆盖网

（12）以下哪个部分不属于宽带城域网结构的组成部分？（　　）

    A）网络平台   B）管理平台

    C）接入平台   D）城市宽带出口

（13）ATM 信元中头部与数据长度分别为（　　）。

    A）5B 与 48B   B）8B 与 56B

    C）3B 与 50B   D）4B 与 60B

（14）在已有的几种光纤接入方式中，光纤到家庭的英文缩写是（　　）。

    A）FTTC   B）FTTO

　　　　C）FTTZ　　　　　　　　　　　　D）FTTH

（15）ATM 协议体系涉及的层次不包括（　　）。

　　　A）物理层　　　　　　　　　　　B）网络层

　　　C）传输层　　　　　　　　　　　D）数据链路层

（16）SONET 标准的制定组织是（　　）。

　　　A）CCITT　　　　　　　　　　　B）ANSI

　　　C）CNNIC　　　　　　　　　　　D）IEEE

（17）以下关于局域网技术发展过程的描述中，错误的是（　　）。

　　　A）Ethernet 是最早出现的局域网技术

　　　B）Token Bus 是早期比较流行的局域网技术

　　　C）Token Ring 是曾经与 Ethernet 竞争的局域网技术

　　　D）Ethernet 是在竞争中胜出、当前流行的局域网技术

（18）以下关于接入网技术的描述中，错误的是（　　）。

　　　A）接入网是网络基础设施建设中需要重点解决的"最后一公里"问题

　　　B）ADSL 是一种利用电话网的上行带宽和下行带宽相同的数字用户线系统

　　　C）FTTH 是家庭用户常用的接入方式，它将光纤直接铺设入户并连接光 Modem

　　　D）HFC 是经改造的新一代有线电视网，它是一个双向的电视信号传输系统

（19）以下关于 IEEE 802.3z 标准的描述中，错误的是（　　）。

　　　A）支持的局域网类型是千兆以太网

　　　B）提供的最大传输速率为 1Gbit/s

　　　C）无须解决对共享介质的访问控制问题

　　　D）定义了多种 1000BASE 系列物理层标准

（20）以下关于传统以太网的描述中，错误的是（　　）。

　　　A）传统以太网的协议标准是 IEEE 802.11

　　　B）提供的最大传输速率为 10Mbit/s

　　　C）支持的传输介质包括同轴电缆、双绞线等

　　　D）需要解决对共享介质的访问控制问题

（21）以下关于 FDDI 技术的描述中，错误的是（　　）。

　　　A）设计目标是实现高速、可靠、大范围的局域网互联

　　　B）提供的最大传输速率为 1Gbit/s

　　　C）采用光纤作为传输介质

　　　D）可用于 100km 范围内的局域网互联

（22）以下关于宽带城域网的核心交换层的描述中，错误的是（　　）。

　　　A）将多个汇聚层连接起来，为汇聚层提供高速分组转发

　　　B）为整个城域网提供一个高速、安全与保证服务质量的数据传输环境

　　　C）提供宽带城域网用户访问互联网所需的接入服务

　　　D）实现与地区或国家主干网的互联，提供城市的宽带 IP 数据出口

（23）以下关于宽带城域网汇聚层的描述中，错误的是（　　）。

　　　A）汇聚层处于核心交换层的边缘

　　　B）执行接入用户的身份认证与安全管理

C）实现本地路由、过滤、流量均衡等处理

D）完成用户数据的汇聚、转发与交换

（24）以下关于 IEEE 802.16 标准的描述中，错误的是（   ）。

A）它的全称是"固定带宽无线访问系统空间接口"

B）定义了 66 ～ 212MHz 频段无线接入系统的物理层与 MAC 层规范

C）IEEE 802.16e 针对的是火车、汽车等移动物体之间的无线通信

D）致力于 IEEE 802.16 应用推广的论坛组织是 WiFi 联盟

（25）以下关于 ATM 技术的描述中，错误的是（   ）。

A）ATM 采用的是面向连接的技术

B）ATM 传输的信元长度为 53B

C）ATM 支持的最大传输速率为 2.4Gbit/s

D）ATM 以频分多路复用方式动态分配带宽

第3章 互联网应用技术

3.1 例题解析

3.1.1 互联网应用技术概述

例1 以下关于互联网应用发展的描述中，错误的是（　　）。

A）第一阶段只能提供基本的网络服务功能，主要是域名服务（DNS）

B）第二阶段表现在基于 Web 的电子政务、电子商务、远程教育等应用上

C）第三阶段在继续发展基于 Web 应用的基础上出现了 P2P 网络的应用

D）搜索引擎的应用扩大了人们对于网络信息查询和共享的范围

分析：设计该例题的目的是加深读者对互联网应用发展的理解。在讨论互联网应用的发展时，需要注意以下几个主要问题。

1）互联网应用技术的发展大致可分成 3 个阶段。

2）第一阶段互联网应用的主要特征：提供 Telnet、E-mail、FTP、BBS 与 Usenet 等基本的网络服务功能。

3）第二阶段互联网应用的主要特征：随着 Web 技术的出现，基于 Web 的电子商务、电子政务、远程教育等应用获得快速发展，并出现了针对 Web 的搜索引擎服务。

4）第三阶段互联网应用的主要特征：基于 P2P 的应用将互联网应用推向一个新阶段。在基于 Web 的应用继续发展的基础上，出现了一批基于 P2P 结构的新应用。

通过上述描述可以看出，第一阶段互联网应用的主要特征是提供 Telnet、E-mail、FTP、BBS 与 Usenet 等基本服务。域名服务（DNS）负责完成主机名与 IP 地址的映射，属于支持各种互联网应用运行的基础设施之一，它与 Telnet、E-mail、FTP 等面向最终用户的服务功能不同。显然，A 所述的内容混淆了 DNS 与其他网络服务的区别。

答案：A

例2 以下关于互联网应用系统工作模式的描述中，错误的是（　　）。

A）从工作模式的角度，互联网应用系统分为两类：C/S 模式与 P2P 模式

B）在一次进程通信中，发起请求的一方称为 Client，接受请求的一方称为 Server

C）所有程序在进程通信中的 Client 与 Server 的地位是不变的

D）C/S 模式反映出一种网络服务提供者与使用者的关系

分析：设计该例题的目的是加深读者对互联网应用系统的理解。在讨论互联网应用系统工作模式时，需要注意以下几个主要问题。

1）从工作模式的角度，互联网应用系统可以分为两类：客户 / 服务器（C/S）模式与对等（P2P）模式。

2）从传输层的分布式进程通信实现方法的角度，在一次进程通信中请求建立连接、发起服务请求的一方称为客户（Client），而接受连接请求、提供网络服务的一方称为服务器

（Server）。

3）从应用层的网络服务实现技术的角度，网络结点可以分为两类：客户和服务器。普通用户通过作为客户的计算机向服务器请求某种网络服务，而作为服务器的计算机为客户提供相应的网络服务。

4）互联网应用系统采用 C/S 模式的主要原因是：网络资源分布的不均匀性。这种资源分布的不均匀性表现在硬件、软件、数据等方面。

5）C/S 模式反映出一种网络服务提供者与使用者的关系。在 C/S 模式中，客户与服务器在网络服务中的地位不平等，服务器在网络服务中处于中心地位。

通过上述描述可以看出，从分布式进程通信实现方法的角度，在一次进程通信中请求建立连接、发起服务请求的一方称为 Client，接受连接请求、提供网络服务的一方称为 Server。那么，Client 与 Server 是与一次进程通信相关的，发起通信请求的一方就是 Client，而接受通信请求的一方就是 Server。显然，C 所描述的内容混淆了应用程序在不同进程通信中角色可能发生变化的问题。

答案：C

例 3 以下关于 P2P 概念的描述中，错误的是（ ）。

A）P2P 是网络结点之间采取对等方式直接交换信息的工作模式

B）P2P 通信模式是指 P2P 网络中对等结点之间的直接通信能力

C）P2P 网络是与互联网并行建设、由对等结点构成的物理网络

D）P2P 实现是为实现对等结点之间直接通信的功能和特定的应用而设计的协议、软件等

分析：设计该例题的目的是加深读者对 P2P 概念的理解。在讨论 P2P 的基本概念时，需要注意以下几个主要问题。

1）P2P 是网络结点之间采取对等方式，通过直接交换信息来达到共享计算机资源和服务的目的的工作模式。

2）P2P 通信模式是指 P2P 网络中对等结点之间的直接通信能力。

3）P2P 网络是在互联网中由对等结点组成的一种覆盖网（overlay network），它是一种动态的逻辑网络。

4）P2P 实现技术是指为实现对等结点之间直接通信的功能和特定的应用而设计的协议、软件等。

5）P2P 技术已广泛应用于即时通信、协同工作、内容分发与分布式计算等领域。

通过上述描述可以看出，P2P 网络是在互联网中由对等结点组成的一种覆盖网，实际上它是一种动态的逻辑网络，而不是一种专门建设的物理网络。显然，C 所描述的内容混淆了P2P 在物理网络与逻辑网络上的区别。

答案：C

例 4 以下关于 C/S 与 P2P 工作模式的描述中，错误的是（ ）。

A）C/S 模式是以服务器为中心的

B）P2P 模式中所有结点同时是服务提供者与使用者

C）P2P 网络是一种在 IP 网络上构建的覆盖网

D）传统互联网中 C/S 与 P2P 的差别在应用层和传输层

分析：设计该例题的目的是加深读者对 C/S 与 P2P 工作模式的理解。在讨论 C/S 与 P2P 工作模式的区别与联系时，需要注意以下几个主要问题。

1）在传统互联网中，信息资源的共享是以服务器为中心的 C/S 模式，服务提供者与使用者之间的界限是很清晰的。

2）P2P 网络淡化了服务提供者与使用者的界限，所有用户兼具服务提供者与使用者的双重身份。

3）在 P2P 网络环境中，成千上万台计算机处于平等地位，整个网络通常不依赖于专用的集中式服务器。

4）P2P 网络中的每台计算机既可以作为网络服务的使用者，也可以向提出服务请求的其他客户提供资源和服务。这些资源可以是数据、存储或计算资源等。

5）在传统互联网中，C/S 与 P2P 模式在传输层及以下各层的协议结构相同，差别就表现在应用层上。

6）P2P 网络并不是一个新的网络结构，而是一种新的网络应用模式。构成 P2P 网络的结点通常已经是互联网的结点，它们不依赖于服务器，在 P2P 应用软件的支持下以对等方式共享资源与服务，在 IP 网络上形成一个逻辑的覆盖网。

通过上述描述可以看出，C/S 与 P2P 模式在传输层及以下各层的协议结构相同，差别就表现在应用层上。显然，D 所描述的内容混淆了 P2P 实现所在的层次。

答案：D

3.1.2 互联网基本应用

例 1 以下关于 Telnet 协议的描述中，错误的是（ ）。

A）远程登录服务采用的是 Telnet 协议

B）Telnet 协议引入了网络虚拟终端（NVT）的概念

C）远程登录服务采用的是客户 / 服务器模式

D）Telnet 在传输层使用 UDP 来实现客户与服务器之间的进程会话

分析：设计该例题的目的是加深读者对 Telnet 协议的理解。在讨论 Telnet 协议的基本内容时，需要注意以下几个主要问题。

1）远程登录服务是网络中最早提供的一种基本服务功能，它采用的应用层协议是 Telnet 协议。

2）Telnet 协议引入了网络虚拟终端（NVT）的概念，它提供了一种专门的键盘定义格式，用于屏蔽不同计算机系统对键盘输入的差异性，同时定义了客户与远程服务器之间的交互过程。

3）Telnet 协议的优点是能解决不同计算机系统之间的互操作问题。远程登录服务是指用户使用 Telnet 命令，使自己的计算机暂时成为远程计算机的一个仿真终端。

4）远程登录服务采用的是客户 / 服务器模式，在传输层使用 TCP 来实现 Telnet 客户与服务器之间的进程会话。

5）Telnet 客户与服务器进程完成用户终端格式、主机系统内部格式与标准 NVT 格式之间的转换。

通过上述描述可以看出，远程登录服务采用的是客户 / 服务器模式，在传输层使用 TCP 来实现 Telnet 客户与服务器之间的进程会话。显然，D 所描述的内容不符合 Telnet 在传输层依赖的协议。

答案：D

例 2   以下关于电子邮件服务的描述中，错误的是（   ）。

A）电子邮件服务又称为 E-mail 服务

B）用户通过 Internet 收发电子形式的信件

C）电子邮件服务采用的是 P2P 模式

D）用户的电子邮件通常保存在电子邮箱中

分析：设计该例题的目的是加深读者对电子邮件服务的理解。在讨论电子邮件服务的基本概念时，需要注意以下几个主要问题。

1）电子邮件服务又称为 E-mail 服务，它是指用户通过 Internet 收发电子形式的信件。电子邮件已成为网络用户的常用通信手段之一，全世界每时每刻都有数以亿计人通过电子邮件进行通信。

2）电子邮件系统同样设有邮局（邮件服务器）与邮箱（电子邮箱），并且有电子邮件地址与内容的格式规范。

3）电子邮件服务采用的是客户 / 服务器模式，在传输层使用 TCP 来实现邮件客户与服务器之间的进程会话。

4）邮件服务器是电子邮件系统的核心。它接收用户发送的电子邮件，并根据收件人地址转发到对方的邮件服务器中；它接收其他邮件服务器转发的电子邮件，并根据收件人地址分发到相应的电子邮箱中。

5）电子邮箱由提供电子邮件服务的机构为用户建立。电子邮件通常保存在用户的电子邮箱中，用户通过邮件客户程序访问自己的邮箱，对其中的电子邮件进行读取、回复、删除等操作。

通过上述描述可以看出，电子邮件服务采用的是客户 / 服务器模式，而不是对等方式的 P2P 模式。显然，C 所描述的内容不符合电子邮件的工作模式。

答案：C

例 3   以下关于文件传输服务的描述中，错误的是（   ）。

A）文件传输服务的应用层协议是 FTP

B）FTP 服务已成为文件传输服务的代名词

C）文件传输服务采用的是客户 / 服务器模式

D）下载是指将文件从本地计算机传输到 FTP 服务器的过程

分析：设计该例题的目的是加深读者对文件传输服务的理解。在讨论文件传输服务的基本概念时，需要注意以下几个主要问题。

1）文件传输服务允许用户在计算机之间传输文件，并且保证传输内容的可靠性。

2）文件传输协议（FTP）是文件传输服务的应用层协议，当前 FTP 服务已成为文件传输服务的代名词。

3）文件传输服务采用的是客户 / 服务器模式，在传输层使用 TCP 来实现 FTP 客户与服务器之间的进程会话。

4）用户的本地计算机称为 FTP 客户，而提供 FTP 服务的计算机称为 FTP 服务器。这里，将文件从 FTP 服务器传输到客户的过程称为下载，而将文件从客户传输到 FTP 服务器的过程称为上传。

通过上述描述可以看出，将文件从 FTP 服务器传输到本地计算机的过程称为下载，而将文件从本地计算机传输到 FTP 服务器的过程称为上传。显然，D 所描述的内容混淆了 FTP

关于下载与上传的定义。

答案：D

例 4 以下关于网络新闻服务的描述中，错误的是（　　）。

A）Usenet 是一种公共发布类的信息共享服务

B）初期开发的软件版本称为 BBS 或 Usenet

C）Usenet 使用的是网络新闻传输协议（NNTP）

D）NNTP 在传输层使用 TCP

分析：设计该例题的目的是加深读者对网络新闻服务的理解。在讨论网络新闻服务的基本概念时，需要注意以下几个主要问题。

1）网络新闻属于一种公共发布类的信息共享服务，它为一对一或一对多的人们就共同感兴趣的问题开展讨论提供服务。

2）最初的 Usenet 使用两台计算机分别管理两个新闻组的报文，初期开发的软件版本称为网络新闻（net news）与 Usenet。

3）Usenet 已成为一种进行专题讨论的国际论坛，它拥有数以千计的讨论组，每个讨论组都围绕某个专题展开讨论，如哲学、文学、艺术、游戏等。

4）Usenet 最初使用的应用层协议是 UUCP，后来由基于 TCP 的网络新闻传输协议（NNTP）所代替。

从以上讨论可以看出，初期开发的软件版本称为网络新闻（net news）与 Usenet，而不是另一种电子公告牌（BBS）服务。显然，B 所描述的内容混淆了 Usenet 与 BBS 两种服务的基本功能。

答案：B

3.1.3　基于 Web 技术的应用

例 1 以下关于 Web 服务概念的描述中，错误的是（　　）。

A）支持 Web 服务的 3 个关键技术是：HTTP、HTML 与 URL

B）HTML 是 Web 服务的应用层协议，它定义了超文本标记语言

C）HTTP 是超文本文档在浏览器与 Web 服务器之间的传输协议

D）URL 由 3 部分组成：服务器类型、主机名、路径及文件名

分析：设计该例题的目的是加深读者对 Web 服务的理解。在讨论 Web 服务的基本概念时，需要注意以下几个主要问题。

1）Web 服务又称为万维网（WWW）服务，它的出现是互联网应用技术发展中的一个里程碑。

2）Web 服务是互联网中最方便与最受欢迎的信息服务，它的影响力已远超专业技术的范畴，并进入电子商务、远程教育、信息服务等领域。

3）支持 Web 服务的 3 个关键技术是：超文本传输协议（HTTP）、超文本标记语言（HTML）与统一资源定位符（URL）。

4）HTTP 是 Web 服务使用的应用层协议，用于在浏览器与 Web 服务器之间传输超文本文档，以及图像、动画、音频、视频等其他文件。

5）HTML 是定义超文本文档的文本语言。它为常规的文档增加了标记（tag），使一个文档可以链接到另一个文档；它允许文档中有特殊的数据格式，可以将不同媒体类型结合在一

个文档中。

6）URL 用来标识与定位 Web 中的资源。标准的 URL 由 3 部分组成：服务器类型、主机名、路径及文件名。

从以上讨论可以看出，HTTP 是 Web 服务在通信时使用的应用层协议，而 HTML 是用于定义网页文档的文本语言。显然，B 所描述的内容混淆了 HTTP 与 HTML 这两种 Web 关键技术的作用。

答案：B

例 2　以下关于网页概念的描述中，错误的是（　　）。

A）在 Web 环境中，信息以 Web 页的形式显示与链接

B）Web 页用 HTML 来编写，可以在 Web 页之间建立超链接

C）主页是指个人或机构的基本 Web 页

D）Web 页通常包含 E-mail、SNMP、NNTP 等信息

分析：设计该例题的目的是加深读者对网页概念的理解。在讨论网页的概念时，需要注意以下几个主要问题。

1）在 Web 应用环境中，信息以网页（Web 页）的形式显示与链接。网页由 HTML 来编写，并在网页之间建立了超链接以便浏览。

2）主页（home page）是指个人或机构的基本网页，用户访问某个 Web 网站首先会看到该网站的主页，通过主页可访问该网站更进一步的信息。

3）网页通常包含以下几种基本元素：文本、图形、表格和超链接。另外，网页中还包括各种多媒体信息，如动画、音频、视频等资源。

4）网页通常可以分为两种类型：静态网页与动态网页。其中，无论何时何地使用何种浏览器，静态网页显示的网页内容都是不变的；动态网页可以根据用户的需求进行响应，通过它与网站之间进行信息的交互。

从以上讨论可以看出，网页通常包含文本、图形、表格、超链接等基本元素，以及动画、音频、视频等多媒体信息资源，而不必包含 E-mail、SNMP、NNTP 等其他服务的相关信息。显然，D 所描述的内容不符合 Web 页的构成元素规定。

答案：D

例 3　以下关于电子商务应用的描述中，错误的是（　　）。

A）电子商务是指通过互联网 Web 技术开展的各种商务活动

B）电子商务包括不同类型：企业与企业（B2B）、企业与消费者（B2C）

C）电子商务体系由网络平台、认证中心与银行 3 个部分组成

D）网络平台层包括接入到互联网的 Intranet、Extranet、商业增值网

分析：设计该例题的目的是加深读者对电子商务应用的理解。在讨论电子商务的基本概念时，需要注意以下几个主要问题。

1）电子商务是指通过互联网 Web 技术开展的各种商务活动。电子商务可以被定义为：通过 Internet 以电子数据信息流通的方式，在全世界范围内进行的各种商务活动、交易活动、金融活动和相关的综合服务。

2）根据交易对象的不同，电子商务可以分为 3 种类型：企业与企业（B2B）、企业与个人（B2C）、个人与个人（C2C）。

3）电子商务的运行环境是大范围、开放性的 Internet，通过各种技术将参与电子商务的

各方联系起来。电子商务交易能够完成的关键是：安全地实现网上信息传输和在线支付功能。

4）电子商务体系涉及以下几个组成部分：用户、商家、银行、网络平台、认证中心、物流机构等。

从以上讨论可以看出，电子商务体系的主要组成部分有用户、商家、银行、网络平台、认证中心、物流机构等。显然，C 所描述的内容缺少了用户、商家、物流机构等重要的组成部分。

答案：C

例 4　以下关于电子政务应用的描述中，错误的是（　　）。

A）电子政务是指各级政府机构的政务处理电子化

B）它有利于实现政府组织结构和工作流程的优化

C）根据服务对象的不同，电子政务应用可分为 3 种类型

D）G2G 是指政府部门利用网络为公民提供的各种政务服务

分析：设计该例题的目的是加深读者对电子政务应用的理解。在讨论电子政务的基本概念时，需要注意以下几个主要问题。

1）电子政务是指运用电子化手段实施的政府管理工作，包括内部核心政务电子化、信息公布与发布电子化、信息传递与交换电子化、公众服务电子化等。

2）实际上，电子政务是政府机构应用现代信息和通信技术，将管理和服务通过网络技术进行集成，在网络上实现组织结构和工作流程的优化，向社会提供优质、规范、透明的管理和服务。

3）电子政务应用的优势主要表现在以下方面：提高政府的办事效率，提高政府的服务质量，增加政府工作的透明度，有利于政府的廉政建设。

4）根据服务对象的不同，电子政务应用可以分为 3 种类型：政府与政府（G2G）、政府与企业（G2B）、政府与个人（G2C）。

从以上讨论可以看出，G2G 是指上下级政府、不同政府部门之间利用网络来完成电子政务活动，而 G2C 是指政府部门利用网络为公民提供各种政务服务。显然，D 混淆了 G2G 与 G2C 这两种电子政务应用的主要功能。

答案：D

例 5　以下关于搜索引擎技术的描述中，错误的是（　　）。

A）搜索引擎通常由搜索器、索引器、检索器与用户接口这四个部分组成

B）搜索器遍历指定的 Web 空间，不断将采集的网页信息添加到网页数据库

C）检索器用于输入用户查询要求，并显示查询结果

D）索引器的功能是理解搜索器获取的信息，进行分类并建立索引

分析：设计该例题的目的是加深读者对搜索引擎技术的理解。在讨论搜索引擎的工作原理时，需要注意以下几个主要问题。

1）用户通过浏览器输入需要检索的关键字之后，搜索引擎很快返回一个相关的信息列表。这个列表通常包括三个方面的内容：标题、URL 与摘要。

2）搜索引擎技术起源于传统的全文检索理论。基于全文搜索的搜索引擎通常包括 4 个组成部分：搜索器、索引器、检索器与用户接口。

- 搜索器的功能是遍历指定的 Web 空间，不断将采集到的网页信息添加到网页数据库中。基于 Web 的搜索器主要有蜘蛛（spider）、机器人（robot）、爬虫（crawler）等。

- 索引器的功能是理解搜索器获取的信息，并将后者进行分类、建立索引、存放在索引数据库或目录数据库中。
- 检索器的功能是根据用户输入的关键字，在索引库中快速检索出文档。然后根据用户输入的查询条件，对搜索结果的文档与查询的相关度进行计算和评价，并对输出的查询结果进行排序。
- 用户接口用于输入用户查询要求，显示查询结果，提供用户反馈意见。

从以上讨论可以看出，检索器的功能是根据用户输入的关键字，在索引库中快速检索出文档，而用户接口用于输入用户查询要求，并显示查询结果。显然，C 所描述的内容混淆了检索器与索引器的基本功能。

答案：C

3.1.4　基于多媒体技术的应用

例 1　以下关于博客应用的描述中，错误的是（　　）。

A）博客是指以文章形式在 Internet 中共享信息的一种新方式

B）每个博客是一个包含文章列表的邮件列表，通过 SMTP 来实现文章的推送服务

C）博客服务提供商（BSP）为博客用户开辟共享空间与提供支持

D）博客产业链主要包括博客服务提供商、搜索引擎、出版社与网络广告商

分析：设计该例题的目的是加深读者对博客应用的理解。在讨论博客应用的基本概念时，需要注意以下几个主要问题。

1）网络日志（web log）通常简称为博客（blog），它是以文章形式在 Internet 中发表与共享信息的服务。

2）博客应用在技术上属于网络共享空间，而在形式上属于网络个人出版的范畴。

3）每个博客是一个包含文章列表的网页，通常由简短且经常更新的文章构成，这些文章按照年份与日期的倒序来排列。

4）博客服务提供商（BSP）的网站为博客使用者开辟一个共享空间。博客服务提供商主要分为 3 类：独立运营的博客服务提供商，基于门户网站的博客服务提供商，以及基于产品的博客服务提供商。

5）当前的博客领域已形成完整的产业链：博客服务提供商、搜索引擎、出版社与网络广告商。

从以上讨论可以看出，每个博客是一个包含文章列表的网页，由读者通过浏览器等软件自主访问其中的文章，而不是一个包含文章链接的邮件列表，也不会通过 SMTP 来实现文章的推送服务。显然，B 所描述的内容不符合博客应用的基本特征。

答案：B

例 2　以下关于播客应用的描述中，错误的是（　　）。

A）播客是基于互联网的 IPTV 技术之一

B）初期的播客基于 iPodder 软件与便携式 MP3 播放器

C）播客录制的是数字广播或声讯类节目

D）用户也可以自己制作节目，并传输到网上共享

分析：设计该例题的目的是加深读者对播客应用的理解。在讨论播客应用的基本概念时，需要注意以下几个主要问题。

1）播客（podcast）是一种基于 Internet 的数字广播技术。

2）最初的播客基于 iPodder 软件与便携式 MP3 播放器（如 iPod）。

3）播客录制的是数字广播或声讯类节目，用户可将节目下载到移动终端（如手机、iPod）随身收听。

4）播客主要分为 3 种类型：独立播客、门户网站的播客频道、播客服务提供商。其中，独立播客由个人播客所创建，其中的节目多由个人策划与制作。

从以上讨论可以看出，播客是一种基于 Internet 的数字广播技术，它录制与分享的是数字广播或声讯类节目，而不是 IPTV 提供的数字电视或视频类节目。显然，A 所描述的内容混淆了播客与 IPTV 两种网络应用。

答案：A

例 3　以下关于 IPTV 应用的描述中，错误的是（　　）。

A）IPTV 是一种基于 IP 网络的交互式数字电视技术

B）它彻底改变了传统电视单向广播的特点

C）IPTV 的最大优势在于互动性与按需观看

D）电视类业务包括点播电视、视频会议、互动广告等

分析：设计该例题的目的是加深读者对 IPTV 应用的理解。在讨论 IPTV 应用的基本概念时，需要注意以下几个主要问题。

1）网络电视（IPTV）是一种基于 IP 网络的交互式数字电视技术。

2）ITU 对 IPTV 的定义是：IPTV 是在 IP 网络中传送视频、音频、文本等数据，提供安全、交互、可靠、可管理的多媒体业务。

3）IPTV 的最大优势在于互动性与按需观看，彻底改变了传统电视单向广播的特点，满足了用户对在线影视欣赏的需求。

4）IPTV 提供的业务种类主要有电视类、通信类与增值类。其中，电视类业务是指与电视相关的业务，如广播电视、点播电视、时移电视等；通信类业务是指可视电话、视频会议等；增值类业务是指电视购物、互动广告、在线游戏等。

从以上讨论可以看出，在 IPTV 提供的几种业务中，电视类业务是指与电视相关的业务，如广播电视、点播电视、时移电视等。显然，D 所描述的视频会议属于通信类业务，而互动广告属于增值类业务。

答案：D

例 4　以下关于 IP 电话应用的描述中，错误的是（　　）。

A）IP 电话的定义是：利用 IP 协议，通过电话交换网提供的电话业务

B）IP 电话系统由终端设备、网关、多点控制单元、后端服务器等部分组成

C）IP 电话终端可以是传统的电话机，或装有相应软件的多媒体计算机

D）网关的功能是实现互联网、PSTN 与 ISDN 之间的连接与协议转换

分析：设计该例题的目的是加深读者对 IP 电话应用的理解。在讨论 IP 电话应用的基本概念时，需要注意以下几个主要问题。

1）传统电话是通过公共电话交换网（PSTN）传输的，而 IP 电话是通过互联网传输。IP 电话通常被称为 IP Phone 或 VoIP。

2）ITU 对 IP 电话的定义是：利用 IP 协议，通过 IP 网络单独提供或通过 PSTN 和 IP 网络共同提供的电话业务。

3）ITU 制定针对 IP 电话业务的 H.323 标准，描述 IP 电话系统结构和各个部分的功能，以协调不同厂商的 IP 电话之间的互联。针对 H.323 标准的缺点，IETF 制定了用于建立 IP 电话连接的会话发起协议（SIP）。

4）IP 电话系统的组成部分包括：终端设备、网关、多点控制单元、后端服务器。其中，终端设备可以是传统电话机，或安装相应软件的多媒体计算机。网关用于实现 Internet 与 PSTN 或 ISDN 之间的连接与协议转换。多点控制单元用于管理电话会议中的多点通话。后端服务器主要包括关守、认证服务器、账户服务器、呼叫统计服务器等。

从以上讨论可以看出，ITU 对 IP 电话的定义是利用 IP 协议，通过 IP 网络单独提供或通过 PSTN 和 IP 网络共同提供的电话业务，而不是通过 PSTN 单独提供的电话业务。显然，A 所描述的内容仍然属于传统电话的范畴。

答案：A

3.1.5　基于 P2P 技术的应用

例 1　以下关于文件共享 P2P 应用的描述中，错误的是（　　）。

A）P2P 文件共享应用可以共享音频、视频、图片与软件等

B）BT 网络中的下载用户越多，种子文件数量越多，下载速度越慢

C）KaZaA 网络中的组长之间通过 TCP 实现互联

D）eDonkey 是一种无结构的 P2P 网络

分析：设计该例题的目的是加深读者对文件共享 P2P 应用的理解。在讨论文件共享 P2P 应用的特点时，需要注意以下几个主要问题。

1）文件共享 P2P 应用提供了一种文件共享平台，用户之间可直接交换共享的文件，包括音频、视频、图片、文档与软件等。

2）典型的文件共享 P2P 应用主要包括 Napster、BitTorrent、Gnutella、KaZaA、eMule/eDonkey、Thunder、POCO、Maze 等。近年来，多种文件共享应用开始同时支持集中式与分布式结构。

3）Napster 是世界上第一个应用型 P2P 软件，它是一种典型的集中式 P2P 网络。

4）BitTorrent（简称 BT）是一种典型的集中式 P2P 网络。发布者为共享的每个文件生成一个 torrent 文件，这个文件称为种子文件。BT 网络中的下载用户越多，种子文件数量越多，下载速度相应也就越快。

5）Gnutella 是一种典型的无结构 P2P 网络。

6）KaZaA 借鉴了 Napster 与 Gnutella 的设计思想，实际上它与 Gnutella 更类似。其中最有权力的超级结点被指派为组长，一个组长通常下属多达几百个结点。组长之间通过 TCP 实现互联，并由这些组长构造成覆盖网。

7）eDonkey 采取基于用户的"超级结点"机制，它通常被认为是无结构 P2P 网络。

从以上讨论可以看出，BT 网络中的下载用户越多，种子文件数量越多，下载速度相应也就越快，而不是像传统文件下载应用那样变慢。显然，B 所描述的内容不符合 BT 应用的基本特征。

答案：B

例 2　以下关于即时通信 P2P 应用的描述中，错误的是（　　）。

A）Skype 提供网络电话、即时消息、视频聊天、电话会议等功能

B）QQ 采用自己定义的私有协议，无法与其他即时通信软件交流

C）MSN 采用公开的 XMPP 标准，可以与 Skype 软件进行交流

D）Google Talk 主要提供即时消息、语音通话与电子邮箱等功能

分析：设计该例题的目的是加深读者对即时通信 P2P 应用的理解。在讨论即时通信 P2P 应用的特点时，需要注意以下几个主要问题。

1）即时通信（IM）应用提供了一种新型交流平台，用户之间可通过即时消息、音频通话、视频聊天等方式来交流。

2）典型的即时通信 P2P 应用主要包括早期的 ICQ、MSN Messenger、AIM、Google Talk 等，当前流行的 Skype、QQ、微信、阿里旺旺、飞信等。

3）Skype 是一种基于 P2P 的 VoIP 应用软件，除了提供网络电话功能之外，还提供即时消息、视频聊天、电话会议等功能。Skype 采用自己定义的私有协议，无法与其他即时通信软件交流。

4）QQ 是国内流行的一种即时通信软件，主要提供即时消息、音频通话、视频聊天、文件传输、应用共享、在线游戏等功能。QQ 采用自己定义的私有协议，无法与其他即时通信软件交流。

5）MSN 是 Microsoft 公司开发的即时通信软件，主要提供即时消息、视频聊天、文件传输、应用共享、电子邮箱等功能。MSN 采用自己定义的私有协议，无法与其他即时通信软件交流。

6）Google Talk 是 Google 公司开发的即时通信软件，主要提供即时消息、语音通话与电子邮箱等功能。它采用公开的 Jabber/XMPP 标准，可与其他基于 XMPP 的即时通信软件（如 iChat、GAIM 等）交流。

从以上讨论可以看出，MSN 软件采用自己定义的私有协议，无法与其他即时通信软件交流，同样也无法与 Skype 用户进行交流。显然，C 所描述的内容不符合 MSN 应用系统在协议方面的规定。

答案：C

例 3 以下关于流媒体 P2P 应用的描述中，错误的是（　　）。

A）集中式服务器的计算能力与带宽已成为流媒体应用的瓶颈

B）采用 P2P 技术使集中的服务分散化有利于缓解性能问题

C）PPLive 属于网络流媒体服务运营商提供的流媒体 P2P 应用

D）从功能的角度，流媒体 P2P 应用可分为在线游戏与交互广告

分析：设计该例题的目的是加深读者对流媒体 P2P 应用的理解。在讨论流媒体 P2P 应用的特点时，需要注意以下几个主要问题。

1）集中式服务器的计算能力与带宽已成为流媒体应用瓶颈，较好的方法是采用 P2P 技术使集中的服务分散化，流媒体 P2P 应用就是在这种背景下提出。

2）从应用领域的角度来看，流媒体 P2P 应用可分为两类：互联网应用与电信网应用。在互联网应用方面，主要是网络流媒体服务运营商提供的应用，如 PPLive、QQLive、PPStream、UUSee、TvAnts 等。

3）在电信网应用方面，几大电信运营商纷纷在该领域推出新举措，中国联通的“视讯新干线”利用 4G 实现流媒体播放，中国电信将“互联星空”打造成视频服务聚合器。

4）从功能的角度来看，流媒体 P2P 应用可分为两类：流媒体直播与流媒体点播。其中，

流媒体直播服务相对简单一些，流媒体直播 P2P 应用的发展更加迅猛。

从以上讨论可以看出，从功能的角度来进行划分，流媒体 P2P 应用主要分为两类：流媒体直播与流媒体点播。显然，D 所描述的内容混淆了流媒体直播与流媒体点播应用的基本功能。

答案：D

例 4 以下关于共享存储 P2P 应用的描述中，错误的是（ ）。

A）共享存储 P2P 应用提供了一种分布式文件存储系统

B）对于共享存储 P2P 应用，首先需要解决路由搜索问题

C）Granary 是最早出现的一种共享存储 P2P 应用软件

D）OceanStore 是一个覆盖全球范围的广域共享存储系统

分析：设计该例题的目的是加深读者对共享存储 P2P 应用的理解。在讨论共享存储 P2P 应用的特点时，需要注意以下几个主要问题。

1）共享存储 P2P 应用提供了一种分布式文件存储系统，它能够提供高效的文件存储功能，并且自身具有较好的负载均衡能力。

2）在共享存储 P2P 应用方面，首先需要解决的是路由搜索问题。这方面的典型成果主要包括 Tapstry、Pastry、Tourist 等。

3）共享存储 P2P 应用的典型代表主要包括 CFS、Ocean Store、PAST、Granary 等。其中，CFS 是最早出现的分布式共享存储系统；PAST 采用的是改进的 Pastry 路由算法；Granary 采用的是 Tourist 路由算法。

4）OceanStore 是在 Pond 的基础上实现的分布式存储系统，设计目标是成为一个覆盖全球的广域存储系统。OceanStore 的存储设备由大量的存储结点组成，它们多数是由存储服务商提供的专用存储结点，支持计算机、手机、Pad 等设备随时随地访问。

从以上讨论可以看出，CFS 是最早出现的一种分布式共享存储应用，而 Granary 是后期出现的一种基于 Tourist 的共享存储应用。显然，C 所描述的内容混淆了 CFS 与 Granary 应用的出现时间。

答案：C

例 5 以下关于分布式计算 P2P 应用的描述中，错误的是（ ）。

A）每个 GPU 用户通过结构化 P2P 网络来提供自己的 CPU 计算能力

B）GPU 软件提供 3 个插件：景观产生器、搜索引擎与文件分配器

C）SETI@home 软件试图利用大量闲置计算资源，在对等模式下开展协同工作

D）SETI@home 能够提供多种 CPU 与操作系统的客户端软件

分析：设计该例题的目的是加深读者对分布式计算 P2P 应用的理解。在讨论分布式计算 P2P 应用的特点时，需要注意以下几个主要问题。

1）分布式计算 P2P 应用是当前的一个研究热点，这方面的研究项目主要包括 GPU、SETI@home 等。

2）每个用户将自己的计算机加入 GPU 系统，通过 Gnutella 网络提供自己的 CPU 计算能力，同时获得其他计算机的 CPU 计算能力。GPU 的 0.919 版本提供 3 个插件：景观产生器、搜索引擎与文件分配器。

3）SETI@home 软件希望利用大量的个人计算机，以及其他闲置计算资源，在不影响对等结点工作的情况下，开展大规模的协同工作。SETI@home 主机由三台企业级服务器构成，

分别用于用户数据库、科学计算数据库，以及任务、数据分发与结果收集。目前，SETI@home 提供 47 种不同 CPU 与操作系统的客户端软件。

从以上讨论可以看出，每个用户将自己的计算机加入 GPU 系统，通过 Gnutella 网络来提供自己的 CPU 计算能力，Gnutella 网络属于一种典型的无结构 P2P 网络。显然，A 所描述的内容混淆了 Gnutella 的 P2P 网络类型。

答案：A

3.2 同步练习

3.2.1 术语辨析题

用给出的定义标识出对应的术语（本题给出 26 个定义，请从中选出 20 个，分别将序号填写在对应的术语前的空格处）。

（1）_____ SMTP　　　　（2）_____ P2P

（3）_____ 客户　　　　　（4）_____ TFTP

（5）_____ BBS　　　　　（6）_____ URL

（7）_____ 服务器　　　　（8）_____ NNTP

（9）_____ HTTP　　　　 （10）_____ Telnet

（11）_____ B2B　　　　　 （12）_____ G2G

（13）_____ FTP　　　　　（14）_____ 搜索引擎

（15）_____ Intranet　　　 （16）_____ 浏览器

（17）_____ Usenet　　　　（18）_____ 播客

（19）_____ 博客　　　　　（20）_____ VoIP

A. 实现终端远程登录服务功能的协议。

B. 实现电子邮件传输功能的协议。

C. 实现交互式文件传输服务功能的协议。

D. 实现人们对关心的问题开展专题讨论的网络服务。

E. 在一次进程通信中请求连接、发起通信的一方。

F. 在一次进程通信中接受连接请求、提供网络服务的一方。

G. 网络结点之间采用对等方式直接交换信息的工作模式。

H. 在保证文件传输基本功能的前提下的一种简化协议。

I. 实现网络新闻服务的协议。

J. 用户可以在上面书写、发布信息或提出看法的一种网络服务。

K. 实现 Web 服务功能的协议。

L. 标识 Web 中资源的统一资源定位符。

M. 个人或机构的基本 Web 页。

N. 用来查看互联网中 Web 页的客户端软件。

O. 通过互联网 Web 技术开展的各种商务活动。

P. 企业与企业之间的电子商务。

Q. 电子商务网络平台中接入互联网的企业内部网。

R. 政府部门之间的电子政务。

S. 以特定策略在互联网上查询信息的 Web 应用软件。

T. 以文章形式在互联网上发表和信息共享的服务。

U. 基于互联网的数字播音系统。

V. 世界上第一个共享 MP3 音乐的 P2P 软件。

W. 匿名 FTP 服务的用户密码。

X. 一种源自 eDonkey 的开源软件。

Y. 通过互联网传输的电话业务。

Z. 描述 IP 电话系统的基本结构与功能，协调不同厂商 IP 电话互联的协议。

3.2.2 单项选择题

（1）Web 技术所属的互联网应用发展阶段是（   ）。

    A）第一阶段   B）第二阶段

    C）第三阶段   D）第四阶段

（2）远程登录服务采用的核心技术是（   ）。

    A）NVT   B）NAT

    C）VPN   D）VNC

（3）在以下几个邮件地址中，符合电子邮件格式定义的是（   ）。

    A）abc#nankai.com   B）abc%nankai.com

    C）abc@nankai.com   D）abc&nankai.com

（4）同样提供文件传输服务，FTP 与 TFTP 在传输层使用的协议分别是（   ）。

    A）TCP 与 UDP   B）TCP 与 ARP

    C）UDP 与 SIP   D）UDP 与 RTP

（5）最初 Usenet 使用的数据传输协议是（   ）。

    A）CMIP   B）NNTP

    C）SNMP   D）UUCP

（6）在支持 Web 服务的关键技术中，用于定位 Web 资源的技术是（   ）。

    A）HTTP   B）URL

    C）HTML   D）ASP

（7）在 Usenet 新闻组中，讨论社会与社交问题的新闻组是（   ）。

    A）talk   B）sci

    C）news   D）soc

（8）在电子商务类型中，企业与个人之间的电子商务称为（   ）。

    A）B2B   B）B2C

    C）C2C   D）G2C

（9）"http://www.nankai.edu.cn/index.html" 中的 "index.html" 表示（   ）。

    A）路径与文件名   B）FTP 服务器名

    C）Web 服务器名   D）互联网服务类型

（10）在电子政务类型中，G2G 通常发生在（   ）。

    A）政府与企业之间   B）商业机构之间

    C）政府与个人之间   D）政府部门之间

（11）在搜索引擎体系结构中，负责遍历指定的 Web 空间，将采集到的网页信息添加到数据库的部分是（　　）。

    A）索引器   B）检索器

    C）搜索器   D）缓存器

（12）以下哪种服务以文章形式在 Internet 中发表与共享信息？（　　）

    A）博客   B）IPTV

    C）播客   D）VoIP

（13）在 IP 电话系统的组成部分中，扮演网络管理者角色的是（　　）。

    A）关守   B）呼叫统计服务器

    C）网关   D）多点控制单元

（14）以下哪种应用不属于 IPTV 提供的电视类业务？（　　）

    A）点播电视   B）时移电视

    C）视频会议   D）在线直播

（15）世界上第一个出现的 P2P 应用软件是（　　）。

    A）KaZaA   B）eMule

    C）Gnutella   D）Napster

（16）在以下几种即时通信软件种，采用公开的 XMPP 的是（　　）。

    A）MSN   B）GTalk

    C）QQ   D）Skype

（17）以下关于 TFTP 的描述中，错误的是（　　）。

    A）TFTP 是一种简化的文件传输协议

    B）TFTP 定义了比 FTP 简单的命令集

    C）TFTP 仅支持传输文本文件

    D）TFTP 在传输层采用的是 TCP

（18）以下关于网页概念的描述中，错误的是（　　）。

    A）文本与图形是网页中最常见的元素

    B）网页仅能以静态形式的 HTML 文档出现

    C）超链接用来跳转到其他网页或信息资源

    D）网页可以包含动画、音频、视频等多媒体信息

（19）以下关于 IPTV 服务的描述中，错误的是（　　）。

    A）IPTV 是一种基于 IP 网络的交互式数字电视技术

    B）电视机、计算机、智能手机等都可以作为显示终端

    C）IPTV 仅提供广播电视、点播电视与时移电视业务

    D）在 IP 网络中传输的数据包含视频、音频、文本等

（20）以下关于博客应用的描述中，错误的是（　　）。

    A）主要以音频形式在 Internet 中共享信息

    B）它在形式上属于网络个人出版的范畴

    C）博客服务提供商是博客产业链中的重要角色

    D）博客应用的快速发展建立在 Web 2.0 的基础上

（21）以下关于 VoIP 技术的描述中，错误的是（　　）。

A）VoIP 泛指通过 IP 网络提供的电话业务

B）ITU 针对 IP 电话业务制定了 XMPP

C）VoIP 可以由 IP 网络与 PSTN 共同承载

D）在传输之前通常对语音信号进行数字化

（22）以下关于 BitTorrent 应用的描述中，错误的是（　　）。

A）BitTorrent 是一种基于 P2P 的文件共享协议

B）该服务的特点是下载用户越多，下载速度越快

C）BitTorrent 采用的是无结构 P2P 网络

D）种子文件实际上是被下载文件的"索引"

（23）以下关于 Skype 应用的描述中，错误的是（　　）。

A）Skype 是一种基于 P2P 的 VoIP 软件

B）Skype 网络采用的是集中式 P2P 结构

C）Skype 采用自己定义的私有协议

D）Skype 使用 TCP 发送信令信号

（24）以下关于几种 P2P 应用类型的描述中，错误的是（　　）。

A）BitTorrent 属于文件共享 P2P 应用

B）GPU 属于分布式计算 P2P 应用

C）PPLive 属于即时通信 P2P 应用

D）Granary 属于共享存储 P2P 应用

（25）以下关于电子商务应用的描述中，错误的是（　　）。

A）电子商务在业务上是指实现整个贸易活动的电子化

B）企业与个人之间的电子商务通常简称为 B2B 应用

C）企业与个人之间利用 Internet 进行的电子商务活动就是网上购物

D）电子商务系统主要涉及网上商店、网上银行、认证机构、物流机构等

第4章 应用层与应用系统设计方法

4.1 例题解析

4.1.1 网络应用与应用系统

例1 以下关于互联网端系统与核心交换概念的描述中，错误的是（　　）。

A）将互联网抽象为核心交换与边缘部分的原因主要是应用系统是按 C/S 模式开发的

B）设计者不需要注意每条指令或数据传输路径与具体方法

C）边缘部分主要包括大量接入互联网的主机和用户设备

D）核心交换部分包括由路由器互联的广域网、城域网和局域网

分析：设计该例题的目的是加深读者对端系统与核心交换概念的理解。在讨论互联网的端系统与核心交换部分时，需要注意以下几个主要问题。

1）在进行一个互联网应用系统设计任务时，设计者面对的不会是单一的广域网或局域网，而是很多局域网、城域网与广域网互联构成的互联网环境。

2）面对复杂的互联网结构，研究者应遵循网络体系结构研究中"分而治之"的思想，对复杂的网络进行简化和抽象。在各种简化和抽象方法中，将互联网系统划分为核心交换部分与边缘部分是最有效的方法。

3）互联网边缘部分包括接入互联网的主机或用户设备，而核心交换部分包括由路由器互联的很多广域网、城域网和局域网。

4）边缘部分利用核心交换部分提供的数据传输服务，使得接入互联网的主机或用户设备之间能够相互通信和共享资源。

5）边缘部分的用户设备也称为端系统（end system）。端系统是能够运行网络应用程序（如 E-mail、Web、文件共享 P2P 等）的计算机。

6）在未来的网络应用中，端系统的类型将扩展到所有能接入互联网的设备，如移动电话、智能家电、无线传感器网结点，以及各种物联网终端设备。

7）设计者的注意力可集中到运行在端系统之上的应用程序体系结构设计与应用软件编程上，使网络应用系统设计与开发过程更容易和更规范。

通过上述描述可以看出，面对复杂的互联网结构，研究者应遵循网络体系结构研究中"分而治之"的思想，对复杂的网络进行简化和抽象，将互联网划分为核心交换部分与边缘部分是最有效的方法。显然，这种划分并不是出于应用系统的 C/S 模式。

答案：A

例2 以下关于应用进程之间相互作用模式的描述中，错误的是（　　）。

A）TCP/IP 协议体系中进程之间相互作用采用的是客户 / 服务器模式

B）客户与服务器分别表示相互通信的两个端系统设备的应用程序进程

C）客户向服务器发出服务请求，服务器响应客户的请求

D）在一次通信中，客户与服务器的地位在不断交替改变

分析：设计该例题的目的是加深读者对应用进程之间相互作用模式的理解。在讨论进程之间的相互作用模式时，需要注意以下几个主要问题。

1）在网络环境中，每个服务都对应一个"应用程序"进程。进程通信的实质是实现不同进程之间的相互作用。

2）在 TCP/IP 协议体系中，进程之间相互作用采用客户 / 服务器工作模式。

3）客户与服务器分别表示相互通信的两个进程。客户向服务器发出服务请求，服务器响应客户的请求，并提供客户所需的服务。

4）在一次通信过程中，发起本次进程通信、请求服务的本地计算机进程称为客户（client），提供服务的远程计算机进程称为服务器（server）。

通过上述描述可以看出，在客户 / 服务器模式中，一次通信过程中请求服务的本地计算机进程称为客户，提供服务的远程计算机进程称为服务器，客户与服务器的地位在本次通信过程中是不变的。

答案：D

例 3 以下关于 P2P 应用程序体系结构的描述中，错误的是（ ）。

A）基于 P2P 的应用程序体系结构中所有结点的地位平等

B）不存在一直处于打开状态、等待客户服务请求的服务器

C）每个结点既可以作为客户，又可以作为服务器

D）在 P2P 应用程序进程通信中不存在客户 / 服务器模式问题

分析：设计该例题的目的是加深读者对 P2P 应用程序体系结构的理解。在讨论 P2P 应用程序体系结构的基本特点时，需要注意以下几个主要问题。

1）如果将基于 P2P 的应用程序体系结构与基于 C/S 的应用程序体系结构相比较，基于 P2P 的应用程序体系结构中所有结点的地位平等，不存在一直处于打开状态、等待客户服务请求的服务器。

2）在基于 P2P 的应用程序体系结构中，每个结点既可以是发出信息共享请求的客户，又可以是为其他对等结点提供共享信息的服务器。

3）从进程之间相互作用模式的角度来看，在一对采用对等方式通信的应用进程中，发出服务请求的一方仍然是客户，而响应请求的进程仍然是服务器端。

4）实际上，在一些 P2P 文件共享系统中，一个进程既能上传文件同时又能下载文件，则在上传文件与下载文件的两个会话连接中，仍然可以根据进程的发起与响应来区别出客户与服务器。

通过上述描述可以看出，从进程之间相互作用模式的角度，在采用对等方式通信的两个应用进程中，发出服务请求的一方仍是客户，而响应请求的进程仍是服务器。显然，在 P2P 通信中仍然存在客户 / 服务器工作模式问题。

答案：D

例 4 以下关于客户 / 服务器工作模式的描述中，错误的是（ ）。

A）客户程序与服务器程序是协同工作的两个部分

B）每种服务器只能安装一种特定的服务器程序

C）安装服务器程序的主机作为服务器，为客户提供服务

D）安装客户程序的主机为用户访问网络服务提供用户界面

分析：设计该例题的目的是加深读者对客户／服务器工作模式的理解。在讨论客户／服务器工作模式的特点时，需要注意以下几个主要问题。

1）在客户／服务器工作模式中，作为端系统的计算机可分为客户与服务器。客户程序与服务器程序是协同工作的两个部分。

2）在很多互联网应用（如 FTP、E-mail、Web）中，服务器程序通常运行在一台高配置计算机中。

3）服务器程序在固定的 IP 地址和熟知的端口号上一直处于打开状态，随时准备接收客户程序的服务请求。客户程序根据用户需要在访问服务器程序时打开。

4）如果向服务器发出服务请求的客户数量较多，一台服务器不能满足多个客户的请求，通常使用由多台服务器组成的服务器集群。

5）如果客户数量较少或客户服务请求不频繁，也可以将多种服务器应用程序安装在一台计算机中，则一台服务器就可以提供多种网络服务。

通过上述描述可以看出，如果客户数量较少或服务请求不频繁，也可以将多种服务器程序安装在一台计算机中，则一台服务器就可以提供多种网络服务。显然，并不是每种服务器只能安装一种特定的服务器程序。

答案：B

例 5　以下关于应用层协议包含内容的描述中，错误的是（　　）。

A）交换报文的类型，如请求报文与应答报文

B）各种报文格式，以及每个字段的详细描述

C）下层协议接口的定义

D）进程在什么时间、如何发送报文，以及如何响应

分析：设计该例题的目的是加深读者对应用层协议的理解。在讨论应用层协议的基本内容时，需要注意以下几个主要问题。

1）应用层协议定义了运行在不同端系统上应用程序进程之间相互交换报文的过程。

2）应用层协议主要包括以下基本内容：交换报文的类型，如请求报文与应答报文；各种报文的具体格式，以及每个字段的详细描述；进程在什么时间、如何发送报文，以及如何响应。

通过上述描述可以看出，应用层协议主要包括交换报文的类型；各种报文的具体格式；进程如何发送报文以及做出响应。但是，应用层协议仅通过接口使用下层协议的服务，而不必知道接口的定义与下层协议的实现细节。

答案：C

例 6　以下关于网络应用对低层服务要求的描述中，错误的是（　　）。

A）网络应用根据实际需求来选择传输层的 TCP 或 UDP

B）应用程序脱离本机操作系统，由应用程序设计者来控制

C）传输层协议在主机操作系统的控制下，为应用程序提供确定的服务

D）网络应用从传输层获得的服务要求主要是：传输可靠性、带宽和延时

分析：设计该例题的目的是加深读者对网络应用对低层服务要求的理解。在讨论网络应用对低层服务的要求时，需要注意以下几个主要问题。

1）应用程序的开发者根据网络应用的实际需求，决定在传输层选择 TCP 还是 UDP，以及相关的主要技术参数。传输层协议在主机操作系统的控制下，为应用程序提供确定的数据

传输服务。

2）网络应用程序从传输层获得的服务要求主要集中在：数据传输的可靠性、带宽和延时等方面。

3）不同网络应用对数据传输的可靠性、带宽和延时要求不同。一类应用对数据传输的可靠性要求较高，一次传输错误可能导致重大损失。另一类应用对带宽和延时要求较高，而对数据传输的可靠性要求不是很严格。

通过上述描述可以看出，传输层协议在主机操作系统的控制下，为应用程序提供确定的数据传输服务。无论网络应用程序还是传输层协议软件，都不能在脱离主机操作系统的控制下独立运行。

答案：B

例 7 以下关于传输层协议 TCP 特征的描述中，错误的是（ ）。

A）TCP 是一种功能完善、面向连接、可靠的传输层协议

B）TCP 的拥塞控制机制适合于实时视频应用

C）TCP 不保证最小传输速率，也不能保证传输延时

D）TCP 能保证数据字节按照流的方式传送到目的进程

分析：设计该例题的目的是加深读者对网络应用对传输层协议需求的理解。在讨论传输层协议 TCP 的主要特征时，需要注意以下几个主要问题。

1）互联网在传输层主要使用两个协议：TCP 与 UDP。网络应用系统设计者在应用程序体系结构设计阶段就要决定选择 TCP 还是 UDP。

2）TCP 是一种功能完善、面向连接、可靠的传输层协议。TCP 提供服务的主要特征是：支持可靠的面向连接服务；支持数据流传输服务；支持全双工服务。

3）TCP 拥塞控制机制的设计思想：在网络出现拥塞之后，采取抑制客户或服务器的发送进程，减少发送的数据字节数量。对于有最低速率限制的实时视频应用，对传输速率的抑制将会造成严重的影响。

4）受到 TCP 拥塞控制机制的限制，发送进程只能以较低的平均速率发送。TCP 保证数据字节按照流的方式传送到目的进程，但是不能保证最小的传输速率和延时。

通过上述描述可以看出，受到 TCP 拥塞控制机制的限制，TCP 不能保证最小的传输速率。对于有最低速率限制的实时视频应用，抑制传输速率将会造成严重影响。显然，TCP 的拥塞控制机制不适于实时视频应用。

答案：B

例 8 以下关于传输层协议 UDP 特征的描述中，错误的是（ ）。

A）UDP 希望以最小开销实现网络环境中的进程通信

B）发送进程可以用任意速率通过 UDP 发送数据报

C）UDP 不能够保证传输延时

D）UDP 没有拥塞控制机制，因此不适于 VoIP 应用

分析：设计该例题的目的是加深读者对网络应用对传输层协议需求的理解。在讨论传输层协议 UDP 的主要特征时，需要注意以下几个主要问题。

1）UDP 是一种无连接、不可靠的传输层协议。设计这种简单 UDP 的目的是希望以最小开销实现网络环境中的进程通信。

2）UDP 没有提供拥塞控制机制。尽管不能保证所有数据报都正确到达接收进程，但是

发送进程可以用任意速率发送数据报。这点对于数据可靠性要求相对较低，而有最低速率要求的实时视频应用，以及网络电话 VoIP 应用是合适的。

3）与 TCP 一样，UDP 也不能保证最小的传输延时。

4）目前，很多对延时敏感的网络应用已成为新的互联网应用增长点。实时协议（RTP）、实时交互应用协议（RTIAP）等增强性传输协议，正在解决 TCP 与 UDP 最初设计时存在的问题。

通过上述描述可以看出，UDP 并没有提供拥塞控制机制，不能保证所有数据报都正确到达接收方，但是发送方可以用任意速率发送数据报。这点对于数据可靠性要求相对较低，而有最低速率要求的 VoIP 应用是合适的。

答案：D

4.1.2　域名服务与 DNS

例 1　以下关于 DNS 概念的描述中，错误的是（　　）。

A）DNS 使用统一的命名空间

B）DNS 数据库容量限制和更新频率，都要求对域名进行分布式管理

C）DNS 使用本地缓存来改善系统性能

D）DNS 处理依赖于特定的传输系统

分析：设计该例题的目的是加深读者对 DNS 概念的理解。在讨论 DNS 的基本概念时，需要注意以下几个主要问题。

1）DNS 使用统一的命名空间。为了避免因特殊编码而引起的问题，域名中不能使用如网络标识符、地址、路由或类似信息。

2）DNS 数据库的容量限制和更新频率，都要求对域名进行分布式管理，并使用本地缓存来改善系统性能。

3）DNS 具有通用性，必须适应各种应用需求，以及可能出现的各种新服务。

4）DNS 处理必须独立于所使用的传输系统。

5）DNS 必须适应各类主机环境。

通过上述描述可以看出，DNS 处理必须独立于所使用的传输系统，而不是依赖于某个特定的传输系统。显然，D 所描述的内容不符合 DNS 应用的特征。

答案：D

例 2　以下关于 DNS 基本功能的描述中，错误的是（　　）。

A）DNS 提供一个所有可能出现的结点命名的名字空间

B）DNS 为每台主机分配一个在全网具有唯一性的名字

C）DNS 告知每个用户所有 DNS 服务器的 IP 地址

D）DNS 为用户提供一种完成主机名与网络 IP 地址转换的有效机制

分析：设计该例题的目的是加深读者对 DNS 基本功能的理解。在讨论 DNS 的基本功能时，需要注意以下几个主要问题。

1）DNS 必须具备的基本功能包括名字空间定义、名字注册与名字解析。

2）名字空间定义提供一个所有可能出现的结点命名的名字空间。

3）名字注册为每台主机分配一个在全网具有唯一性的名字。

4）名字解析为用户提供一种完成主机名与网络 IP 地址转换的有效机制。

通过上述描述可以看出，DNS 为用户提供一种完成主机名与 IP 地址转换的有效机制，而无须告诉每个用户所有 DNS 服务器的 IP 地址，这是 DNS 系统实现域名解析的细节问题。显然，C 所描述的内容不符合 DNS 的实现细节。

答案：C

例 3 以下关于 DNS 实现方案的描述中，错误的是（ ）。

A）域名空间是一个树形结构，用户可从该树的任何一处开始遍历

B）域名系统由数量未知的域名服务器构成，每个域名服务器是域名空间树的一部分

C）地址解析程序将每个域名系统使用的数据库视为动态的数据库

D）域名服务器可对来自多个地址解析程序的请求进行并行处理

分析：设计该例题的目的是加深读者对 DNS 实现方案的理解。在讨论 DNS 实现方案的相关概念时，需要注意以下几个主要问题。

1）域名空间被组织成"域"与"子域"的层次结构，它在结构上像计算机中的树状目录结构。域名空间和资源记录是树形空间结构和域名相关数据的技术规范。

2）地址解析程序是从域名服务器中检索某个域名对应 IP 地址的客户程序。该程序至少可访问一个域名服务器，通过该服务器查询的信息直接获得结果，或引用其他域名服务器继续对请求进行查询。

3）从地址解析程序的角度，域名系统由数量未知的域名服务器构成，每个域名服务器仅拥有整个域名空间的部分数据。域名空间是一个树形结构，用户可从该树的任何一处开始遍历。

4）域名系统由相互独立、称为"区域"的本地数据集构成。域名服务器对一些区域拥有本地备份。域名服务器必须周期性对本地区域数据进行刷新。域名服务器可以对来自地址解析程序的请求进行并行处理。

通过上述描述可以看出，域名系统是由数量未知的域名服务器构成，每个域名服务器仅拥有整个域名空间的部分数据，地址解析程序将 DNS 采用的数据库视为一个整体，而不是仅看域名空间中某个部分使用的数据库。

答案：C

例 4 以下关于 DNS 根域名服务器的描述中，错误的是（ ）。

A）根域名服务器对于 DNS 系统的整体运行具有极重要的作用

B）目前存在着 13 个根域名服务器

C）j.root-server.net 是一台根域名服务器的域名

D）根域名服务器都是由位于一个地理位置的服务器集群组成

分析：设计该例题的目的是加深读者对 DNS 根域名服务器的理解。在讨论 DNS 根域名服务器的概念时，需要注意以下几个主要问题。

1）在域名空间、注册机构、域名服务器等方面，DNS 系统都遵循层次结构的概念。对于 DNS 系统的整体运行，根域名服务器具有极重要的作用。

2）任何原因造成根域名服务器停止运转，都会导致整个 DNS 系统的关闭。出于安全的原因，根域名服务器不可能仅有一台，目前存在 13 个根域名服务器。

3）在专用域 root-server.net 之下，以字母 a ~ m 开头命名了 13 个根域名服务器，如 a.root-server.net ~ m.root-server.net。

4）大多数的根域名服务器由多台服务器构成的服务器集群组成。但是，有些根域名服务器由分布在不同地理位置的多台镜像服务器组成。

通过上述描述可以看出，大多数根域名服务器由位于一个地理位置的服务器集群组成。但是，有些根域名服务器由分布在不同地理位置的多台镜像服务器组成。显然，D 所描述的内容不符合根域名服务器系统的实现。

答案：D

例 5 以下关于域名空间 TLD 的描述中，错误的是（ ）。

A）RFC1591 定义了 7 个分类的三字母 TLD

B）"edu"是为网络服务供应商及相关系统创建的专用域名

C）"int"是为按国际条约建立的国际组织保留的专用域名

D）ISO 3166 定义了多数的两字母国家代码 TLD

分析：设计该例题的目的是加深读者对域名空间结构的理解。在讨论域名空间中的 TLD 时，需要注意以下几个主要问题。

1）在 RFC1591"域名系统结构和代理"中，定义了 7 个分类的三字母的顶层域（TLD），并特别说明今后不会创建任何新的 TLD。

- "com"是为公司之类的商业实体创建的专用域名。
- "edu"是为教育机构设立的专用域名，后来仅限 4 年制学院或大学使用该域名。
- "net"是为网络服务供应商及相关系统创建的专用域名。
- "int"是为按国际条约建立的国际组织保留的专用域名。
- "gov"是供美国政府机构使用的专用域名，目前仅限联邦机构能够使用该域名。
- "mil"是供美国军队下辖单位使用的专用域名。
- "org"是为非政府机构或无法归入其他分类的机构提供的专用域名。

2）除了上述 TLD 之外，还有由两字母的国家代码构成的 TLD，这些国家代码中的大部分来自 ISO 3166 标准。

通过上述描述可以看出，在 RFC1591 定义的 7 个分类的三字母 TLD 中，"edu"是为教育机构设立的专用域名，而"net"是为网络服务供应商及相关系统创建的专用域名。显然，B 所描述的内容混淆了"edu"与"net"的应用范围。

答案：B

4.1.3 主机配置与 DHCP

例 1 以下关于主机配置问题的描述中，错误的是（ ）。

A）对于远程主机、移动设备、无盘工作站和地址共享的配置，手工方法难以完成

B）RARP 是第一个支持对主机配置的协议

C）BOOTP 不支持对动态 IP 地址的分配

D）DHCP 可以为主机自动分配 IP 地址及其他重要参数

分析：设计该例题的目的是加深读者对主机配置问题的理解。在讨论主机配置与相关协议时，需要注意以下几个主要问题。

1）对于 TCP/IP 网络来说，将一台主机接入互联网必须配置的参数主要有：本地网络的默认路由器地址、主机使用的子网掩码、为主机提供服务的服务器地址、本地网络的最大传输单元（MTU）长度值、IP 分组的生存时间（TTL）值等。

2）对于远程主机、移动设备、无盘工作站和地址共享的配置，手工方法几乎是不可能完成的。

3）反向地址解析协议（RARP）是第一个在网络层解决无盘工作站引导问题的协议。RARP 的优点是简单和易于实现，缺点是不能适用于不同类型的局域网，不能支持对主机的配置。代替 RARP 的是引导协议（BOOTP）。

4）BOOTP 不支持动态 IP 地址分配，而对动态 IP 地址分配的需求越来越大，它导致动态主机配置协议（DHCP）的出现。DHCP 是在 BOOTP 的基础上发展起来的，并且设计者将 BOOTP 与 DHCP 都放在应用层。

5）DHCP 可以为主机自动分配 IP 地址及其他参数。将 DHCP 放在应用层的理由是：使得协议操作不依赖于低层的硬件；能够在网络之间传送主机配置文件，这点是网络层协议所无法实现的。

6）DHCP 提供一种即插即用联网机制，允许一台主机接入网络后就自动获取一个 IP 地址与相关参数。另外，DHCP 可以为各种服务器分配永久的 IP 地址，使得服务器在重新启动后 IP 地址不变。

通过上述描述可以看出，RARP 是第一个在网络层解决无盘工作站引导问题的协议，它的主要缺点是不能支持对主机的参数配置。显然，B 所描述的内容不符合 RARP 的基本特征。

答案：B

例 2　以下关于 DHCP 地址租用概念的描述中，错误的是（　　）。

A）DHCP 服务器是一个为客户机提供动态主机配置服务的网络设备

B）DHCP 服务器以租用方式在租用期 T 内将 IP 地址动态分配给客户机

C）当 DHCP 客户机获得临时 IP 地址时，需要设置一个计时器 $T_1 = 0.5T$、$T_2 = 0.875T$

D）当 $T_1 = 0.5T$ 时，如果没有收到服务器的应答，客户机立即重新申请新的 IP 地址

分析：设计该例题的目的是加深读者对 DHCP 地址租用的理解。在讨论 DHCP 地址租用的概念时，需要注意以下几个主要问题。

1）DHCP 是基于客户 / 服务器工作模式。DHCP 服务器是一个为客户计算机提供动态主机配置服务的网络设备。

2）DHCP 服务器的功能主要包括：地址存储与管理、配置参数存储与管理、租用管理、响应客户机请求、服务管理。

3）DHCP 服务器以租用方式在租用期 T 内将 IP 地址动态分配给客户机。DHCP 服务器维护租用给客户机的 IP 地址及租用期长度。

4）在动态分配 IP 地址时，DHCP 服务器需要给出临时 IP 地址的租用期 T。

5）当 DHCP 客户机获得临时 IP 地址时，需要设置两个计时器 T_1 和 T_2，$T_1 = 0.5T$、$T_2 = 0.875T$。

6）当 $T_1 = 0.5T$ 时，客户机立即要求更新租用期。如果收到 DHCP 服务器的同意应答，则客户机获得新的租用期。如果收到不同意的应答，客户机立即停止使用原有 IP 地址，并重新申请新的 IP 地址。当 $T_2 = 0.875T$ 时，没有收到服务器的应答，则客户机必须立即重新申请新的 IP 地址。

通过上述描述可以看出，当 $T_1 = 0.5T$ 时，客户机立即要求更新租用期；当 $T_2 = 0.875T$ 时，如果没有收到 DHCP 服务器的应答，则客户机立即重新申请新的 IP 地址。显然，D 所描述的内容混淆了两个计时器的基本功能。

答案：D

4.1.4　电子邮件与相关协议

例 1　以下关于电子邮件系统的描述中，错误的是（　　）。

A）所有邮件都使用标准的地址格式，并且每个邮箱命名是唯一的

B）所有邮件报文都使用统一的报文格式，从而保证不同系统之间可以交换邮件

C）非标准地址格式或专用命名空间的邮件系统需要借助路由器来完成格式转换

D）邮件的发送方和接收方都使用统一的邮件传输协议来传送邮件

分析：设计该例题的目的是加深读者对电子邮件系统的理解。在讨论电子邮件系统的特点时，需要注意以下几个主要问题。

1）所有邮件都使用标准的地址格式，并且每个邮箱在其命名空间内是唯一的。对于非标准地址格式或专用命名空间的邮件系统，只有借助网关完成专用格式与标准格式之间的地址转换后，才能与使用标准邮件协议的用户实现邮件交换。

2）所有邮件报文都使用统一的报文格式，从而保证不同系统之间可以交换邮件。由于无法预知哪种系统将负责在互联网上传输邮件，因此邮件报文应尽可能使用简单的字符集，避免因中间系统对非通用字符的改动而引发的格式错误。

3）邮件的发送方和接收方都使用统一的邮件传输协议来传送邮件，并且使用统一的报文投递协议向最终用户投递邮件报文。

通过上述描述可以看出，非标准地址格式或专用命名空间的邮件系统需要借助网关，而不是路由器来完成专用格式与标准格式之间的地址转换。显然，C 所描述的内容混淆了网关与路由器的基本功能。

答案：C

例 2　以下关于电子邮件系统结构的描述中，错误的是（　　）。

A）电子邮件系统由邮件服务器与邮件客户机组成

B）邮件服务器包括 SMTP 服务器、POP3 服务器或 IMAP 服务器、电子邮箱

C）邮件客户机包括 SMTP 代理、POP3 代理或 IMAP 代理、用户接口程序

D）IMAP 是发送与接收多媒体邮件的协议

分析：设计该例题的目的是加深读者对电子邮件系统结构的理解。在讨论电子邮件系统的基本结构时，需要注意以下几个主要问题。

1）电子邮件系统分为两个部分：邮件服务器与邮件客户机。

2）邮件服务器主要包括：用来发送邮件的 SMTP 服务器，用来接收邮件的 POP3 服务器或 IMAP 服务器，以及用来存储邮件的电子邮箱。

3）邮件客户机主要包括：用来发送邮件的 SMTP 代理，用来接收邮件的 POP3 代理或 IMAP 代理，以及为用户提供管理界面的用户接口程序。

4）邮件客户机使用简单邮件传输协议（SMTP）向邮件服务器发送邮件；邮件服务器之间使用 SMTP 来投递邮件；邮件客户机使用邮局协议第 3 版（POP3）或交互式邮件存取协议（IMAP）从邮件服务器接收邮件。

5）至于使用哪种协议来接收邮件，取决于邮件服务器与邮件客户机，它们多数都会支持 POP3 协议。

通过上述描述可以看出，交互式邮件存取协议（IMAP）用于从邮件服务器接收邮件，

它并没有提供向邮件服务器发送邮件的功能。显然，D 所描述的内容混淆了 IMAP 与 SMTP 的基本功能。

答案：D

例 3　以下关于电子邮件格式的描述中，错误的是（　　）。

A）电子邮件包括邮件头与邮件体两部分

B）邮件头由系统自动生成的收信人地址（To：）、邮件主题（Subject：）构成

C）邮件体就是实际要传送的信函内容

D）MIME 协议允许电子邮件系统传输文字、图像、语音与视频等多种信息

分析：设计该例题的目的是加深读者对电子邮件格式的理解。在讨论电子邮件的基本格式时，需要注意以下几个主要问题。

1）电子邮件包括两个部分：邮件头与邮件体。

2）邮件头由多项内容构成，其中一部分由系统自动生成，如发信人地址（From：）、邮件发送日期与时间等；另一部分由发信人自行输入，如收信人地址（To：）、抄送人地址（Cc：）、邮件主题（Subject：）等。

3）邮件体就是实际要传送的信函内容。传统的电子邮件系统只能传输英文编码文字，而采用 MIME 协议的电子邮件系统可以传输非英文编码文字，以及图像、语音、视频等多种信息。

通过上述描述可以看出，邮件头的一部分由系统自动生成，如发信人地址（From：）、邮件发送日期与时间等；另一部分由发信人自行输入，如收信人地址（To：）、抄送人地址（Cc：）、邮件主题（Subject：）等。显然，收信人地址（To：）、邮件主题（Subject：）是由发信人自行输入的部分。

答案：B

例 4　以下关于 POP3 的描述中，错误的是（　　）。

A）POP3 用于从邮件服务器接收邮件

B）POP3 服务器使用的 TCP 熟知端口是 110

C）"STAT" 是一个格式正确的 POP3 命令

D）"220 service ready" 是一个格式正确的 POP3 响应

分析：设计该例题的目的是加深读者对 POP3 的理解。在讨论 POP3 的基本内容时，需要注意以下几个主要问题。

1）POP 是电子邮件服务使用的接收协议之一，当前使用的是 POP 第 3 版（简称为 POP3）。

2）POP3 采用的是客户机 / 服务器工作模式。其中，POP3 服务器使用 TCP 的熟知端口 110。

3）POP3 控制信息分为两种类型：命令与响应。其中，POP3 命令是客户机向服务器发送的操作请求；响应是服务器根据操作情况向客户机返回的信息。

4）POP3 命令的标准格式为：关键词 < 参数 >。其中，关键词是由大写字母组成的命令，它是对该命令英文描述的缩写；参数是完成命令所需的附加信息。例如，"USER 用户名" 是一个格式正确的 POP3 命令。

5）POP3 响应的标准格式为：响应码 < 说明 >。其中，响应码是 "+OK" 或 "–ERR" 组成的字符串，"+OK" 表示操作成功，"–ERR" 表示操作失败；"说明" 是对响应码的文

字描述。例如，"+OK valid"是一个格式正确的 POP3 响应。

通过上述描述可以看出，POP3 响应的标准格式为：响应码 < 说明 >。其中，响应码是"+OK"或"−ERR"组成的字符串，而"说明"是对响应码的文字描述。显然，D 所描述的"220 service ready"是一个格式错误的 POP3 响应。

答案：D

例 5　以下关于 SMTP 邮件发送过程的描述中，错误的是（　　）。

A）客户机用"MAIL FROM"命令向服务器报告发信人的邮箱与域名

B）服务器向客户机发送"220"的响应

C）客户机用"RCPT TO"命令向服务器报告收信人的邮箱与域名

D）服务器向客户发送"250"的响应

分析：设计该例题的目的是加深读者对邮件发送过程的理解。在讨论 SMTP 邮件发送过程时，需要注意以下几个主要问题。

1）在 SMTP 客户与服务器之间建立连接之后，发信人就可以与一个或多个收信人交换邮件报文。

2）一次典型的邮件发送过程的步骤为：

①客户用"MAIL FROM"向服务器报告发信人的邮箱与域名。

②服务器向客户发送"250"（请求命令完成）的响应。

③客户用"RCPT TO"命令向服务器报告收信人的邮箱与域名。

④服务器向客户发送"250"（请求命令完成）的响应。

⑤客户用"DATA"命令对报文的传送进行初始化。

⑥服务器向客户发送"354"（开始邮件输入）的响应。

⑦客户用连续的行向服务器传输报文的内容，每行以二字符的行结束标记（回车和换行）终止。报文以只有一个"."的行结束。

⑧服务器向客户发"250"（请求命令完成）的响应。

通过上述描述可以看出，SMTP 应答中规定：220 表示"服务就绪"，而 250 表示"请求命令完成"。显然，B 所描述的服务器向客户机发送"220"响应，它是针对 TCP 连接成功建立情况下的响应。

答案：B

4.1.5　文件传输与 FTP

例 1　以下关于 FTP 工作模型的描述中，错误的是（　　）。

A）FTP 使用控制连接、数据连接来共同完成文件传输

B）FTP 服务器用于控制连接的熟知端口号为 21

C）FTP 客户机用于控制连接的熟知端口号为 20

D）FTP 服务器由两个部分组成：控制进程与数据进程

分析：设计该例题的目的是加深读者对 FTP 工作模型的理解。在讨论 FTP 工作模型时，需要注意以下几个主要问题。

1）FTP 工作模型一个重要特点是：使用两个 TCP 连接（控制连接、数据连接）共同完成文件传输。

2）FTP 服务器使用熟知端口号来提供服务，FTP 客户机使用临时端口号来发送请求。

3）FTP为控制连接与数据连接规定不同的熟知端口号，控制连接采用的熟知端口号是21，数据连接采用的熟知端口号是20。

4）FTP客户机由3个部分组成：控制进程、数据进程与用户接口。

5）服务器端由两个部分组成：控制进程、数据进程。

通过上述描述可以看出，FTP服务器使用熟知端口号来提供服务，控制连接采用的熟知端口号是21，数据连接采用的熟知端口号是20。显然，C所描述的内容混淆了熟知端口号与临时端口号的使用者。

答案：C

例2 以下关于FTP客户程序特点的描述中，错误的是（　）。

A）FTP客户程序主要有传统的FTP命令行程序、浏览器与FTP下载工具

B）传统的FTP命令行是最早的FTP客户程序

C）浏览器软件支持访问FTP服务器，可以登录FTP服务器并下载文件

D）FTP命令行程序下载文件时支持断点续传功能

分析：设计该例题的目的是加深读者对FTP客户程序的理解。在讨论FTP客户程序的特点时，需要注意以下几个主要问题。

1）FTP客户程序主要有3种类型：传统的FTP命令行程序、浏览器程序与FTP下载工具。

2）传统的FTP命令行是最早出现的FTP客户程序。

3）浏览器程序支持访问FTP服务器，可以登录FTP服务器并下载文件。

4）在使用FTP命令行从FTP服务器下载文件时，如果在下载过程中网络连接意外中断，已下载完的那部分文件将会前功尽弃。

5）大多数FTP下载工具可以解决以上问题，即通过断点续传功能继续下载剩余部分。目前，常用的FTP下载工具主要有CuteFTP、LeapFTP、BulletFTP等。

通过上述描述可以看出，传统的FTP命令行程序不支持断点续传，如果在下载过程中网络连接意外中断，已下载完的那部分文件将会前功尽弃。但是，大多数FTP下载工具可以解决这个问题。

答案：D

例3 以下关于FTP数据连接模式的描述中，错误的是（　）。

A）数据连接用于在客户机与服务器之间传输文件

B）数据连接建立有两种模式：主动模式与被动模式

C）主动模式由FTP客户机向服务器发送PORT命令

D）被动模式由FTP服务器向客户机发送PASV命令

分析：设计该例题的目的是加深读者对FTP数据连接模式的理解。在讨论FTP数据连接模式的特点时，需要注意以下几个主要问题。

1）FTP数据连接用于在客户机与服务器之间传输文件。从FTP服务器向客户机传输文件称为下载，从FTP客户机向服务器传输文件称为上传。

2）数据连接建立可分为两种模式：主动模式与被动模式。

- 主动模式由FTP客户机向服务器发送PORT命令，其中包含自己为数据连接打开的临时端口，FTP服务器打开自己的一个临时端口，并与FTP客户机的临时端口之间建立数据连接。

- 被动模式由 FTP 客户机向服务器发送 PASV 命令，FTP 服务器打开自己的一个临时端口，并将该端口号附加在响应中返回客户机，则 FTP 客户机打开自己的一个临时端口，并与服务器的临时端口之间建立数据连接。

通过上述描述可以看出，被动模式由 FTP 客户机向服务器发送 PASV 命令，FTP 服务器将可用端口号附加在响应中返回，FTP 客户机请求与服务器的相应端口建立连接。显然，D 所描述的内容混淆了客户机在 C/S 模式中作为请求发起者的身份。

答案：D

4.1.6　Web 服务与 HTTP

例 1　以下关于 HTTP 特点的描述中，错误的是（　　）。

A）HTTP 在传输层使用的是 TCP

B）浏览器想访问一个 Web 服务器，需要在两个进程之间建立一个 TCP 连接

C）浏览器通过套接字发送 HTTP 请求报文，Web 服务器返回 HTTP 应答报文

D）如果 HTTP 请求或应答报文丢失，将由浏览器与 Web 服务器自动重传

分析：设计该例题的目的是加深读者对 HTTP 特点的理解。在讨论 HTTP 的无状态特点时，需要注意以下几个主要问题。

1）HTTP 是 Web 服务使用的应用层协议，它在传输层使用的是 TCP。

2）如果浏览器想访问一个 Web 服务器，浏览器需要与 Web 服务器之间建立一个 TCP 连接。在 TCP 连接建立之后，浏览器通过套接字发送 HTTP 请求报文，以及接收 HTTP 应答报文；Web 服务器通过套接字接收请求报文，以及发送应答报文。

3）TCP 提供的是面向连接的可靠传输服务，浏览器发送的请求报文通常可以正确到达 Web 服务器，而 Web 服务器发送的应答报文也可以正确到达浏览器。

4）如果报文在传输过程中出现丢失与乱序，也是由传输层以及一些低层协议解决，浏览器与 Web 服务器不需要进行干预。

5）Web 服务器要面对很多浏览器的并发访问，为了提高 Web 服务器的处理能力，HTTP 规定 Web 服务器发送 HTTP 应答报文和文档时，不保存发出请求的浏览器进程的任何状态信息。因此，HTTP 属于无状态的协议。

通过上述描述可以看出，如果报文在传输过程中出现丢失与乱序，也是由传输层以及一些低层协议解决，浏览器与 Web 服务器不需要进行干预。显然，D 所描述的内容不符合 HTTP 的无状态特征。

答案：D

例 2　以下关于 HTTP 非持续连接的描述中，错误的是（　　）。

A）HTTP 支持非持续连接与持续连接

B）HTTP/1.0 定义了非持续连接，而 HTTP/1.1 默认状态为持续连接

C）在非持续连接模式下，每次请求 / 响应都要建立一次 TCP 连接

D）非持续连接中读取 1 个网页中的 100 张图片，需要打开与关闭 100 次 TCP 连接

分析：设计该例题的目的是加深读者对 HTTP 连接模式的理解。在讨论 HTTP 的非持续连接模式时，需要注意以下几个主要问题。

1）HTTP 支持非持续连接与持续连接。其中，HTTP/1.0 定义了非持续连接，而 HTTP/1.1 默认状态为持续连接。

2）如果一个 Web 页包括 1 个基本 HTML 文件和 100 个 JPEG 图像文件，则这个 Web 页由 101 个对象组成。

3）非持续连接中对每次请求 / 响应都要建立一次 TCP 连接。在非持续连接模式下，访问 Web 页的工作过程为：

①浏览器与一个 Web 服务器建立 TCP 连接。

②浏览器向 Web 服务器发送一个 HTTP 请求报文，其中包括访问的对象路径 " netlab/picture.jpg"。

③ Web 服务器接收到这个请求报文后，根据对象路径查询对应的图像文件，再封装在一个 HTTP 应答报文中并发送出去。

④ Web 服务器向浏览器发送一个应答报文，通知浏览器断开本次 TCP 连接。

⑤浏览器接收到这个应答报文之后，断开本次 TCP 连接。同时，浏览器在应答报文中提取 100 个图像文件的访问方法。

⑥浏览器访问每个 JPEG 文件需要重复一次以上过程。

4）在非持续连接模式下，如果浏览器要读取 100 张图像，则需要打开与关闭 101 次 TCP 连接。

通过上述描述可以看出，如果一个 Web 页包括 1 个 HTML 文件和 100 个图像文件，则这个 Web 页是由 101 个对象组成。在非持续连接模式下，如果浏览器要读取 100 张图像，需要打开与关闭 101 次 TCP 连接。

答案：D

例 3 以下关于 HTTP 持续连接的描述中，错误的是（   ）。

A）浏览器与 Web 服务器需要共同维护好一个 TCP 连接

B）一个 Web 页中的多个图像对象，需要通过一个 TCP 连接来传送

C）一个 Web 服务器中的多个 Web 页，需要通过多个 TCP 连接来传送

D）Web 服务器接收到浏览器的请求或超时才关闭 TCP 连接

分析：设计该例题的目的是加深读者对 HTTP 连接模式的理解。在讨论 HTTP 的持续连接模式时，需要注意以下几个主要问题。

1）HTTP 支持非持续连接与持续连接。其中，HTTP/1.0 定义了非持续连接，而 HTTP/1.1 默认状态为持续连接。

2）非持续连接的缺点：必须为每个请求建立和维护一个新的 TCP 连接。

3）持续连接的优点：在相同的浏览器与 Web 服务器之间，仅需要建立和维护一个 TCP 连接，后续的报文都可以通过该连接来传送。

4）一个 Web 页包括 1 个基本 HTML 文件和多个 JPEG 图形文件，可以通过一个持续的 TCP 连接来传送。

5）一个 Web 服务器中的多个 Web 页也可以通过一个持续的 TCP 连接来传送。

6）Web 服务器接收到浏览器的请求或超时才关闭该连接。

通过上述描述可以看出，在持续连接模式下，一个 Web 服务器中的一个 Web 页包含的多个对象，甚至是多个 Web 页也可以通过一个持续的 TCP 连接来传送，这是持续连接模式效率高于非持续连接模式的主要原因。

答案：C

例 4 以下关于 HTTP 持续连接工作方式的描述中，错误的是（   ）。

A）HTTP 持续连接有两种工作方式：非流水线方式与流水线方式

B）非流水线方式的特点：浏览器只有接收到前一个响应时才能发出新的请求

C）浏览器像流水线一样连续发送请求到 Web 服务器

D）HTTP/1.1 默认状态是持续连接的非流水线工作方式

分析：设计该例题的目的是加深读者对 HTTP 持续连接模式的理解。在讨论 HTTP 持续连接的工作方式时，需要注意以下几个主要问题。

1）持续连接有两种工作方式：非流水线方式与流水线方式。

2）非流水线方式的特点：浏览器只有接收到前一个响应时才能发送新的请求；Web 服务器每次发送一个对象之后，需要等待下一个请求的到来。

3）流水线方式的特点是：浏览器可以像流水线一样连续发送新的请求；Web 服务器也可以像流水线一样连续发送应答报文。

4）流水线方式可以减少 TCP 连接的空闲时间，提高下载 Web 文档的效率。

5）HTTP/1.1 默认状态是持续连接的流水线工作方式。

通过上述描述可以看出，HTTP/1.1 默认状态是持续连接的流水线工作方式，而不是持续连接的非流水线工作方式。显然，D 所描述的内容不符合 HTTP/1.1 关于默认连接方式的规定。

答案：D

例 5　以下关于 Web 文档类型的描述中，错误的是（　　）。

A）Web 文档分为 3 种类型：静态文档、动态文档与活动文档

B）静态文档是由服务器创建和保存、内容固定的文档

C）浏览器在本地计算机中运行程序产生动态文档

D）活动文档是一种二进制代码形式的文档

分析：设计该例题的目的是加深读者对 Web 文档类型的理解。在讨论 Web 文档的类型时，需要注意以下几个主要问题。

1）Web 文档分为 3 种类型：静态文档、动态文档与活动文档。

2）静态文档是拥有固定内容的文档，须提前创建文档并保存在 Web 服务器中。浏览器仅能获得该文档的副本。

3）动态文档是没有固定内容的文档，由 Web 服务器在获得请求后临时创建该文档。当浏览器向 Web 服务器发送请求时，服务器运行创建该文档的应用程序，并将创建的文档放在响应中发送给浏览器。

4）活动文档是二进制代码形式的文档，须提前创建文档并保存在 Web 服务器中。活动文档主要针对以下几种情况，如在浏览器中生成动画图形，或者有与用户交互需求的程序。当浏览器请求访问活动文档时，Web 服务器将包含可执行程序的文档发送过来，并在浏览器中运行该应用程序。

通过上述描述可以看出，动态文档是没有固定内容的文档，由 Web 服务器获得请求后临时创建该文档。当浏览器向 Web 服务器发送请求时，服务器运行创建该文档的应用程序，并将该文档放在响应中发送给浏览器。显然，C 所描述的内容混淆了动态文档与活动文档的基本特点。

答案：C

例 6　以下关于 HTTP 命令报文的描述中，错误的是（　　）。

A）HTTP 命令报文包括 4 个部分：命令行、头部、空白行与正文

B）命令行包含 3 个部分：命令类型、URL 与 HTTP 版本

C）HTTP 命令报文包括 3 类头部：通用头部、命令头部与正文头部

D）正文部分只能是空的

分析：设计该例题的目的是加深读者对 HTTP 命令报文格式的理解。在讨论 HTTP 命令报文的格式时，需要注意以下几个主要问题。

1）浏览器向 Web 服务器发送 HTTP 命令，其中包括用户请求的具体类型，如获取 Web 文档或图像文件、修改 Web 文档、提供某些信息等。

2）HTTP 命令报文由 4 个部分组成：命令行、头部、空白行与正文。

3）命令行表示访问 Web 服务器的方式，包含命令类型、URL 与 HTTP 版本。其中，命令类型是浏览器向 Web 服务器的请求，如 GET 用于获取 Web 文档、PUT 用于修改 Web 文档、POST 用于提供某些信息等。

4）头部包含浏览器与 Web 服务器交换的附加信息。头部主要有 4 种类型：通用头部、命令头部、响应头部与正文头部。在 HTTP 命令报文中，头部包括通用头部、命令头部与正文头部。

5）空白行由回车与换行的 ASCII 码"CR"和"LF"组成。

6）正文包括请求的文档信息，这部分可以空着，也可以包含需要提交给 Web 服务器的数据。

通过上述描述可以看出，HTTP 命令报文的正文部分可以是空的，也可以包含需要提交给 Web 服务器的数据。显然，D 所描述的内容不符合 HTTP 命令格式的规定。

答案：D

例 7　计算访问 Web 文档所需时间。

条件：

1）采用 HTTP 非持续连接模式。

2）测试 RTT 的平均值为 1500ms，传输一个 GIF 文件的平均时间为 3500ms。

3）一个 Web 页中包含 85 个 GIF 文件。

4）采用串行的方法获取图像文件，或者采用每次并行获取 10 个图像文件的方法。

计算上述两种情况下获取 85 个 GIF 文件所需的时间。

分析：设计该例题的目的是加深读者对 HTTP 连接模式的理解。在讨论 HTTP 非持续连接模式时，需要注意以下几个主要问题。

1）当用户用浏览器浏览一个 Web 文档时，首先需要在浏览器与 Web 服务器之间经过"三次握手"建立一个 TCP 连接。假设"三次握手"过程所用的时间是从浏览器到 Web 服务器的往返时间 RTT。

2）第一个 RTT 用于浏览器与 Web 服务器之间建立一个 TCP 连接。第二个 RTT 用于浏览器向 Web 服务器请求访问一个 Web 文档而建立另一个 TCP 连接。Web 服务器将文档以应答报文形式发送给浏览器的时间为 t_w。那么，请求一个文档所需的时间 $T \approx 2 \times RTT + t_w$。

3）访问图片文件的 TCP 连接是串行还是并行，对于请求一个 Web 文档所需的时间有较大影响。用户可通过设置浏览器的相关属性来控制 TCP 连接的并行度。

4）多数浏览器允许打开 5～10 个并行的 TCP 连接，每个 TCP 连接负责处理一个请求/响应事务。并行连接可以缩短用户读取 Web 文档的响应时间。

计算：

1）采用串行的方法获取 85 个 GIF 文件所需的时间：
$$T_1 = 2 \times 1500 + (1500 + 3500) \times 85 = 428000 \text{（ms）} = 428 \text{（s）}$$

2）采用每次并行获取 10 个文件的方法获取 85 个 GIF 文件所需的时间：

$$T_2 = 2 \times 1500 + [2 \times 1500 + (3500 \times 10)] \times 8 + [2 \times 1500 + (3500 \times 5)] \times 1 = 327500 \text{（ms）} = 327.5 \text{（s）}$$

答案：

1）采用串行的方法获取 85 个 GIF 文件所需的时间为 428s。

2）采用每次并行获取 10 个文件的方法来获取 85 个 GIF 文件所需的时间为 327.5s。

例 8　计算检索网站所需时间。

条件：

1）一个网站包含 1×10^7 个 Web 页。

2）平均访问一个 Web 页需要 100ms。

计算检索整个 Web 网站最少需要的时间。

分析：检索整个网站所需的时间与 Web 页的数量，以及访问一个 Web 页所需的时间有关。

计算：

检索整个网站所需的时间：
$$T = (1 \times 10^7) \times (100 \times 10^{-3}) = 1 \times 10^6 \text{（s）} \approx 12 \text{（天）}$$

答案：检索整个网站最少需要 12 天。

4.1.7　即时通信与 SIP

例 1　以下关于即时通信概念的描述中，错误的是（　　）。

A）RFC2778 描述了即时通信系统的主要功能与工作模型

B）即时通信系统的基本功能包括即时信息交换、状态跟踪等

C）音频 / 视频聊天、应用共享与文件传输功能都要在通信双方之间建立 TCP 连接

D）即时通信工作模型分为两种方式：在线的对等通信、离线的中转通信

分析：设计该例题的目的是加深读者对即时通信基本概念的理解。在讨论即时通信基本概念时，需要注意以下几个主要问题。

1）从 1996 年第一个即时通信工具 ICQ 出现以来，即时通信技术就引起了学术界与产业界的极大关注。

2）IMPP 工作组在 2000 年提交了两份关于即时通信的 RFC 文档并获得批准。

3）RFC2778 文档描述了即时通信系统的功能与工作模型。即时通信系统除了提供即时信息交换、状态跟踪能力之外，还增加了音频 / 视频聊天、应用共享、文件传输、游戏邀请、远程助理、白板等功能。

- 音频 / 视频聊天在通信双方之间直接建立一个稳定的连接，这类数据通常是被封装在 UDP 报文中传输。
- 应用共享是在通信双方之间建立一个 TCP 连接，通过邀请的过程，在双方同意的情况下，使远程用户可以访问本地主机的程序。
- 文件传输是在通信双方之间建立一个 TCP 连接，通过该连接传输文件。

4）即时通信工作模型分为两种方式：在线的对等通信、离线的中转通信。

通过上述描述可以看出，对于音频 / 视频聊天、应用共享、文件传输、游戏邀请、远程助理、白板等功能，应根据实际应用需求来选择采用 TCP 或 UDP。这里，音频 / 视频聊天采用的是 UDP，而不是 TCP。

答案：C

例 2　以下关于 QQ 应用的描述中，错误的是（　　）。

A）QQ 采取的是分布式结构化 P2P 结构

B）QQ 用户需要预先通过某种申请方式完成注册

C）服务器验证客户的合法身份之后，用户就可以加入 QQ 网络

D）QQ 用户之间通信有两种方式：在线的实时通信、离线的中转通信

分析：设计该例题的目的是加深读者对 QQ 应用系统的理解。在讨论 QQ 应用系统的特点时，需要注意以下几个主要问题。

1）QQ 网络采取的是集中式 P2P 结构。

2）为了成为 QQ 用户，需要预先通过某种申请方式（在线、手机或邮件），在 QQ 服务器上完成注册，并获得自己的用户名与密码。

3）用户在计算机上运行 QQ 客户机，并输入用户名与密码。在 QQ 服务器验证用户的合法身份之后，该用户就加入了 QQ 网络。

4）用户在登录 QQ 服务器之后，可以通过服务器下载自己的好友列表，以及某些好友发送的离线消息。

5）QQ 用户之间通信有两种方式：在线的实时通信、离线的中转通信。

6）在获得好友的 IP 地址等信息之后，QQ 用户与好友之间就可以进行直接、实时、对等的通信。

7）用户可以采用离线方式来发送信息，离线消息被保存在 QQ 服务器中。用户在登录到 QQ 服务器之后，就能够收到服务器转发来的离线消息。

通过上述描述可以看出，由于用户需要预先进行注册，因此 QQ 网络采取的是集中式 P2P 结构，而不是分布式结构化结构。显然，A 所描述的内容不符合 QQ 网络采用的 P2P 网络类型。

答案：A

例 3　以下关于 SIP 内容的描述中，错误的是（　　）。

A）SIP 是一个在应用层实现信令控制的协议，用于创建、修改和终止会话

B）每个会话中传输的数据可能是文本、音频、视频、邮件等数据

C）SIP 在传输层可以使用 TCP、UDP 以及其他传输协议

D）SIP 地址只能采用电话号码，标准格式如 sip:wugongyi@8622-23508917

分析：设计该例题的目的是加深读者对 SIP 的理解。在讨论 SIP 的基本内容时，需要注意以下几个主要问题。

1）1999 年，IETF 提出了会话初始化协议（SIP）。RFC3261 ~ 3266 文档分别描述了 SIP 的核心架构、通信方法等。

2）SIP 是一种在应用层实现信令控制的协议，用于创建、管理与中止用户之间的会话。即时通信系统、VoIP 系统等都可以通过 SIP 进行会话控制。

3）"会话"是指用户之间的一次数据交换过程。每个会话所传输的数据可能是文本信息，经过数字化处理的语音、视频数据，以及电子邮件、应用程序、游戏信息等

内容。

4）SIP 在传输层可以使用不同类型的协议，包括 TCP、UDP、SCTP、RTP/RTCP 等。

5）SIP 地址以“sip:”开始，后面是“用户名 @ 地址信息”，地址信息可以是电话号码、电子邮件地址或 IPv4 地址，标准格式如 sip:wugongyi@8622-23508917、sip:wugongyi@202.1.2.180 或 sip:wugongyi@nankai.edu.cn。

6）SIP 的主要特点是：协议简洁，效率高，为应用系统设计者提供很大的自由度和选择空间。

通过上述描述可以看出，SIP 地址以“sip:”开始，后面是“用户名 @ 地址信息”，地址信息可以是电话号码、电子邮件地址或 IPv4 地址，标准格式如 sip:wugongyi@8622-23508917、sip:wugongyi@202.1.2.180 或 sip:wugongyi@nankai.edu.cn。显然，D 所描述的内容将 SIP 地址局限在几种地址格式中的一种。

答案：D

例 4　以下关于 SIP 系统结构的描述中，错误的是（　　）。

A）SIP 采用了客户 / 服务器工作模式，定义了用户代理与网络服务器

B）用户代理包括两个程序：用户代理客户与用户代理服务器

C）SIP 定义了存储服务器、注册服务器与重定向服务器

D）SIP 主干部分的代理服务器多数采用无状态代理方式

分析：设计该例题的目的是加深读者对 SIP 系统结构的理解。在讨论 SIP 系统的基本结构时，需要注意以下几个主要问题。

1）SIP 系统主要包括两个组成部分：客户端的用户代理（UA）、服务器端的网络服务器（network server）。

2）用户代理包括两个程序：用户代理客户（UAC）与用户代理服务器（UAS）。UAC 负责发起呼叫请求，UAS 负责接收呼叫并做出响应。UA 的存在形式有多种，可以是运行在计算机上的应用程序，也可以是运行在移动设备（如移动电话）上的 APP。

3）SIP 定义了 3 类网络服务器：代理服务器（proxy server）、注册服务器（registrar）与重定向服务器（redirect server）。

①代理服务器接收 UAC 发出的呼叫请求，将它转发给自己管理域中的被叫用户，或者将呼叫请求转发给下一跳的代理服务器。

②重定向服务器不接收用户的呼叫请求，它仅处理代理服务器发送的呼叫路由，并通过响应来告知下一跳的代理服务器地址。

③注册服务器接收与处理用户的代理请求，完成 SIP 用户的地址注册过程。

4）代理服务器有两种状态：有状态代理与无状态代理。

①有状态代理服务器保存接收到的用户代理接入请求、回送响应，以及转发的请求信息。

②无状态代理服务器在转发请求信息之后不保留这些状态信息。

③ SIP 主干部分的代理服务器多数采用无状态代理方式。

通过上述描述可以看出，SIP 定义了 3 类网络服务器：代理服务器、注册服务器与重定向服务器。其中，代理服务器接收 UAC 发出的呼叫请求，将它转发给自己域中的被叫用户，或将呼叫请求转发给下一跳代理服务器，它的功能类似于互联网中的路由器。显然，C 所描述的内容中混淆了代理服务器与存储服务器的角色。

答案：C

例 5　以下关于 SIP 代理服务器建立会话过程的描述中，错误的是（　　）。

A）如果主叫方仅知道被叫方的电子邮件，它将"INVITE"报文发送到 SIP 代理服务器

B）SIP 代理服务器将主叫方的"INVITE"报文转发到 SIP 重定向服务器

C）SIP 重定向服务器向 SIP 代理服务器发送"202"应答报文

D）SIP 代理服务器向 SIP 重定向服务器发回"ACK"确认报文

分析：设计该例题的目的是加深读者对 SIP 代理服务器会话过程的理解。在讨论 SIP 代理服务器的会话过程时，需要注意以下几个主要问题。

1）主叫方是发起会话的 SIP 用户，被叫方是接受会话的 SIP 用户。

2）主叫方与被叫方都支持 SIP，已在注册服务器上完成用户注册，并知道当前所在位置与用户地址的映射关系。

3）SIP 用户通过代理服务器建立会话的过程：

①如果主叫方仅知道被叫方的电子邮件地址，则主叫方将"INVITE"命令报文发送给某个 SIP 代理服务器，表示邀请被叫方建立会话。

②这个 SIP 代理服务器向重定向服务器转发"INVITE"命令报文。

③SIP 重定向服务器向这个代理服务器返回"302"响应报文，表示可重定向到另一个 SIP 代理服务器。

④这个 SIP 代理服务器向重定向服务器发送"ACK"命令报文，表示该代理服务器已确认可以重定向。

通过上述描述可以看出，SIP 用户通过代理服务器建立会话的第 3 步，SIP 重定向服务器向该代理服务器返回"302"响应报文，表示可重定向到另一个 SIP 代理服务器。显然，C 所描述的内容混淆了"202"与"302"响应码的含义。

答案：C

4.1.8　网络管理与 SNMP

例 1　以下关于网络管理功能的描述中，错误的是（　　）。

A）网络管理主要包括：配置管理、性能管理、记账管理、故障管理与安全管理

B）安全管理负责维护网络设备的相关参数与设备之间的连接关系

C）记账管理测量、统计与分析各种网络资源的使用情况

D）故障管理包括故障检测、差错跟踪、故障日志与隔离定位

分析：设计该例题的目的是加深读者对网络管理功能的理解。在讨论网络管理功能时，需要注意以下几个主要问题。

1）网络管理的目的是使网络资源能得到有效利用，网络出现故障能及时报告和处理，以保证网络能够正常、高效地运行。

2）按照 ISO 有关文档的规定，网络管理主要包括配置管理、性能管理、记账管理、故障管理和安全管理。

- 配置管理负责维护网络设备的相关参数与设备之间的连接关系。配置管理主要包括：标识网络中的被管对象；识别被管网络的拓扑结构；修改指定设备的配置；动态维护网络设备配置数据库。

- 故障管理维护网络的有效运行，目的是保证网络连续、可靠地提供服务。故障管理

主要包括故障检测、故障记录、故障诊断与故障恢复。

- 性能管理负责持续评测网络运行中的主要性能指标，目的是检验网络服务是否达到预定水平，找出已发生的问题或潜在的瓶颈，为网络管理决策提供依据。
- 记账管理负责监控用户对网络资源的使用，以及计算网络运行成本或用户账单。
- 安全管理负责保护被管网络中各类资源的安全，以及网络管理系统自身的安全。

通过上述描述可以看出，配置管理负责维护网络设备的相关参数与设备之间的连接关系，安全管理负责保护被管网络中各类资源及网管系统自身的安全。显然，B 所描述的内容混淆了配置管理与安全管理的基本功能。

答案：B

例 2　以下关于 SNMP 的描述中，错误的是（　　）。

A）SNMP 是 IETF 制定的基于互联网的网管协议

B）SNMP 系统采用 P2P 工作模式，网络设备上的 SNMP 代理之间直接通信

C）SNMP 服务在传输层采用 UDP

D）SNMP 采用轮询监控方式，SNMP 管理器定时、依次向各个 SNMP 代理发出请求

分析：设计该例题的目的是加深读者对 SNMP 的理解。在讨论 SNMP 的主要内容时，需要注意以下几个主要问题。

1）SNMP 是 IETF 制定的基于互联网的网管协议。SNMP 是当前应用最广泛的网管协议，它已经成为事实上的工业标准。

2）SNMP 系统采用的是 C/S 工作模式。其中，SNMP 客户被称为 SNMP 管理器，它是安装在网络管理工作站中的网管进程；SNMP 服务器被称为 SNMP 代理，它是安装在支持 SNMP 的网络设备中的网管进程。

3）SNMP 在传输层采用 UDP，在传输信息之前无须预先建立连接。

4）SNMP 采用的是轮询监控方式，SNMP 管理器定时向 SNMP 代理请求管理信息，并根据返回信息判断是否有异常事件发生。

5）SNMP 的设计原则是简单和易于实现，它受到网络设备生产商与软件开发商的支持。

通过上述描述可以看出，SNMP 系统采用的是 C/S 工作模式，SNMP 客户是安装在网络管理工作站中的管理器，SNMP 服务器是安装在网络设备中的代理。显然，B 所描述的内容混淆了 C/S 与 P2P 工作模式的应用场景。

答案：B

例 3　以下关于管理信息结构（SMI）的描述中，错误的是（　　）。

A）SMI 规定的对象命名树适用于全球网络所有的被管对象

B）顶级有 3 个对象：ITU-T 标准、ISO 标准及二者联合发布的标准

C）所有 MIB 对象都是以对象命名树中的常规 MIB 对象或专用 MIB 对象来命名

D）所有 Cisco MIB 对象都是从"1.3.6.1.4"开始

分析：设计该例题的目的是加深读者对管理信息结构（SMI）的理解。在讨论管理信息结构的概念时，需要注意以下几个主要问题。

1）管理信息结构（SMI）要解决的问题主要是：被管对象的命名、存储被管对象的数据类型、在管理进程与代理进程中传输的数据编码。

2）SMI 规定的对象命名树适用于全球网络所有的被管对象。

3）对象命名树没有根，结点标识符用小写英文字母表示。

4）顶级共有 3 个对象：ITU 标准"itu"、ISO 标准"iso"，以及二者联合发布的标准"joint-iso-itu"。

5）在"iso"之下有多个对象，其中有其他国际组织"org"子树；在"org"之下有美国国防部"dod"子树；在"dod"之下有互联网"internet"子树；在"internet"之下有网络管理"mgmt"子树与私有公司"private"子树；在"mgmt"之下有管理信息库"mib-2"子树。

6）所有 MIB 对象都是以对象命名树中的两个分支来命名：常规 MIB 对象、专用 MIB 对象。常规 MIB 对象是基于 SNMP 而制定的，这些对象都在"mgmt"之下的"mib-2"子树中。由网络设备制造商创建、用于某个网管系统开发商的专用对象在"private"之下的"enterprise"子树中。其中，标号为 9 的结点分配给 Cisco 公司。因此，所有 Cisco MIB 对象都是从"1.3.6.1.4.1.9"开始。

通过上述描述可以看出，Cisco 公司作为一个网络设备制造商，需要使用专用 MIB 对象来命名自己的管理对象，所有 Cisco MIB 对象都是从"1.3.6.1.4.1.9"开始。显然，D 所描述的内容不符合 SMI 规定的对象命名规则。

答案：D

例 4 以下关于 SNMP 报文格式的描述中，错误的是（　　）。

A）SNMP 命令是由管理器向代理发送的 SNMP 报文

B）SNMP 报文可以分为两个部分：SNMP 头部与 PDU

C）SNMP 头部中的团体是一个 DES 加密传输的字符串

D）PDU 的请求标识符用于表示 SNMP 请求的发送方

分析：设计该例题的目的是加深读者对 SNMP 报文格式的理解。在讨论管理 SNMP 报文的基本格式时，需要注意以下几个主要问题。

1）SNMP 管理器与代理之间传输 SNMP 报文，它们用于完成具体的 SNMP 操作。

2）SNMP 命令是管理器向代理发送的操作请求，如请求从代理中读取管理对象的值；SNMP 响应是代理根据操作情况向管理器返回的响应信息。

3）SNMP 报文可以分为两个部分：SNMP 头部与 PDU。

- SNMP 头部包含 3 个字段：版本、团体与 PDU 类型。其中，版本表示报文使用的协议版本，SNMPv1、SNMPv2 与 SNMPv3 对应的值分别为 0、1 与 2；团体用于设置对代理的访问权限，同一团体的管理进程可以访问代理，它是一个用明文传输的字符串。
- PDU 类型表示 SNMP 操作类型。SNMPv1 版本规定了 5 种 SNMP 操作：GetRequest、GetNextRequest、SetRequest、GetResponse 与 Trap。其中，GetRequest、GetNextRequest、SetRequest 是普通 SNMP 请求；GetResponse 是普通 SNMP 响应；Trap 是一种特殊的告警请求。SNMPv2 版本增加两种 SNMP 操作，即 GetBulkRequest 与 InformRequest。
- PDU 部分包括以下几个字段：请求标识符、错误状态、错误索引、变量绑定等。其中，请求标识符表示 SNMP 请求的发送方；错误状态表示 SNMP 请求执行情况及差错类型；错误索引表示 SNMP 请求出错的位置；变量绑定用来同时访问代理中的多个管理对象，其基本格式为"名字 : 值"。

通过上述描述可以看出，在 SNMP 报文头部中，团体用于设置对代理的访问权限，同一团体的管理进程可以访问代理，它是一个用明文传输的字符串。显然，C 所描述的团体字段经过 DES 加密不符合 SNMP 规定。

答案：C

4.2　同步练习

4.2.1　术语辨析题

用给出的定义标识出对应的术语（本题给出 26 个定义，请从中选出 20 个，分别将序号填写在对应的术语前的空格处）。

（1）_____　应用层协议　　　　　（2）_____HTTP
（3）_____　域名解析　　　　　　（4）_____FTP
（5）_____　HTML　　　　　　　　（6）_____C/S
（7）_____　SIP　　　　　　　　　（8）_____.com
（9）_____　MIME　　　　　　　　（10）_____GET
（11）_____　客户进程　　　　　（12）_____端系统
（13）_____　PASS　　　　　　　　（14）_____SMTP
（15）_____　POP3　　　　　　　　（16）_____根域名服务器
（17）_____　服务器进程　　　　　（18）_____核心交换部分
（19）_____　.int　　　　　　　　　（20）_____DHCP 服务器

A. 互联网中由大量路由器互联的广域网、城域网和局域网的部分。

B. 运行 FTP、Skype 等各种应用程序的计算机、手机等用户设备。

C. TCP/IP 协议体系中进程之间相互作用的工作模式。

D. 向服务器进程发出服务请求的一端。

E. 响应客户进程的请求，提供客户所需的网络服务的一端。

F. 应用程序进程之间通信所遵循的通信规则。

G. Web 服务的应用层协议。

H. 一组用来保存域名树结构和对应信息的服务器程序。

I. 专用域 root-server.net 之下以字母 a ~ m 开始的服务器。

J. 将域名转换为对应的 IP 地址的过程。

K. 邮件客户向邮件服务器发送邮件使用的协议。

L. 邮件客户从邮件服务器接收邮件使用的协议。

M. 使用控制连接、数据连接等两个并行的 TCP 连接来传输文件的协议。

N. 用于创建 Web 页的语言。

O. 用来浏览互联网上网页的客户机软件。

P. 即时通信服务的应用层控制信令协议。

Q. 计算机硬件厂商所说的服务器。

R. 为公司之类的商业实体创建的顶层域。

S. 为按条约建立的国际组织创建的顶层域。

T. 使邮件能够传输文字、图像、语音与视频等多种信息的协议。

U. HTTP 用于从服务器读取文档的命令。

V. 用来阅读、编辑与管理邮件的客户机软件。

W. HTML 文档中小应用程序的标记。

X. 为客户提供动态主机配置服务的网络设备。

Y. FTP 用于向服务器发送用户密码的命令。

Z. HTML 文档的结束标记。

4.2.2 单项选择题

（1）开发者设计一种新的网络应用系统时，注意力最初应该集中在（　　）。

  A）传输层协议　　　　　　　　B）应用程序体系结构

  C）应用层协议　　　　　　　　D）应用软件编程

（2）以下哪种设备不是构成端系统的设备？（　　）

  A）计算机　　　　　　　　　　B）智能手机

  C）路由器　　　　　　　　　　D）传感器结点

（3）DHCP 服务器为主机动态分配 IP 地址的方式通常称为（　　）。

  A）域名解析　　　　　　　　　B）密钥分发

  C）端口复用　　　　　　　　　D）地址租用

（4）多媒体网络应用对端到端的服务质量要求，主要是带宽、延时、延时抖动与（　　）。

  A）误码率　　　　　　　　　　B）频率范围

  C）波特率　　　　　　　　　　D）链路效率

（5）以下哪个协议既依赖于 TCP，又依赖于 UDP？（　　）

  A）HTTP　　　　　　　　　　B）SMTP

  C）DNS　　　　　　　　　　　D）SNMP

（6）域名系统必须具备的基本功能是名字空间定义、名字解析与（　　）。

  A）IP 地址注册　　　　　　　　B）VPN 注册

  C）端口注册　　　　　　　　　D）名字注册

（7）HTML 文档的标题结束标记是（　　）。

  A）<BODY>　　　　　　　　　B）<TITLE>

  C）</BODY>　　　　　　　　　D）</TITLE>

（8）以下哪个命令不属于 SMTP 命令？（　　）

  A）HELO　　　　　　　　　　B）ALLOW

  C）VRFY　　　　　　　　　　D）RCPT TO

（9）以下哪个命令用于从 FTP 服务器下载文件？（　　）

  A）USER　　　　　　　　　　B）STOR

  C）PASS　　　　　　　　　　D）RETR

（10）在浏览器中，负责与 Web 服务器之间交互的模块是（　　）。

  A）HTML 解释器　　　　　　　B）控制器

  C）HTTP 客户　　　　　　　　D）路由表

（11）以下关于域名数据库特点的描述中，错误的是（　　）。

  A）域名数据库存储着按层次管理的域名空间数据

  B）这种层次结构可表示为根在上面的倒垂树形结构，结点都是根的子孙

C）域名由一连串可回溯到其祖先的各个结点名组成

D）结点名最长可以是 127 字节

（12）以下关于 DHCP 的描述中，错误的是（　　）。

A）DHCP 在传输层通常采用 UDP

B）DHCP 服务器使用熟知端口号 67

C）客户机按 UDP 规定使用临时端口号

D）"DHCPDISCOVER" 请求用于发现 DHCP 服务器

（13）以下关于 DHCP 协议交互过程的描述中，错误的是（　　）。

A）DHCP 客户机与提供服务的服务器关系必须事先确定

B）DHCP 客户机以广播方式发送 "DHCPDISCOVER" 请求报文

C）DHCP 客户机接收到 "DHCPACK" 应答报文之后进入 "已绑定状态"

D）当计时器 $T_1 = 0.5T$ 时，DHCP 客户机向服务器发送 "DHCPREQUST" 请求报文

（14）以下关于电子邮件特点的描述中，错误的是（　　）。

A）邮件客户机使用 SMTP 向邮件服务器发送邮件

B）邮件客户机使用 POP3 从邮件服务器中接收邮件

C）IMAP 用于发送文本、图像、语音与视频等多种信息

D）电子邮件包括两个部分：邮件头与邮件体

（15）以下关于 RFC2822 定义邮件报文格式的描述中，错误的是（　　）。

A）所有报文都是由 ASCII 码组成

B）报文行的长度不能超过 4 个字符

C）报文的长度不能超过 998 个字符

D）报文是由报文行组成，各行之间用回车换行符分隔

（16）以下关于 POP3 协议特点的描述中，错误的是（　　）。

A）POP3 用于从邮件服务器读取邮件报文

B）POP3 有两种工作模式：删除模式与保留模式

C）保留模式在读取邮件后，仍将邮件保存在邮箱中

D）允许用户在邮件服务器中创建新的邮箱

（17）以下关于 IMAP4 协议功能的描述中，错误的是（　　）。

A）用户下载邮件之前可以检查邮件头部

B）用户可以指定邮件的转发路径

C）用户可以下载邮件的一部分

D）用户可以在邮件服务器中创建分层次的邮箱

（18）以下关于 FTP 协议特点的描述中，错误的是（　　）。

A）FTP 客户机由两个部分组成：控制进程与数据进程

B）数据连接的建立有两种模式：主动模式与被动模式

C）FTP 使用控制连接与数据连接等两个并行的 TCP 连接来传输文件

D）控制连接的 TCP 熟知端口号为 21，数据连接的 TCP 熟知端口号为 20

（19）以下关于 HTTP 协议特点的描述中，错误的是（　　）。

A）HTTP 在传输层使用的是 TCP

B）HTTP 属于无状态协议

C）HTTP/1.0 支持非持续连接

D）HTTP/1.1 默认采用非持续连接的流水线方式

（20）以下关于 HTTP 应答报文的描述中，错误的是（　　）。

A）200 系列的代码表示请求成功

B）300 系列的代码表示重定向到代理服务器

C）400 系列的代码表示浏览器引起的错误

D）500 系列的代码表示 Web 服务器引擎的错误

（21）以下关于 HTML 常用标记的描述中，错误的是（　　）。

A）HTML 文档头部开始标记是 </HEAD>

B）文本段落结束标记是 </P>

C）文本居中开始标记是 <CENTER>

D）超链接结束标记是 </A>

（22）以下关于浏览器结构的描述中，错误的是（　　）。

A）Web 浏览器由一组客户、一组解释单元与一个管理它们的控制单元构成

B）很多浏览器包含一个 FTP 解释器，用来获取 GIF 文件传输服务

C）HTML 解释器负责解释接收到的 HTML 文档，并将解释结构显示在用户屏幕上

D）控制单元负责解释鼠标点击与键盘输入，并调用其他组件来执行用户的操作

（23）以下关于 SIP 命令报文的描述中，错误的是（　　）。

A）INVITE 表示邀请用户或服务器参加一个会话

B）ACK 表示用户或服务器同意参加一个会话

C）CANCEL 表示终止已建立的会话

D）INFO 表示传送 PSTN 电话信令

（24）以下关于 SNMP 工作方式的描述中，错误的是（　　）。

A）SNMP 以轮询方式周期性通过"读""写"操作来实现网管功能

B）管理器向代理发送 GetRequest 报文来检测被管对象状态

C）管理器向代理发送 SetRequest 报文来修改被管对象状态

D）管理器向代理发送 Trap 报文来报告重要事件

（25）以下关于域名解析实现方法的描述中，错误的是（　　）。

A）域名解析的实现方法有递归解析与反复解析

B）在递归解析过程中，本地服务器逐级向上级服务器发出多次查询请求

C）在反复解析过程中，本地服务器向根域名服务器发出多次查询请求

D）每个域名服务器都知道根域名服务器的地址

第5章 传输层与传输层协议分析

5.1 例题解析

5.1.1 传输层的基本概念

例1 以下关于传输层概念的描述中，错误的是（　　）。

A）网络层解决由"点–点"链路构成的传输路径的选择问题

B）传输层在源主机与目的主机的进程之间建立"端–端"连接

C）设计传输层的根本目的是改善传输网的性能指标

D）传输层定义了针对不同应用需求的传输层协议

分析：设计该例题的目的是加深读者对传输层概念的理解。在讨论传输层的基本概念时，需要注意以下几个主要问题。

1）网络层的 IP 地址标识了主机、路由器的位置信息，采用路由算法在互联网中选择一条由多段点–点链路（包括源主机–路由器、路由器–路由器、路由器–目的主机）构成的传输路径，IP 协议通过该路径完成分组的传输。

2）网络层是传输网（或承载网）的一部分，而网络层提供的服务不可靠（如分组丢失），由于用户无法对传输网进行控制，则需要在网络层之上增加传输层，以便弥补服务不可靠的问题。

3）传输层协议是利用网络层提供的服务，在源主机与目的主机的应用进程之间建立"端–端"连接，屏蔽网络层及以下各层实现技术上的差异，弥补网络层所提供服务的不足，最终实现分布式进程通信。

4）传输层提供的主要功能是"端–端"进程通信服务，为此定义了针对不同应用需求的传输层协议，如 TCP、UDP、RTP/RTCP 等协议。

通过上述描述可以看出，从网络体系结构的角度，传输网仅涵盖物理层、数据链路层与网络层，而传输网是由电信公司组建与管理。如果传输网提供的服务不可靠，用户不可能直接改善传输网的性能，只能通过在网络层上增加传输层，进而改善传输网为用户提供的服务质量。显然，C 所描述的内容不符合传输层的设计目标。

答案：C

例2 以下关于传输层协议的描述中，错误的是（　　）。

A）实现传输层服务的硬件或软件称为传输实体

B）传输实体必须实现在主机操作系统的内核中

C）在传输实体之间传输的数据被称为 TPDU

D）TPDU 的有效载荷来自某个应用进程的数据

分析：设计该例题的目的是加深读者对传输层与相邻层关系的理解。在讨论传输层与应用层、网络层的关系时，需要注意以下几个主要问题。

1）实现传输层服务的硬件或软件称为传输实体，它可能位于主机操作系统的内核中，也可能位于单独的用户进程中。

2）传输实体之间传输的数据称为传输协议数据单元（TPDU）。它的有效载荷是来自应用层的数据，在有效载荷之前加上传输层头部，这样就形成了一个完整的 TPDU。

3）当 TPDU 向下传送到相邻的网络层时，在 TPDU 之前加上 IP 协议头部，这样就形成了一个完整的 IP 分组。

通过上述描述可以看出，实现传输层服务的硬件或软件称为传输实体，它在具体实现时可能位于操作系统内核中，也可能实现在某个特定进程中。显然，B 所描述的内容不符合传输实体的实现细节。

答案：B

例 3　以下关于传输层概念的描述中，错误的是（　　）。

A）应用进程是在程序开发者的控制下工作，它并不依赖于主机操作系统

B）TCP 或 UDP 都在主机操作系统的控制下工作

C）一个 IP 地址与一个端口号合起来被称为一个套接字

D）套接字通常被称为应用程序编程接口（API）

分析：设计该例题的目的是加深读者对传输层重要概念的理解。在讨论应用进程、套接字等重要概念时，需要注意以下几个主要问题。

1）应用进程是由开发者设计与实现的应用程序，需要依赖于某种传输层协议，它们都在主机操作系统的控制下工作。开发者根据需要选择 TCP 或 UDP，并设定最大缓存、报文长度等相关参数。

2）针对网络环境中的分布式进程通信，传输层需要解决的第一个问题是进程标识。在单机环境中，进程标识可以唯一地表示一个进程。进程标识又被称为端口号（port）。在网络环境中，标识一个进程必须同时使用 IP 地址与端口号，它们合起来被称为一个套接字（socket）。

3）套接字是应用层与传输层之间的接口。套接字是建立网络应用程序的可编程接口，它通常被称为应用程序编程接口（API）。服务器套接字可以唯一地定义服务器进程；客户机套接字可以唯一地定义客户机进程。

通过上述描述可以看出，应用进程是开发者设计与实现的程序，它需要依赖于某种特定的传输层协议。无论应用程序还是传输层协议软件，它们都需要在主机操作系统的控制之下。显然，A 所描述的内容不符合应用进程的实现原则。

答案：A

例 4　以下关于网络环境中进程标识的描述中，错误的是（　　）。

A）IANA 定义的端口号分为：熟知端口号、注册端口号与临时端口号

B）客户进程使用的临时端口号范围在 49152 ～ 65535

C）服务器进程分配的熟知端口号范围在 0 ～ 1023

D）所有传输层协议都使用统一的熟知端口号和临时端口号

分析：设计该例题的目的是加深读者对网络环境中进程标识的理解。在讨论网络环境中的进程标识时，需要注意以下几个主要问题。

1）在 TCP/IP 中，端口号的数值是 0 ～ 65535 之间的整数。

2）互联网号码分配机构（IANA）定义的端口号有 3 种类型：熟知端口号、注册端口号

和临时端口号。

3）服务器程序使用确定的全局端口号，称为熟知端口号。客户机程序知道对应服务器的熟知端口号。熟知端口号的数值范围为 0 ~ 1023，由 IANA 统一分配与管理。

4）客户机程序使用临时端口号，由客户机上的 TCP/UDP 协议软件随机选取。临时端口号的数值范围为 49152 ~ 65535。

5）注册端口号是先注册后使用的端口号。用户可根据需要向 IANA 注册，以防止发生重复。注册端口号的数值范围为 1024 ~ 49151。

6）对于不支持 TCP/IP 的其他操作系统，如 Xerox 公司的 XNS 系统，它们的传输层协议可能选用与 IANA 不同的端口号。

通过上述描述可以看出，对于不支持 TCP/IP 的其他操作系统，如 Xerox 公司的 XNS 系统支持的是 SPP/IDP，它们分别对应于互联网的 TCP/UDP，可能选用与 IANA 不同的熟知端口号和临时端口号。

答案：D

例 5　以下关于 TCP 熟知端口号的描述中，错误的是（　　）。

A）Telnet 的熟知端口号为 23

B）SMTP 的熟知端口号为 25

C）HTTP 的熟知端口号为 80

D）BGP 的熟知端口号为 110

分析：设计该例题的目的是加深读者对熟知端口号的理解。在讨论基于 TCP 网络应用的熟知端口号时，需要注意以下几个主要问题。

1）服务器进程是提供网络服务的应用进程，为了使多个客户机知道服务器的存在，它通过熟知端口号来向客户机提供服务。

2）在基于 TCP 的网络应用中，服务器进程使用的端口号是 TCP 熟知端口号。表 5-1 给出了常用的 TCP 熟知端口号。

表 5-1　常用的 TCP 熟知端口号

端口号	服务器程序	说　明
20/21	FTP	文件传输协议
23	Telnet	网络虚拟终端协议
25	SMTP	简单邮件传输协议
80	HTTP	超文本传输协议
110	POP3	邮局协议第 3 版
119	NNTP	网络新闻传输协议
143	IMAP	交互式邮件存取协议
179	BGP	边界网关协议
443	HTTPS	安全超文本传输协议

通过上述描述可以看出，在基于 TCP 的网络应用中，服务器进程使用的端口号是 TCP 熟知端口号。这里，BGP 的熟知端口号是 179，而 POP3 的熟知端口号是 110。显然，D 所描述的内容混淆了 BGP 与 POP3 的熟知端口号。

答案：D

例 6　以下关于 UDP 熟知端口号的描述中，错误的是（　　）。

A）DNS 的熟知端口号为 53

B）TFTP 的熟知端口号为 111

C）NTP 的熟知端口号为 123

D）RIP 的熟知端口号为 520

分析：设计该例题的目的是加深读者对熟知端口号的理解。在讨论基于 UDP 网络应用的熟知端口号时，需要注意以下几个主要问题。

1）服务器进程是提供网络服务的应用进程，为了使多个客户机知道服务器的存在，它通过熟知端口号来向客户机提供服务。

2）在基于 UDP 的网络应用中，服务器进程使用的端口号是 UDP 熟知端口号。表 5-2 给出了常用的 UDP 熟知端口号。

表 5-2　常用的 UDP 熟知端口号

端口号	服务程序	说　明
53	DNS	域名服务
67/68	DHCP	动态主机配置协议
69	TFTP	简单文件传输协议
111	RPC	远程过程调用
123	NTP	网络时间协议
161/162	SNMP	简单网络管理协议
520	RIP	路由信息协议

通过上述描述可以看出，在基于 UDP 的网络应用中，服务器进程使用的熟知端口号是 UDP 端口号。这里，TFTP 的熟知端口号是 69，而 RPC 的熟知端口号是 111。显然，B 所描述的内容混淆了 TFTP 与 RPC 的熟知端口号。

答案：B

5.1.2　传输层协议特点分析

例 1　以下关于 TCP 与 UDP 特点对比的描述中，错误的是（　　）。

A）TCP 面向连接，UDP 无连接

B）TCP 基于字节流，UDP 基于报文

C）TCP 提供可靠的交付，UDP 提供尽力而为的交付

D）TCP 的传输开销低于 UDP

分析：设计该例题的目的是加深读者对 TCP 与 UDP 特点的理解。在比较 TCP 与 UDP 的特点时，需要注意以下几个主要问题。

1）TCP 是一种面向连接、面向字节流传输、可靠的传输层协议，它提供了传输确认、数据流管理、拥塞控制、丢失重传等功能。

2）UDP 是一种无连接、面向报文传输、不可靠的传输层协议，它更关注的是减小传输开销和提高传输速率。

3）表 5-3 给出了 TCP 与 UDP 的比较。

表 5-3　TCP 与 UDP 的比较

特　征	TCP	UDP
是否连接	面向连接, 在 TPDU 传输之前需要建立 TCP 连接	无连接, 在 TPDU 传输之前不需要建立 UDP 连接
应用层数据接口	基于字节流, 应用层不需要规定特定的数据格式	基于报文, 应用层需要将数据分成数据报来传送
可靠性与确认	可靠的数据传输, 对所有数据都要确认	不可靠的数据传输, 不需要确认, 尽力而为地交付
重传	自动重传丢失或出错的数据	不检查数据是否丢失或出错
传输开销	低, 但高于 UDP	很低
传输速率	高, 但低于 UDP	很高
适用的数据量	从少量到几 GB 的数据	从少量到几百字节的数据
适用的应用类型	对数据传输可靠性要求较高的应用, 如文件传输、邮件传输等	对数据传输效率要求较高的应用, 如 IP 电话、视频会议等

通过上述描述可以看出, 相对于提供可靠的数据传输服务的 TCP, UDP 更关注的是减小传输开销和提高传输速率。显然, D 所描述的内容混淆了 TCP 与 UDP 在传输开销方面的差异。

答案: D

例 2　以下关于传输层与应用层依赖关系的描述中, 错误的是（　　）。

A）应用层协议对传输层协议存在着单向依赖关系

B）HTTP 属于仅依赖于 TCP 的应用层协议

C）DHCP 属于仅依赖于 UDP 的应用层协议

D）DNS 属于可依赖于 TCP 或 UDP 的应用层协议

分析: 设计该例题的目的是加深读者对应用层与传输层依赖关系的理解。在讨论应用层协议对传输层协议的依赖关系时, 需要注意以下几个主要问题。

1）应用层协议对传输层协议存在着单向依赖关系。每种应用层协议都依赖于特定的传输层协议, 即 TCP 或 UDP 中的一种。

2）根据与传输层协议的依赖关系, 应用层协议可以分为 3 种类型: 仅依赖于 TCP, 仅依赖于 UDP, 可依赖于 TCP 或 UDP。

- 仅依赖于 TCP 的应用层协议更关注传输可靠性, 如 Telnet、FTP、SMTP、HTTP 等, 这类应用的数量最多。
- 仅依赖于 UDP 的应用层协议更关注传输效率, 如 SNMP、TFTP 等。
- 可依赖于 TCP 或 UDP 的应用层协议主要是基础设施类, 如 DNS、DHCP 等。

通过上述描述可以看出, DHCP 属于可依赖于 TCP 或 UDP 的应用层协议, 而不属于仅依赖于 UDP 的应用层协议。显然, C 所描述的内容混淆了 DHCP 对传输层协议的单向依赖关系。

答案: C

5.1.3　UDP

例 1　以下关于 UDP 内容的描述中, 错误的是（　　）。

A）UDP 报头主要包括端口号、长度、校验和等字段

B）UDP 长度是 UDP 数据报的长度, 包括伪报头的长度

C）UDP 检验和包括：伪报头、UDP 报头及应用层数据

D）伪报头包括 IP 分组报头的一部分

分析：设计该例题的目的是加深读者对 UDP 内容的理解。在讨论 UDP 的基本内容时，需要注意以下几个主要问题。

1）UDP 是一种无连接、面向报文传输、不可靠的传输层协议，它更关注的是减小传输开销和提高传输速率。

2）UDP 报文有固定 8 字节的头部，其中字段主要包括：端口号、长度、校验和等。

- 端口号字段包括源端口号和目的端口号。其中，源端口号表示发送方的应用进程的端口号，目的端口号表示接收方的应用进程的端口号。
- 长度字段表示整个 UDP 报文（包括头部）的长度，但是不包括伪头部的长度。
- UDP 校验和的检测范围包括：伪报头、UDP 报头与数据部分（即应用层数据）。UDP 校验和字段是可选项。

3）UDP 软件为某个 UDP 报文计算校验和，在该报文之前临时增加 12 字节的伪头部，它的内容主要来自 IP 分组头部：源 IP 地址、目的 IP 地址、协议与长度。

通过上述描述可以看出，伪头部是 UDP 软件为某个报文计算校验和时，在该报文之前增加的 12 字节的一个临时头部，它的内容主要来自 IP 分组头部。UDP 长度字段表示整个 UDP 报文（包括头部）长度，但是不包括伪头部长度。显然，B 所描述的内容混淆了 UDP 校验和的计算范围。

答案：B

例 2 以下关于 UDP 适用范围的描述中，错误的是（　　）。

A）对传输性能的要求高于数据安全性

B）需要"简短快捷"的数据交换

C）需要多播和广播的应用

D）适用于实时语音与视频传输类应用

分析：设计该例题的目的是加深读者对 UDP 适用范围的理解。在讨论 UDP 的适用范围时，需要注意以下几个主要问题。

1）应用程序是否采用 UDP，主要有以下几个考虑的原则：

①对传输性能的要求高于数据可靠性。

②需要"简短快捷"的数据交换。

③需要多播和广播的应用。

2）UDP 的优点是简洁、快速与高效，但是它没有提供必要的差错控制机制，在拥塞严重时也缺乏控制与调节能力。这些问题需要由应用程序的开发者在应用层通过必要的机制加以解决。

3）UDP 是一种适用于实时语音与视频传输的传输层协议。

通过上述描述可以看出，关于应用程序是否采用 UDP 需要考虑的原则，提到了对传输性能要求高于数据可靠性的应用类型。显然，A 所描述的内容混淆了"数据可靠性"与"数据安全性"的概念。

答案：A

例 3 计算 UDP 报头字段。

条件：UDP 报头的十六进制数为"0632 0045 001C E217"。

计算 UDP 报头中的各个字段的内容：

1）源端口号与目的端口号的数值。

2）数据部分长度的字节数。

3）该数据报的发送方是客户进程还是服务器进程？

4）该数据报属于哪种网络应用？

分析：设计该例题的目的是加深读者对 UDP 报文格式的理解。在讨论 UDP 报文的基本格式时，需要注意以下几个主要问题。

（1）UDP 报文结构

图 5-1 给出了 UDP 报文的格式。UDP 报文有固定 8 字节的头部。UDP 头部主要有以下几个字段：源端口号、目的端口号、长度与校验和。

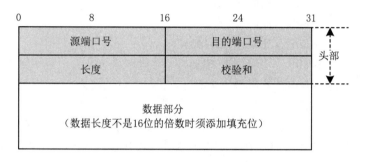

图 5-1　UDP 报文的格式

（2）UDP 熟知端口号

在基于 UDP 的网络应用中，服务器进程使用的端口号是 UDP 端口号。表 5-2 给出了常用的 UDP 熟知端口号。

计算：

根据 UDP 报文的格式要求，已知的十六进制数为"0632 0045 001C E217"，它们分别对应于 UDP 头部的 4 个字段：源端口号、目的端口号、长度与校验和。

1）源端口号为十六进制数"0632"，转换成十进制数为 1586。

2）目的端口号为十六进制数"0045"，转换成十进制数为 69。根据表 5-2 给出的 UDP 熟知端口号，该 UDP 端口号是一个服务器进程的熟知端口号，对应的网络应用为简单文件传输协议（TFTP）。

3）长度为十六进制数"001C"，转换成十进制数为 28。由于 UDP 报文有固定 8 字节的头部，因此数据部分的长度为 28 − 8 = 20（字节）。

答案：

1）源端口号为 1586，目的端口号为 69。

2）数据部分的长度为 20 字节。

3）该数据报的发送方是客户机进程。

4）该数据报属于简单文件传输协议（TFTP）。

例 4　计算 UDP 报文分片。

条件：对于一个 UDP 报文，数据部分的长度为 8192B，需要通过 Ethernet 来传输。

计算并判断该 UDP 报文是否分片？如果需要分片，应该分为几片？每片的数据部分的长度与偏移量。

分析：

1）已知一个 UDP 报文的数据字段长度为 8192B，而 Ethernet 帧的数据字段长度最大为 1500B，则这个 UDP 报文必须分片。

2）如果每个分片长度取 1500B，而 UDP 头部长度为 20B，则每个分片的数据部分长度为 1480B。

计算：

1）UDP 报文的数据长度为 8192B，分片的数据长度为 1480B，则可以分为 6 个分片，其中前 5 个分片的数据长度为 1480B，第 6 个分片的数据部分长度为 792B。

2）每个分片的数据部分长度与片偏移如下：

第 1 片：长度为 1480B、片偏移为 0。

第 2 片：长度为 1480B、片偏移为 2960。

第 3 片：长度为 1480B、片偏移为 4440。

第 4 片：长度为 1480B、片偏移为 5920。

第 5 片：长度为 1480B、片偏移为 7400。

第 6 片：长度为 792B、片偏移为 8192。

答案：必须分片；可以分为 6 个分片；第 1 片的长度为 1480B、片偏移为 0，第 2 片的长度为 1480B、片偏移为 2960，第 3 片的长度为 1480B、片偏移为 4440，第 4 片的长度为 1480B、片偏移为 5920，第 5 片的长度为 1480B、片偏移为 7400，第 6 片的长度为 792B、片偏移为 8192。

5.1.4 TCP

例 1　以下关于 TCP 特点的描述中，错误的是（　　）。

A）支持面向连接与并发的 TCP 连接

B）支持字节流传输，自动确定接收方应用程序数据字节的起始与终止位置

C）允许通信双方的应用程序在任何时候发送数据

D）采用确认机制来检查数据是否安全和完整地到达

分析：设计该例题的目的是加深读者对 TCP 特点的理解。在讨论 TCP 的基本特点时，需要注意以下几个主要问题。

1）TCP 支持面向连接的传输服务。面向连接对提高数据传输的可靠性很重要。应用程序在使用 TCP 传送数据之前，预先在源主机与目的主机之间建立一条连接。

2）TCP 支持字节流的传输服务。这是一种不会丢失、重复与乱序的数据传输过程。TCP 将应用程序提交的数据看成一连串、无结构的字节流，接收方的应用程序需要自己来确定数据字节的起止位置。

3）TCP 支持全双工的传输服务。TCP 允许通信双方在任何时候发送数据。通信双方都设置有发送和接收缓冲区，应用程序将要发送的数据提交给缓冲区，而数据的实际发送过程由 TCP 来控制。

4）TCP 支持同时建立多个并发连接。根据应用程序的需要，一个服务器可以与多个客户机建立多个连接，一个客户机可以与多个服务器建立多个连接。TCP 理论上支持同时建立几百个 TCP 连接，但是并发连接数量越多，每个连接分享的资源越少。

5）TCP 支持可靠的传输服务。TCP 采用确认机制来检查数据是否安全、完整地到达，并且提供拥塞控制、流量控制等功能。为了提供这种可靠的传输服务，TCP 对发送与接收的数据进行跟踪、确认与重传。

通过上述描述可以看出，TCP 将应用程序提交的数据看成一连串、无结构的字节流，接收方应用程序需要自己来确定数据字节的起止位置，而不能由 TCP 软件来确定应用程序提交的数据字节的起止位置。

答案：B

例 2　以下关于 TCP 报头格式的描述中，错误的是（　　）。

A）报头长度为 20 ～ 60 字节，其中固定部分为 20 字节

B）两个端口号字段分别表示报文段的源端口号与目的端口号

C）控制字段定义了 8 种用于 TCP 连接、流量控制、数据传输等的标志位

D）TCP 校验和相关的伪头部中 IP 头部的协议字段值为 6

分析：设计该例题的目的是加深读者对 TCP 报头格式的理解。在讨论 TCP 报头的基本格式时，需要注意以下几个主要问题。

1）TCP 报头长度为 20 ～ 60 字节，其中固定部分为 20 字节，选项部分为 0 ～ 40 字节。

2）TCP 报头中的字段主要包括：端口号、序号、确认号、头部长度、控制、窗口大小、校验和、紧急指针与选项。

- 端口号字段：端口号字段的长度为 16 位，取值范围是 0 ～ 65535。端口号包括源端口号与目的端口号，分别表示报文段的发送方与接收方的应用进程使用的端口号。
- 序号字段：序号字段的长度为 32 位，表示报文段的第一字节的序号。TCP 是面向字节流的，需要为发送字节流中的各字节按顺序编号。
- 确认号字段：确认号字段的长度为 32 位，表示接收方已正确接收最终序号为 N 的报文段，并要求发送方发送序号从 $N+1$ 开始的报文段。
- 头部长度字段：头部长度字段的长度为 4 位。TCP 头部长度以 4 字节为单元计算，实际头部长度在 20 ～ 60 字节，该字段的值为 5 ～ 15。
- 控制字段：控制字段定义了 6 种标志位，使用时可以同时设置一位或多位。控制字段在 TCP 连接建立与终止、流量控制，以及数据传输过程中发挥作用。
- 窗口大小字段：窗口大小字段的长度为 16 位，表示要求接收方维持的窗口大小。这个窗口大小是以字节为单位，取值范围是 0 ～ 65535。
- 校验和字段：校验和字段的长度为 16 位，用于检查报文段在传输中是否出错。TCP 校验和的计算过程与 UDP 相同。但是，校验和在 UDP 中是可选的，而对于 TCP 是必须有的。TCP 校验和同样需要伪头部，唯一不同的是协议字段值是 6。
- 紧急指针字段：紧急指针字段的长度为 16 位。只有当紧急标志 URG 为 1 时，该字段才会有效，这时报文段中包括紧急数据。
- 选项字段：TCP 头部可以有多达 40 字节的选项字段。选项主要分为两类，即单字节选项和多字节选项。单字节选项主要包括选项结束和无操作。多字节选项主要包括最大报文段长度、窗口扩大因子与时间戳。

通过上述描述可以看出，控制字段在 TCP 连接建立与终止、流量控制，以及数据传输过程中发挥作用。控制字段定义了 6 种标志位，使用时可以同时设置一位或多位。显然，C 所描述的内容不符合 TCP 报文的标志字段规定。

答案：C

例 3   以下关于 TCP 最大段长度的描述中，错误的是（   ）。

A）TCP 规定了报文数据部分的最大长度，这个值称为最大段长度 MSS

B）MSS 所限制的数据字节长度不包括报头长度

C）MSS 的默认值是 536 字节

D）TCP 报文段最大长度与窗口最大长度的概念相同

分析：设计该例题的目的是加深读者对 TCP 最大段长度的理解。在讨论 TCP 规定的最大段长度时，需要注意以下几个主要问题。

1）TCP 规定了报文数据部分的最大长度，这个值称为最大段长度 MSS。

2）MSS 是 TCP 报文中数据部分的最大字节数限定值，不包括报头长度。

3）在选择 MSS 值时，需要考虑的因素主要有：协议开销、IP 分片长度、发送和接收缓冲区的限制等。

4）MSS 的默认值为 536 字节。

5）如果对于某些特定的应用，MSS 默认值不适合应用需求，应用程序可以在建立 TCP 连接时，使用 SYN 报文中最大段长度选项来协商。TCP 允许连接双方选择使用不同的 MSS 值。

6）TCP 报文段最大长度与窗口长度的概念不同。

①窗口长度是 TCP 为保证字节流传输的可靠性，接收方通知发送方下次可以连续传输的字节数。

②最大段长度是在构成一个 TCP 报文段时，在数据字段中最多可放置的数据字节数量。MSS 值的确定与每次传输字节流的窗口大小无关。

通过上述描述可以看出，最大段长度是在构成一个 TCP 报文段时，在数据字段中最多可放置的数据字节数量。MSS 值的确定与每次传输字节流的窗口大小无关。显然，TCP 报文段最大长度与窗口长度的概念不同。

答案：D

例 4   计算 TCP 报文段序号。

条件：

1）一个 TCP 连接要发送 6000 字节的数据，第一个字节的序号为 10010。

2）这些数据分成 5 个报文段发送，前 4 个报文段各携带 1000 字节，而第 5 个报文段携带 2000 字节。

计算这 5 个报文段的序号。

分析：设计该例题的目的是加深读者对 TCP 字节流传输的理解。在讨论 TCP 字节流传输的概念时，需要注意以下几个主要问题。

1）由于 TCP 是面向数据流的，因此需要为发送的各字节编号。

2）TCP 的数据传输单元称为报文段（segment）。

3）TCP 报头中报文段序号字段的长度为 32 位。每个报文段数据的第一个字节的序号作为该报文段的序号。

计算：

第 1 个报文段：序号为 10010

第 2 个报文段：序号为 10010+1000=11010

第 3 个报文段：序号为 11010+1000=12010

第 4 个报文段：序号为 12010+1000=13010

第 5 个报文段：序号为 13010+1000=14010

答案：这 5 个报文段的序号依次为 10010、11010、12010、13010 与 14010。

例 5　计算 TCP 报头字段。

条件：TCP 报头的十六进制数为 "0532 0017 0000 0001 0000 0000 5002 07FF 0000 0000"。

计算 TCP 报头中各个字段的内容：

1）源端口号与目的端口号的数值。

2）序号与确认号数值。

3）TCP 头部长度的字节数。

4）窗口大小的字节数。

5）该报文段的接收方是客户进程还是服务器进程？

6）该报文段属于哪种网络应用？

分析：设计该例题的目的是加深读者对 TCP 报文格式的理解。在讨论 TCP 报文的基本格式时，需要注意以下几个主要问题。

（1）TCP 报文结构

图 5-2 给出了 TCP 报文的格式。TCP 报文有固定 20 字节的头部。TCP 头部主要有以下几个字段：端口号、序号、确认号、头部长度、控制、窗口大小、校验和、紧急指针与选项。

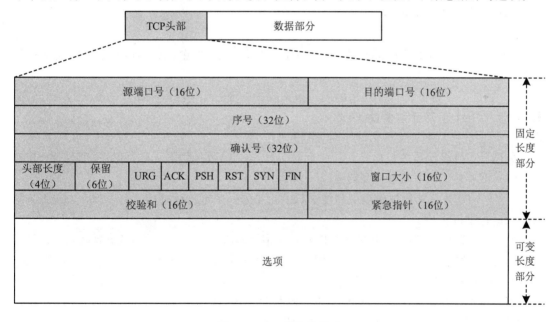

图 5-2　TCP 报文的格式

（2）TCP 熟知端口号

在基于 TCP 的网络应用中，服务器进程使用的端口号是 TCP 端口号。表 5-1 给出了常用的 TCP 熟知端口号。

计算：

根据 TCP 报文的格式要求，已知的十六进制数为 "0532 0017 0000 0001 0000 0000

5002 07FF 0000 0000"，它们分别对应于 TCP 头部的 9 个字段：端口号、序号、确认号、头部长度、控制、窗口大小、校验和、紧急指针与选项。

1）源端口号为十六进制数 "0532"，转换成十进制数为 1330。

2）目的端口号为十六进制数 "0017"，转换成十进制数为 23。根据表 5-1 给出的 TCP 熟知端口号，该 TCP 端口号是一个服务器进程的熟知端口号，对应的网络应用为远程登录协议（Telnet）。

3）序号为十六进制数 "0000 0001"，转换成十进制数为 1。

4）确认号为十六进制数 "0000 0000"，转换成十进制数为 0。

5）头部长度为十六进制数 "5"，转换成十进制数为 5。由于头部长度字段是以 4 字节为单位，因此 TCP 头部长度为 20 字节。

6）窗口大小为十六进制数 "07FF"，转换成十进制数为 2047。

答案：

1）源端口号为 1330，目的端口号为 23。

2）序号为 1，确认号为 0。

3）TCP 头部长度为 20 字节。

4）窗口大小为 2047 字节。

5）该报文段的接收方是服务器进程。

6）该报文段属于远程登录协议（Telnet）。

例 6 计算 TCP 连接参数。

条件：

1）对于每个 TCP 连接都要维持一个 RTT 变量，它是当前到达目的结点的最佳估计往返延时值。

2）通过接收到 3 个 TCP 连接的确认报文段，发现它们比相应报文段的发送时间分别滞后 26ms、32ms 与 24ms。假设 $\alpha = 0.9$。

计算这 3 个 TCP 连接的估计往返延时值。

分析：设计该例题的目的是加深读者对 TCP 连接参数的理解。在讨论 TCP 连接的 RTT 概念时，需要注意以下几个主要问题。

1）为了实现 TCP 数据传输可靠性，TCP 定义了一个重传计时器，用来对丢失或丢弃的报文段进行重传。

2）影响确认、超时与重传的关键因素在于定时器值的大小。从发出数据到收到确认所需的往返时间（RTT）是动态的。为适应 RTT 动态变化的情况，TCP 设计了一种适应性重传算法。

3）适应性重传算法的基本思想是：TCP 监视每个连接的性能，由此推算出合适的时间片，当连接性能发生变化时，TCP 立刻改变时间片值。TCP 计算时间片的公式为：Timeout= $\beta \times$ RTT。其中，β 为一个大于 1 的常数加权因子。

4）RTT 为估算的往返时间，其计算公式为：RTT $= \alpha \times$ Old_RTT $+ (1 - \alpha) \times$ New_RTT。其中，Old_RTT 是上一个往返时间，New_RTT 是实际测出的上一个往返时间（样本）。α 为一个常数加权因子（$0 \leq \alpha < 1$）。在上面两个公式中，α 决定 RTT 对延迟变化的反应速度。当 α 接近 1 时，RTT 对延迟变化不敏感；当 α 接近 0 时，RTT 对延迟变化敏感。

计算：

从已知条件中获得 $\alpha = 0.9$，Old_RTT=30ms，New_RTT$_1$=26ms，New_RTT$_2$=32ms，

New_RTT$_3$=24ms。

根据公式可以计算出：

1）RTT$_1$=0.9 × 30+(1−0.9) × 26 ≈ 29.6（ms）

2）RTT$_2$=0.9 × 29.6+(1−0.9) × 32 ≈ 29.8（ms）

3）RTT$_3$=0.9 × 29.8+(1−0.9) × 24 ≈ 29.3（ms）

答案：3 个 TCP 连接的估计往返延时为 RTT$_1$ ≈ 29.6ms、RTT$_2$ ≈ 29.8ms、RTT$_3$ ≈ 29.3ms。

例 7　计算 TCP 连接参数。

条件：

1）TCP 使用的最大窗口为 64KB。

2）报文段的平均往返延时为 20ms。

3）假设传输带宽没有限制。

计算该 TCP 连接的最大吞吐量。

分析：设计该例题的目的是加深读者对 TCP 连接吞吐量的理解。在讨论 TCP 连接的吞吐量时，需要注意以下几个主要问题。

1）发送窗口的大小受接收方接收能力的影响。如果 TCP 使用的最大窗口为 64KB，则发送方在没有收到确认的情况下可以连续发送 64KB。

2）报文段的平均往返延时为 20ms，说明在发送 20ms 之后应该能获得确认信息。在传输带宽没有限制的假设条件下，根据发送窗口的大小与报文段的平均往返延时，可以计算出 TCP 连接的最大吞吐量。

计算：

1）发送数据量为 64KB=64 × 1024 × 8=524288（位）。

2）最大吞吐量为 524288/(20×10^{-3}) = 26214400（bit/s）≈ 26.21（Mbit/s）。

答案：TCP 连接的最大吞吐量为 26.21 Mbit/s。

例 8　计算 TCP 报文段的长度。

条件：

一个打字员在一台 PC 上以平均每分钟键入 600 个字符的速度打字，接收方为一台服务器，它们之间使用 TCP 的 Nagle 算法。

1）客户机与服务器在一个局域网中，往返延时 RTT=20ms。

2）客户机与服务器在一个广域网中，往返延时 RTT=100ms。

计算这两种情况下从客户机发往服务器的 TCP 报文段序列中每个报文段的长度。

分析：设计该例题的目的是加深读者对 TCP 报文段序列的理解。在讨论 TCP 生成的报文段序列时，需要注意以下几个主要问题。

1）Nagle 算法是针对数据以每次 1 字节的方式进入发送方所提出的解决办法。

2）当数据以每次 1 字节的方式进入发送方时，发送方第一次仅发送 1 字节，其他字节存入缓存中。当第一个报文段确认无误时，再将缓存数据放在第二个报文段中发送，这样可以有效地提高传输效率。

3）当缓存数据的字节数达到发送窗口的 1/2 或接近最大报文段长度（MSS）时，立即将它们作为一个报文段来发送。

计算：

1）在第一种情况下，打字员平均每分钟键入 600 个字符，则 1 秒钟平均键入 10 个字符。在 RTT=20ms 的时间内,平均产生 0.2 个字符。

由于往返延时 RTT 远小于产生 1 个字符的时间,因此从客户机发往服务器的 TCP 报文段序列中每个报文段的长度只能是 40+1=41(B)。

2)在第二种情况下,打字员平均每分钟键入 600 个字符,则 1 秒钟平均键入 10 个字符。在 RTT=100ms 的时间内,平均产生 1 个字符。

在这种情况下,存在两种可能:

①如果不考虑其他因素引起的延时,从客户机发往服务器的 TCP 报文段序列中每个报文段的长度是 40+1=41(B)。

②如果考虑其他因素引起的延时,从客户机发往服务器的 TCP 报文段序列中每个报文段的长度是 40+1+1=42(B)。

答案:在第一种情况下,每个报文段长度是 41B;在第二种情况下,每个报文段长度是 41B 或 42B。

例 9　计算 TCP 连接参数。

条件:

1)信道带宽为 1Gbit/s。

2)端–端延时为 10ms。

3)TCP 发送窗口为 65535B。

计算该 TCP 连接的最大吞吐量与信道利用率。

分析:设计该例题的目的是加深读者对 TCP 连接参数的理解。在讨论 TCP 连接的吞吐量与信道利用率时,需要注意以下几个主要问题。

1)已知端–端延时为 10ms,往返延时等于端–端延时的 2 倍。

2)已知 TCP 发送窗口为 65535B,最大吞吐量等于发送窗口除以往返延时。

3)已知计算出的最大吞吐量数值,信道利用率等于最大吞吐量除以信道带宽。

计算:

1)往返延时 RTT 为 2×10=20(ms)。

2)该 TCP 连接的最大吞吐量为 $(65535 \times 8)/(20 \times 10^{-3})$=26214000(bit/s)=26.214(Mbit/s)。

3)该信道的利用率约为 26.214/1000 ≈ 2.62%。

答案:最大吞吐量为 26.214Mbit/s,信道利用率约为 2.62%。

例 10　计算 TCP 连接参数。

条件:

1)最大报文段长度 MSS 为 128B。

2)报文段的序号长度为 8 位。

3)报文段在网络中的生存时间为 30s。

计算该 TCP 连接能达到的最大速率。

分析:设计该例题的目的是加深读者对 TCP 连接参数的理解。在讨论 TCP 连接的最大速率时,需要注意以下几个主要问题。

1)最大报文段长度 MSS 为 128B,表示每个报文段长度为 128B。

2)序号长度为 8 位,表示在 30s 中最多传输 255 个报文段。

3)生存时间 TTL 为 30s,表示在 30s 内不允许有相同序号的报文段出现。

计算：

1）每秒钟最多传输的报文段数量为 255/30=8.5（个）。

2）每个报文段的长度为 128×8=1024（位）。

3）该 TCP 连接能达到的最大速率为 1024×8.5=8704（bit/s）=8.704（kbit/s）。

答案：该 TCP 连接能达到的最大速率为 8.704kbit/s。

例 11　计算 TCP 报文段序号。

条件：

1）信道带宽为 75Tbit/s。

2）报文段的序号长度为 64 位。

计算该报文段序号不会出现重复的时间。

分析：设计该例题的目的是加深读者对 TCP 报文段序号的理解。在讨论 TCP 报文段的序号时，需要注意以下几个主要问题。

1）序号长度为 64 位，表示报文段的序号最大为 $2^{64}-1$，也就是说该报文段序号总计能容纳 $2^{64}-1$ 字节。

2）信道带宽为 75Tbit/s，转换成字节形式为 $75 \times 10^{12}/8$（B/s），也就是说在信道上每秒钟消耗 $75 \times 10^{12}/8$ 字节的序号。

3）已知有多少字节的序号，以及在信道上每秒钟消耗的字节数，则可以计算出这些序号被消耗完的时间，也就等于知道报文段序号不会出现重复的时间。

计算：

1）该报文段序号总计能容纳的字节数为 $2^{64}-1=2 \times 10^{19}-1 \approx 2 \times 10^{19}$（B）。

2）在信道上每秒钟消耗的字节数为 $(75 \times 10^{12})/8 \approx 9.375 \times 10^{12}$（B）。

3）报文段序号不会出现重复的时间为 $(2 \times 10^{19})/(9.375 \times 10^{12})$=2.13 $\times 10^6$（s）。

答案：该报文段序号不会出现重复的时间为 2.13×10^6 秒。

例 12　计算 TCP 连接参数。

条件：

1）发送速率为 256kbit/s。

2）端 – 端延时为 128ms。

3）TCP 连接的最大吞吐量为 120kbit/s。

计算 TCP 发送窗口的大小。

分析：设计该例题的目的是加深读者对 TCP 连接参数的理解。在讨论 TCP 连接的发送窗口时，需要注意以下几个主要问题。

1）已知端 – 端延时为 128ms，往返延时等于端 – 端延时的 2 倍。

2）已知发送速率为 256kbit/s，只要知道发送窗口大小，就可以计算出发送延时。

3）已知计算出的往返延时与发送延时，将发送窗口大小除以往返延时与发送延时之和，就可以计算出实际的传输速率，也就是 TCP 连接的最大吞吐量。

计算：

1）设发送窗口大小为 x（B）。

2）往返延时为 $2 \times (128 \times 10^{-3})$=256 $\times 10^{-3}$（s）。

3）根据题意列出方程 $8x/[8x/(256 \times 10^3)+256 \times 10^{-3}]$=120 $\times 10^3$，计算出 x=7228（B）。

答案：发送窗口大小为 7228B。

例 13   计算 TCP 拥塞窗口。

条件：

1）在 TCP 拥塞控制的 AIMD 算法中，慢开始阈值 SST_1 设置为 8。

2）当拥塞窗口（cwnd）增大到 12 时，发送方检测到超时，TCP 启动慢开始与拥塞避免。

计算第 1 次到第 15 次传输的拥塞窗口大小。

分析：设计该例题的目的是加深读者对 TCP 拥塞窗口的理解。在讨论 TCP 拥塞窗口的概念时，需要注意以下几个主要问题。

1）TCP 定义了用于提高传输可靠性的拥塞控制机制，具体实现包括基于慢开始、拥塞避免的 AIMD 算法。图 5-3 给出了 TCP 拥塞控制示意图。

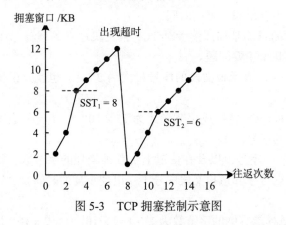

图 5-3   TCP 拥塞控制示意图

2）在 TCP 初始化时，设置 cwnd 为 1，并设置阈值 SST_1（单位为报文段数量）。在慢开始阶段，经过几个往返传输后，cwnd 按指数算法增长到 SST_1，则进入拥塞避免阶段。

3）在拥塞避免阶段中，cwnd 按线性方式继续增长，如果 cwnd 达到最大值时，发送方检测到超时，则 cwnd 重新回到 1。

4）在出现一次网络拥塞之后，慢开始阈值 SST_2 设置为出现超时 cwnd 的 1/2，并重新进入慢开始与拥塞避免过程。

计算：

1）当 TCP 初始化时，设置 cwnd 为 1，并设置 SST_1 为 8。在慢开始阶段中，经过 3 个往返传输之后，cwnd 按指数算法已增长到 8，则进入拥塞避免阶段。

2）在拥塞避免阶段中，经过 4 个往返传输之后，cwnd 按指数算法已增长到 12。

3）当 cwnd=12 时，发送方检测到超时，在第 8 个往返传输时，cwnd 重新回到 1。

4）当出现一次网络拥塞之后，慢开始阈值 SST_2 设置为出现超时 cwnd 的 1/2（即 SST_2=6），并重新进入慢开始与拥塞避免过程。

5）第 8 个往返传输的 cwnd=1。按照指数算法增长，第 9 个往返传输的 cwnd=2；第 11 个往返传输的 cwnd 不能超过 SST_2=6，则 cwnd=6。

6）第 12 个往返传输的 cwnd 在 6 的基础上加 1，则 cwnd=7；以此类推，第 13、14、15 个往返传输的 cwnd 分别等于 8、9、10。

答案：第 1 个至第 15 个往返传输的 cwnd 值分别为 2、4、8、9、10、11、12、1、2、4、6、7、8、9、10。

5.2　同步练习

5.2.1　术语辨析题

用给出的定义标识出对应的术语（本题给出 26 个定义，请从中选出 20 个，分别将序号填写在对应的术语前的空格处）。

（1）_____ UDP　　　　　　　　（2）_____ TCP

（3）_____ 报文段　　　　　　　（4）_____ 三次握手

（5）_____ 确认号　　　　　　　（6）_____ MSS

（7）_____ 熟知端口号　　　　　（8）_____ 拥塞窗口

（9）_____ 校验和　　　　　　　（10）_____ 选择重发

（11）_____ 控制字段　　　　　　（12）_____ 滑动窗口协议

（13）_____ 保持计时器　　　　　（14）_____ 窗口

（15）_____ TCP 连接　　　　　　（16）_____ 重传计时器

（17）_____ 坚持计时器　　　　　（18）_____ 临时端口号

（19）_____ TCP 头部　　　　　　（20）_____ 时间等待计时器

A. 实现端 – 端连接，提供分布式进程通信的协议。

B. 客户机程序使用的端口号。

C. 为每种服务器程序分配的端口号。

D. 无连接的、不可靠的传输层协议。

E. 面向连接与字节流、可靠的传输层协议。

F. 在 80 端口与 15432 端口之间建立的连接。

G. 在 161 端口与 17212 端口之间建立的连接。

H. 发送字节流中每个字节的顺序号。

I. 表示一个进程已正确接收的字节顺序号。

J. 指示对方在下一个报文中最多发送字节数的字段。

K. 表示最多可以在报文的数据字段中放置的数据字节数量。

L. 用来检验数据报与伪报头在传输中是否出错的字段。

M. 长度为 20 ~ 60 字节的报头。

N. 以 4 字节为一个单元来计算的长度字段。

O. 在连接建立与终止、流量控制及数据传输中发挥作用的字段。

P. TCP 连接建立需要经过的交互过程。

Q. 为防止一个 TCP 连接长期处以空闲状态的计时器。

R. TCP 关闭一个连接时使用的计时器。

S. 用于计算报文确认与等待重传时间的计时器。

T. 用于控制零窗口大小通知持续时间的计时器。

U. TCP 用来完成数据流控制的协议。

V. 发送方仅须重发丢失的报文段，而不必重发已接收报文段的方法。

W. 发送方根据网络拥塞情况确定的窗口值。

X. 接收方根据接收能力确定的窗口值。

Y. TCP 报文常用的另一种称呼。

Z. 一个完整的进程通信标识。

5.2.2 单项选择题

（1）在 TCP/IP 协议体系中，服务器进程使用的端口号是（   ）。

    A）熟知端口号   B）注册端口号

    C）临时端口号   D）虚拟端口号

（2）在网络环境中，标识一个进程需要同时使用（   ）。

    A）帧头与帧尾   B）IP 地址与端口号

    C）虚通路与虚通道   D）MAC 地址与 VPN 号

（3）在 UDP 报头中，表示接收方的应用进程的标识是（   ）。

    A）源端口号   B）确认号

    C）目的端口号   D）应答号

（4）TCP 的数据传输单元通常称为（   ）。

    A）分组   B）报文段

    C）信元   D）载波片

（5）伪头部中的内容主要来自（   ）。

    A）以太网帧   B）应用层进程

    C）物理层编码   D）网络层分组

（6）在 TCP 报头中，头部长度字段的基本单位是（   ）。

    A）1 字节   B）2 字节

    C）4 字节   D）8 字节

（7）以下哪个 TCP 熟知端口号是错误的？（   ）

    A）HTTP：80   B）FTP 控制连接：20

    C）NNTP：119   D）BGP：179

（8）以下哪个 UDP 熟知端口号是错误的？（   ）

    A）DNS：53   B）SNMP：161

    C）NTP：123   D）TFTP：56

（9）以下关于传输层校验和的描述中，错误的是（   ）。

    A）校验和用于检测数据传输过程中是否出现拥塞

    B）伪报头仅在计算校验和时起作用，它不会传送给其他层

    C）TCP 将校验和作为一个必须处理的字段

    D）UDP 将校验和作为一个可选的字段

（10）以下关于传输层多路复用概念的描述中，错误的是（   ）。

    A）一台运行 TCP/IP 的主机可能同时运行不同的应用程序及协议

    B）TCP/IP 允许不同应用程序数据同时使用 IP 连接来发送与接收

    C）发送方的 IP 软件将 TCP 或 UDP 的 TPDU 组装成 IP 分组来发送

    D）接收方的 TCP 软件根据 TPDU 的端口号，将 TPDU 分送给对应的应用程序

（11）以下关于 UDP 报文格式的描述中，错误的是（   ）。

    A）UDP 报头长度固定为 8 字节

　　B）UDP 报头主要有以下字段：端口号、长度与校验和

　　C）长度字段的长度是 16 位，表示 UDP 数据部分的总长度

　　D）端口号可分为两部分：源端口号与目的端口号

（12）以下关于支持 TCP 并发连接的描述中，错误的是（　　）。

　　A）TCP 支持一个服务器与多个客户机同时建立多个 TCP 连接

　　B）TCP 不支持一个客户机与多个服务器同时建立多个 TCP 连接

　　C）TCP 软件将分别管理多个 TCP 连接

　　D）建立并发连接的数量越多，每个连接共享的资源越少

（13）以下关于 TCP 全双工服务的描述中，错误的是（　　）。

　　A）TCP 允许通信双方的应用程序在任何时候发送数据

　　B）通信双方都设置有发送和接收缓冲区

　　C）应用程序将待发送数据提交给发送缓冲区，数据发送过程由 TCP 软件控制

　　D）接收方将接收数据存放到接收缓冲区，TCP 软件在合适时间来读取数据

（14）以下关于 UDP 熟知端口号的描述中，错误的是（　　）。

　　A）基于 UDP 的客户机程序使用熟知端口号

　　B）为 DHCP 定义的熟知端口号是 67/68

　　C）为 SNMP 定义的熟知端口号是 161/162

　　D）为 TFTP 定义的熟知端口号不同于 FTP

（15）以下关于保持计时器特点的描述中，错误的是（　　）。

　　A）保持计时器用来防止一个 TCP 连接长期空闲

　　B）TCP 通常是在客户机处设置保持计时器

　　C）超时通常设置为 2 小时

　　D）超时之后发送 10 个探测报文，没有响应就终止该连接

（16）以下关于 TCP 可靠传输服务的描述中，错误的是（　　）。

　　A）TCP 采用确认机制来检查数据是否安全、完整地到达目的地

　　B）TCP 对发送和接收的数据进行跟踪、确认与重传

　　C）TCP 建立在不可靠的 IP 协议之上，只能通过流量控制来弥补缺陷

　　D）TCP 的传输可靠性建立在网络层的基础上，同时也受到它的限制

（17）以下关于 UDP 端口概念的描述中，错误的是（　　）。

　　A）一个 UDP 端口就是一个可读、可写的软件结构

　　B）每个端口内部有一个发送缓冲与一个接收缓冲

　　C）在接收数据时，UDP 软件首先判断端口是否匹配

　　D）在发送数据时，UDP 软件构造一个 IP 分组并提交给 IP 软件

（18）以下关于 TCP 字节流传输的描述中，错误的是（　　）。

　　A）字节流传输描述了一个数据无丢失、无重复、可乱序的传输过程

　　B）TCP 将应用程序提交的数据看成是一连串、无结构的字节流

　　C）发送方不一定为应用程序发出的每个写操作创建一个新的报文段

　　D）接收方应用程序数据字节的起止位置需要由应用程序自己确定

（19）以下关于 TCP 连接概念的描述中，错误的是（　　）。

　　A）TCP 连接建立需要经过"三次握手"的过程

B）在 TCP 传输连接建立之后，通信双方可进行全双工的字节流传输

C）TCP 连接的释放过程很复杂，只有客户机可以主动提出释放连接

D）客户机主动请求释放连接需要经过"四次握手"的过程

（20）以下关于 TCP 通知窗口的描述中，错误的是（   ）。

A）通知窗口是接收方根据接收能力确定的窗口值

B）接收方将通知窗口值放在 TCP 报文的数据字段中发送

C）如果接收方读取数据与数据到达的速度相同，接收方将发出一个非零的窗口通告

D）如果发送方的发送速度比接收方的接收速度快，接收方将发出一个"零窗口"通告

（21）以下关于 TCP 报文格式的描述中，错误的是（   ）。

A）TCP 报头长度为 20 ~ 60 字节，其中固定部分长度为 20 字节

B）在 TCP 连接建立时，双方需要使用随机数生成器产生一个初始序号 ISN

C）确认号字段的值为 501，表示已正确接收序号为 500 的字节

D）确认号为 501、窗口为 1000，表示下一次发送报文最后一字节序号为 1502

（22）以下关于 TCP 熟知端口号的描述中，错误的是（   ）。

A）熟知端口号的取值范围是 1024 ~ 49151

B）基于 TCP 的服务器程序使用熟知端口号

C）为 FTP 定义的熟知端口号是 20/21

D）为 SMTP、POP3 定义的熟知端口号分别是 25、110

（23）以下关于时间等待计时器特点的描述中，错误的是（   ）。

A）时间等待计时器是在连接终止期间使用

B）当 TCP 软件关闭一个连接时，并不立即真正关闭这个连接

C）时间等待计时器值通常设置为一个报文寿命的 4 倍

D）在时间等待计时期间中，连接还处于一种过渡状态

（24）以下关于重传计时器特点的描述中，错误的是（   ）。

A）重传计时器用来处理报文确认与等待重传时间

B）重传计时器的值设置关系到协议效率与传输可靠性

C）TCP 选择使用一种动态的自适应重传方法

D）一台主机同时与两台主机建立的两个 TCP 连接可以共用一个重传计时器

（25）以下关于端口号概念的描述中，错误的是（   ）。

A）端口号是在传输层使用的进程标识

B）端口号的数值是 0 ~ 1023 之间的整数

C）临时端口号由客户机进程随机选取

D）熟知端口号是由服务器进程使用的标识

第6章 网络层与网络层协议分析

6.1 例题解析

6.1.1 网络层与 IP 的发展

例 1 以下关于网络层概念的描述中，错误的是（　　）。

A）当前用户的计算机网络通常接入互联网

B）在互联网环境中，最终用户无须知道通信细节

C）网络层的设计目标是向其上层屏蔽传输网的差异

D）互联网通常也被称为"覆盖网"

分析：设计该例题的目的是加深读者对网络层概念的理解。在讨论网络层的基本概念时，需要注意以下几个主要问题。

1）当前用户设计与组建的计算机网络，不仅要覆盖一个实验室、一个校园、一家企业或一个政府机关，而且通常都是接入互联网的。

2）在互联网应用环境中，用户无须知道整个通信过程经过哪些网络，也无须知道数据传输的正确性如何保证。

3）设计网络层的主要目标是：向通信主机的传输层与应用层屏蔽数据通过传输网的细节，使分布在不同位置的主机之间的分布式进程通信，就像在一个单机操作系统控制下"流畅"地运行。

4）IP 是支撑互联网运行的基础，也是互联网的核心协议之一。因此，互联网也经常被称为"IP 网络"。

通过上述描述可以看出，IP 是支撑互联网运行的基础，互联网经常被称为"IP 网络"。"覆盖网"是随着 P2P 概念而产生的术语，它是在互联网上构建的一种逻辑网络。显然，D 所描述的内容混淆了互联网与覆盖网的区别。

答案：D

例 2 以下关于 IP 发展的描述中，错误的是（　　）。

A）IP 主要有两个版本：IPv4 与 IPv6

B）IPv4 出现在互联网规模还很小的 1981 年

C）在 IP 发展过程中，IPv4 地址的处理方法一直没变

D）IPv6 的研究背景是"打补丁"方法已不能适应变化

分析：设计该例题的目的是加深读者对 IP 发展的理解。在讨论 IP 的发展过程时，需要注意以下几个主要问题。

1）IP 在发展过程中存在多个版本，最主要的有两个版本：IPv4 与 IPv6。

2）最早描述 IPv4 的文档 RFC791 出现在 1981 年。那时的互联网规模还很小，主要连接参与 ARPANET 研究的科研机构与大学的计算机。

3）IPv4 的发展过程可从不变和变化的角度来认识：IPv4 关于分组结构与头部结构的规定没有改变；变化部分主要是 IP 地址处理方法、分组交付的路由算法与路由协议，以及如何提高协议的可靠性、服务质量与安全性。

4）随着互联网应用的快速发展，IP 存在的问题逐步暴露出来。研究人员针对这些具体的问题，通过不断"打补丁"的方法不断完善 IPv4，但是 IP 协议框架一直没有发生根本性改变。

5）当互联网规模发展到一定程度时，局部的修改已经无济于事，最终人们只能开始研究一种新协议，以解决 IPv4 面临的所有困难，这个协议就是 IPv6。

通过上述描述可以看出，IPv4 关于分组结构与头部结构的规定没有改变，变化部分主要是 IP 地址处理方法、分组交付的路由算法与路由协议，以及如何提高协议的可靠性、服务质量与安全性。显然，C 所描述的内容混淆了 IPv4 不变与变化的部分。

答案：C

6.1.2　IPv4 的基本内容

例 1　以下关于 IP 特点的描述中，错误的是（　　）。

A）IP 提供的是一种"尽力而为"的服务

B）无连接不意味着 IP 不维护 IP 分组发送后的状态信息

C）不可靠意味着 IP 不能保证每个 IP 分组都能正确到达目的结点

D）IP 是点 – 点的网络层通信协议

分析：设计该例题的目的是加深读者对 IP 特点的理解。在讨论 IP 的基本特点时，需要注意以下几个主要问题。

1）IP 是一种无连接、不可靠的分组传送协议，它不提供对分组的差错检验和传输过程的跟踪。因此，它提供的是一种"尽力而为"的服务。

2）无连接（connectionless）意味着 IP 并不维护 IP 分组发送后的状态信息。每个分组的传输过程都是相互独立的。

3）不可靠（unreliable）意味着 IP 不能保证每个 IP 分组都能正确、无丢失和顺序到达目的结点。

4）IP 是点 – 点的网络层协议。IP 是针对源主机 – 路由器、路由器 – 路由器、路由器 – 主机之间数据传输的点 – 点通信协议。

5）IP 向传输层屏蔽了物理网络的差异。作为一个面向互联网的网络层协议，它必然要面对各种异构的网络。协议设计者希望用 IP 分组来统一各种帧。

通过上述描述可以看出，IP 提供的是无连接的服务，无连接意味着 IP 不维护 IP 分组发送后的状态信息，每个分组的传输过程是相互独立的。显然，B 所描述的内容不符合 IP 协议的无连接特点。

答案：B

例 2　以下关于 IPv4 分组结构的描述中，错误的是（　　）。

A）IPv4 分组头部的长度是可变的

B）分组头部的长度字段值为 5 ～ 15

C）协议字段表示 IP 版本，值为 4 表示 IPv4

D）生存时间字段表示分组在一次传输过程中最多可经过的跳数

分析：设计该例题的目的是加深读者对 IPv4 分组结构的理解。在讨论 IPv4 分组的基本结构时，需要注意以下几个主要问题。

1）IP 分组包括两个部分：头部和数据。IP 分组头部的长度可变，基本长度是 20 字节，选项部分为 0 ~ 40 字节。

2）IP 分组头部主要包括以下字段：版本、协议、长度、服务类型、生存时间、头部校验和、地址等。

- 版本字段表示 IP 版本，值为 4 表示 IPv4，值为 6 表示 IPv6。
- 协议字段表示使用 IP 的高层协议，如 TCP、UDP 等传输层协议，以及 ICMP、IGMP 等网络层辅助性协议。
- 分组头部有两个长度字段：头部长度和总长度。其中，头部长度是以 4 字节为单位的分组头部长度，取值范围为 5 ~ 15。总长度是以字节为单位的整个分组长度。
- 服务类型字段表示服务类型及其优先级。
- 生存时间（TTL）字段表示一个分组从源结点到达目的结点的过程中最多可经过的路由器跳数（hop）。
- 头部校验和字段用于保证分组头部数据在传输过程中的完整性。
- 地址字段包括两个地址：源 IP 地址与目的 IP 地址。

通过上述描述可以看出：版本字段表示 IP 的协议版本，值为 4 表示 IPv4；协议字段表示使用 IP 的上层协议，如 TCP、UDP 等传输层协议，以及 ICMP、IGMP 等网络层辅助性协议。显然，C 所描述的内容混淆了版本与协议字段的功能。

答案：C

例 3　以下关于 IPv4 分片功能的描述中，错误的是（　　）。

A）IPv4 头部中与分片相关的字段有标识、标志与片偏移

B）IPv4 规定的分组最大长度为 1024 字节

C）Ethernet 的 MTU 长度为 1500B

D）小于 1500B 的 IPv4 分组封装为 Ethernet 帧时无须分片

分析：设计该例题的目的是加深读者对 IPv4 分片功能的理解。在讨论 IPv4 分组的分片与组装时，需要注意以下几个主要问题。

1）在 IPv4 分组头部中，与分片相关的字段有标识、标志与片偏移。

2）IPv4 分组作为网络层数据，必然需要封装成数据链路层的帧，然后通过物理层的传输介质来发送。每种帧的数据字段最大长度称为最大传输单元（MTU）。不同网络的 MTU 长度是不同的。

3）考虑到 IP 对于不同网络应用的适应性，IPv4 规定整个 IP 分组的最大长度为 65 535 字节。

4）实际上，经常使用的各种网络的 MTU 长度都比 IP 分组的最大长度短。例如，Ethernet 的 MTU 长度为 1500B，它远小于 IP 分组的最大长度。如果通过这些网络来传输 IP 分组，需要将分组划分成多个较小的片（fragment），它们的长度小于或等于 MTU 长度。

通过上述描述可以看出，考虑到 IP 对于不同网络应用的适应性，IPv4 规定整个 IP 分组的最大长度为 65 535 字节，而不是 1024 字节。显然，B 所描述的内容不符合 IPv4 对分组最大长度的规定。

答案：B

例 4 以下关于 IPv4 分组选项的描述中，错误的是（　　）。

A）IPv4 头部中设置的选项主要用于控制与测试

B）实现 IPv4 的硬件或软件应该能处理选项

C）IPv4 头部选项的最大长度为 40B

D）选项提供的主要功能是回送请求与应答

分析：设计该例题的目的是加深读者对 IPv4 分组选项的理解。在讨论 IPv4 分组的选项部分时，需要注意以下几个主要问题。

1）设置 IPv4 头部选项的主要目的是控制与测试。

2）用户可以不使用 IPv4 头部选项，但是作为 IP 头部的组成部分，实现 IPv4 的硬件或软件应该能处理它。

3）IPv4 头部选项的最大长度为 40 字节，如果选项长度不是 4 字节的整数倍，需要添加填充位 "0" 来补齐。

4）IPv4 头部选项包括 3 个部分：选项码、长度与选项数据。其中，选项码表示该选项的具体功能，如源路由、记录路由、时间戳等；长度表示选项数据的大小；选项数据根据选项类型而有所不同。

通过上述描述可以看出，在 IPv4 头部的选项部分中，选项码表示该选项的具体功能，包括源路由、记录路由、时间戳等，而回送请求与应答属于 ICMP 的主要功能。显然，D 所描述的内容混淆了 IPv4 选项与 ICMP 的功能。

答案：D

例 5 以下关于 IPv4 分片方法的描述中，错误的是（　　）。

A）当分组长度大于 MTU 时，必须对该分组进行分片

B）如果 DF=1 且分组长度大于 MTU，则丢弃该分组，无须向源主机报告

C）MF=1 表示接收的分片不是最后一个分片

D）片偏移值是以 8 字节为单位来计数的

分析：设计该例题的目的是加深读者对 IPv4 分片方法的理解。在讨论 IPv4 分片的基本方法时，需要注意以下几个主要问题。

1）当 IPv4 分组长度大于 MTU 时，就必须对该分组进行分片。

2）在 IPv4 分组头部中，与分片、组装相关的字段有：标识、标志与片偏移。

- 为了防止同一分组的不同分片到达目的结点时出现乱序，有必要为所有的分片各分配一个字段标识 ID 值。
- 在标志字段中，不分片（DF）值为 1，表示不能对分组分片。如果 DF=1 且分组长度大于 MTU，则这个分组只能丢弃，并通过 ICMP 差错报文报告源主机。DF 值为 0，表示可以对分组进行分片。更多分片（MF）值为 1，表示不是最后一个分片；MF 值为 0，表示是最后一个分片。
- 片偏移值表示该分片在整个分组中的相对位置。由于片偏移值是以 8 字节为单位来计数的，因此选择分片长度应该是 8 字节的整数倍。

通过上述描述可以看出，标志字段中的不分片（DF）值为 1，表示不能对分组分片。如果 DF=1 且分组长度大于 MTU，则这个分组只能丢弃，并通过 ICMP 差错报文报告源主机。显然，B 所描述的内容不符合 IPv4 规定的 DF 标志。

答案：B

例 6 计算 IPv4 分组的头部字段。

条件：路由器接收到一个 IP 分组，其前 8 位是 "0100 0010"，路由器丢弃了该分组。

请说明路由器丢弃分组的原因。

分析：设计该例题的目的是加深读者对 IPv4 头部字段的理解。在讨论 IPv4 头部的主要字段时，需要注意以下几个主要问题。

1）图 6-1 给出了 IPv4 分组的结构。

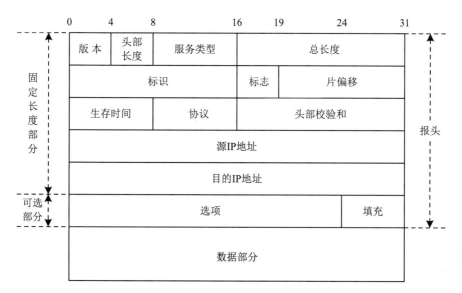

图 6-1　IPv4 分组的结构

2）本题讨论的是前 8 位，即版本与头部长度。版本与头部长度字段的长度均为 4 位。版本字段表示 IP 协议版本，值为 4 表示 IPv4；头部长度字段表示 IP 头部长度，值表示以 4 字节为单位的头部长度。

计算：已知 IP 分组的前 8 位为 "0100 0010"。

1）版本字段值为 "0100"，转换成十进制数为 4，表示 IPv4，该字段正确。

2）头部长度字段值 "0010"，转换成十进制数为 2，表示头部长度为 $4 \times 2=8$（字节）。由于 IPv4 头部的基本长度是 20 字节，因此该字段显然有错。

答案：路由器因头部长度字段出错而丢弃该分组。

例 7 计算 IPv4 分组的载荷大小。

条件：路由器接收到一个 IP 分组，头部长度字段值为 5（十六进制），总长度字段值为 28（十六进制）。

请计算该分组的数据长度。

分析：设计该例题的目的是加深读者对 IPv4 分组长度字段的理解。在讨论 IPv4 分组的两个长度字段时，需要注意以下几个主要问题。

1）IPv4 头部中有两个长度字段：头部长度与总长度。

2）头部长度是以 4 字节为单位的 IP 头部长度，取值范围为 5 ~ 15。除了选项字段与填充字段之外，IP 头部的最小长度为 $5 \times 4=20$ 字节；包括选项字段与填充字段在内，IP 头部的最大长度为 $15 \times 4=60$ 字节。

3）总长度是以字节为单位的整个 IP 分组的长度。

计算：

1）已知头部长度字段值为 5（十六进制），换算成十进制数为 5，表示 IP 分组的头部长度为 5×4=20 字节。由于该值等于 IP 头部的最小长度，因此该分组中没有选项。

2）已知总长度字段值为 28（十六进制），换算成十进制数为 40，表示 IP 分组的总长度为 40 字节。因此，该分组的数据长度为 40–20=20 字节。

答案：该分组的数据长度为 20 字节。

例 8 计算 IPv4 分组的各个字段。

条件：路由器接收到一个 IP 分组，其前 20 个十六进制数为 "4500 0028 1200 0100 0102"。

请回答：

1）该分组在被丢弃之前还能传送几跳？

2）该分组的数据由哪种协议产生？

分析：设计该例题的目的是加深读者对 IPv4 头部字段的理解。在讨论 IPv4 头部的主要字段时，需要注意以下几个主要问题。

1）生存时间与协议字段的长度均为 1 字节，它们分别在图 6-1 中的第 9、10 字节。

2）生存时间字段表示一个分组从源结点到达目的结点最多可经过的跳数，路由器通过该字段知道该分组还可以传送几跳。

3）协议字段表示使用 IP 的高层协议，如 TCP、UDP 等传输层协议，以及 ICMP、IGMP 等网络层辅助性协议。表 6-1 给出了协议字段值与对应的高层协议。

表 6-1 协议字段值与对应的高层协议

协议字段值	高层协议类型
1	ICMP
2	IGMP
6	TCP
8	EGP
17	UDP
41	IPv6
89	OSPF

4）一个十六进制数可表示为 4 位二进制数，两个十六进制数可表示为 8 位二进制数。图 6-1 中 IPv4 分组的每行对应 8 个十六进制数。

计算：

1）已知前 20 个十六进制数为 "4500 0028 1200 0100 0102"，则 "0102" 对应的是第 9、10 字节。

2）生存时间字段值为十六进制数 "01"，转换成十进制数为 1，表示该分组在被丢弃之前还能传送 1 跳。

3）协议字段值为十六进制数 "02"，转换成十进制数为 2，表示该分组的数据由 IGMP 产生。

答案：该分组在被丢弃之前还能传送 1 跳，分组的数据由 IGMP 产生。

例 9　计算 IPv4 分组的校验和。

条件：路由器接收到一个 IP 分组，该分组头部各字段值如图 6-2 所示。

4	5	0	28	
1			0	0
4		17	0	
10.12.14.5				
12.6.7.9				

图 6-2　IP 分组头部各字段值

请用二进制方法计算该分组的校验和。

分析：设计该例题的目的是加深读者对 IPv4 头部校验和的理解。在讨论 IPv4 头部的校验和计算过程时，需要注意以下几个主要问题。

1）在 TCP/IP 体系结构中，多数协议采用校验和方法来检测差错。IPv4 校验和的计算范围是分组头部的各个字段，这是为了保证分组头部的完整性。由于 IP 分组头部之外的部分都属于高层数据，高层协议会对这部分数据计算校验和，因此没必要对高层数据进行重复校验。减小校验和计算量有利于提高协议执行效率。

2）在计算校验和时，首先将分组头部中"头部校验和"字段值置 0，然后将整个分组头部按每 16 位进行划分，将各段相加后取反进而获得校验和。在发送分组时，将计算结果插入分组头部中的"头部校验和"字段。

计算：图 6-3 给出了校验和计算过程。

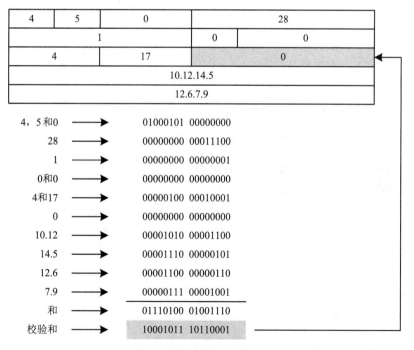

图 6-3　校验和计算过程示意图

答案：该分组的校验和为 10001011 10110001。

例 10 计算 IPv4 分组的校验和。

条件：路由器接收到一个 IP 分组，该分组头部各字段值如图 6-2 所示。

请用十六进制方法计算该分组的校验和。

分析：设计该例题的目的是进一步加深读者对 IPv4 头部校验和的理解。

在用十六进制方法进行计算之前，仅需将分组头部的每行用 4 个十六进制数表示，其他计算过程与二进制方法相同。

计算：图 6-4 给出了校验和计算过程。

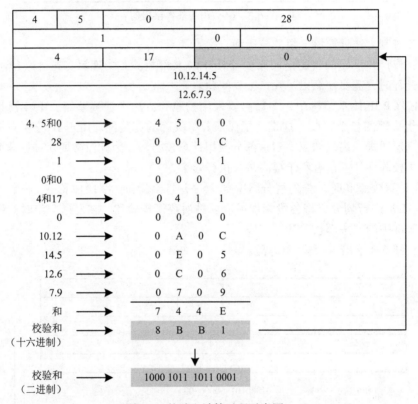

图 6-4　校验和计算过程示意图

答案：该分组的校验和为 10001011 10110001。

例 11 计算 IPv4 分片偏移量。

条件：路由器接收到一个 IP 分组，该分组头部中的片偏移值为 100。

请计算该分组的第一个字节与最后一个字节的编号。

分析：设计该例题的目的是加深读者对 IPv4 分片功能的理解。在讨论 IPv4 分组的分片与组装时，需要注意以下几个主要问题。

1）片偏移值表示该分片在整个分组数据中的相对位置。片偏移字段长度为 13 位，它是以 8 字节为单位的，由于偏移值不超过 1024，因此对应字节数不超过 1024 × 8=8192。

2）除了最后一个分片的标志字段置 0 之外，所有分片的标志字段都置 1。

3）由于片偏移值是以 8 字节为单位的，因此主机或路由器要选择合适的分片长度，即第一个字节数应该能被 8 整除。

4）不同的分片通过 IP 网络时可能经过不同路径，因而到达目的结点时可能出现乱序。

目的结点应该能够将它们还原成原始的分组。

计算：

图 6-5 给出了片偏移值计算的例子。

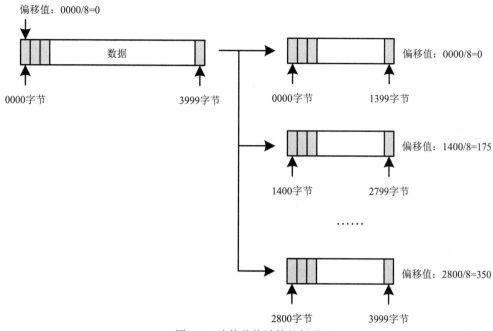

图 6-5　片偏移值计算的例子

1）已知 IP 分组的片偏移值为 100，则第一个字节的编号为 100×8=800。

2）由于本题没有给出数据长度，因此不能确定最后一个字节的编号。

答案：第一个字节的编号为 800，最后一个字节的编号无法确定。

例 12　计算 IPv4 分片字节编号。

条件：路由器接收到一个 IP 分组，该分组头部中的片偏移值为 100，头部长度字段值为 5，总长度字段值为 100。

请计算该分组的第一个字节与最后一个字节的编号。

分析：设计该例题的目的是加深读者对 IPv4 分片功能的理解。在讨论 IPv4 分组的分片与组装时，需要注意以下几个主要问题。

1）片偏移值表示该分片在整个分组数据中的相对位置。片偏移字段长度为 13 位，它是以 8 字节为单位的，由于偏移值不超过 1024，因此对应字节数不超过 1024×8=8192。

2）头部长度是以 4 字节为单位的 IP 头部长度，取值范围为 5 ~ 15。除了选项字段与填充字段之外，IP 头部的最小长度为 5×4=20 字节；包括选项字段与填充字段在内，IP 头部的最大长度为 15×4=60 字节。

3）总长度是以字节为单位的整个 IP 分组的长度。

计算：

1）已知 IP 分组的片偏移值为 100，则第一个字节的编号为 100×8=800。

2）已知头部长度字段值为 5，表示 IP 头部长度为 5×4=20 字节。由于该值等于 IP 头部的最小长度，因此该分组中没有选项。

3）已知总长度字段值为 100，表示 IP 分组的总长度为 100 字节。因此，该分组的数据长度为 100–20=80 字节。

4）已知第一个字节的编号为 800，则最后一个字节的编号为 879。

答案：第一个字节的编号为 800，最后一个字节的编号为 879。

6.1.3 IPv4 地址

例 1 以下关于 IPv4 地址概念的描述中，错误的是（ ）。

A）互联网中的每台主机至少有一个 IP 地址

B）由 IPv4 定义的地址称为 IPv4 地址

C）IPv4 地址采用冒号分十六进制表示方法

D）IPv4 地址分为 A 类、B 类、C 类、D 类与 E 类

分析：设计该例题的目的是加深读者对 IPv4 地址概念的理解。在讨论 IPv4 地址的基本概念时，需要注意以下几个主要问题。

1）互联网中的每台主机或网络设备都有一个 IP 地址，这个地址在互联网中是唯一的，由 IPv4 定义的地址称为 IPv4 地址。

2）IPv4 地址的长度为 32 位，采用点分十进制表示方法，通常格式为 x.x.x.x，其中每个 x 的值为 0 ~ 255。

3）在标准 IPv4 地址分类中，IP 地址被分为 A 类、B 类、C 类、D 类与 E 类。其中，A 类、B 类与 C 类地址是常用的单播地址；D 类地址是特殊用途（如多播）地址；E 类地址用于实验测试环境或保留供将来使用。

通过上述描述可以看出，由 IPv4 定义的地址称为 IPv4 地址，它采用点分十进制表示方法，而不是冒号分十六进制表示方法。显然，C 所描述的内容混淆了 IPv4 地址与 IPv6 地址的表示方法。

答案：C

例 2 以下关于 IPv4 特殊地址的描述中，错误的是（ ）。

A）直接广播地址要求路由器以广播方式发送分组

B）仅主机号为全 1 的 A 类地址属于直接广播地址的范围

C）"这个网络上的特定主机"地址要求路由器以单播方式发送分组

D）网络号为全 0 的 A 类、B 类与 C 类地址是"这个网络上的特定主机"地址

分析：设计该例题的目的是加深读者对 IPv4 地址类型的理解。在讨论 IPv4 地址中的特殊地址时，需要注意以下几个主要问题。

1）直接广播地址要求路由器以广播方式将分组发送给特定网络中的所有主机。在 A 类、B 类与 C 类地址中，主机号为全 1 的地址是直接广播地址，如 191.1.255.255。

2）受限广播地址要求路由器以广播方式将分组发送给本地网络中的所有主机。网络号与主机号均为全 1 的地址是受限广播地址，如 255.255.255.255。

3）"这个网络上的特定主机"地址要求路由器以单播方式将分组直接交付给本地网络中的特定主机。在 A 类、B 类与 C 类地址中，网络号为全 0 的地址是"这个网络上的特定主机"地址，如 0.0.0.25。

4）回送地址用于网络软件测试和本地进程之间的通信。回送地址不会出现在任何网络中，如 127.0.0.0。

通过上述描述可以看出，IPv4 地址中存在一些有特殊用途的地址，直接广播地址要求路由器以广播方式将分组发送给特定网络中的所有主机，主机号为全 1 的 A 类、B 类与 C 类地址都是直接广播地址。显然，B 所描述的内容不符合 IPv4 直接广播地址的规定。

答案：B

例 3　以下关于 CIDR 概念的描述中，错误的是（　　）。

A）CIDR 仍沿用"网络号、子网号、主机号"思路

B）CIDR 的设计目标包括提高 IP 地址利用率

C）CIDR 形成了一种新的无类别的两级地址结构

D）CIDR 可将网络前缀相同的连续地址组成一个"地址块"

分析：设计该例题的目的是加深读者对 IPv4 地址类型的理解。在讨论 IPv4 地址中的特殊地址时，需要注意以下几个主要问题。

1）无类别域间路由（CIDR）的概念在 1993 年提出。CIDR 的主要设计目标是：提高 IP 地址利用率与路由器工作效率。

2）CIDR 以"网络前缀"代替"网络号、子网号、主机号"，形成了一种新的无类别的两级地址结构。

3）CIDR 地址采用"斜线表示法"：网络前缀 / 主机号。例如 200.16.23.0/20，其中前 20 位是网络前缀，后 12 位是主机号。

4）CIDR 可以将网络前缀相同的连续地址组成一个"地址块"。例如，当 200.16.23.0/20 表示一个地址块时，起始地址为 200.16.23.0，可容纳的主机数为 $2^{12}=4096$ 个。

通过上述描述可以看出，CIDR 以"网络前缀 / 主机号"代替"网络号、子网号、主机号"，它形成了一种全新的无类别的两级地址结构。显然，A 所描述的内容不符合对 CIDR 地址格式的规定。

答案：A

例 4　以下关于 IPv4 专用地址的描述中，错误的是（　　）。

A）全局地址是可以在互联网中使用的 IP 地址

B）专用地址仅用于一个机构、公司的内部网中

C）全局地址与专用地址的区别之一是是否需要申请

D）127.0.0.1 是预留供内部网使用的唯一专用地址

分析：设计该例题的目的是加深读者对 IPv4 专用地址的理解。在讨论全局地址与专用地址时，需要注意以下几个主要问题。

1）全局地址是分组在互联网中传输时使用的地址；专用地址仅用于一个机构、公司的内部网中，而不能用于互联网。当一个分组使用专用地址时，路由器并不会将该分组转发到互联网中。

2）全局地址必须保证在互联网中是唯一的，专用地址仅需在某个网络中是唯一的。

3）全局地址需要申请，而专用地址不需要申请。

4）IPv4 预留的专用地址共有 3 组。第一组是 A 类地址的 1 个地址块（10.0.0.0 ～ 10.255.255.255）；第二组是 B 类地址的 16 个地址块（172.16 ～ 172.31）；第三组是 C 类地址的 256 个地址块（192.168.0 ～ 192.168.255）。

通过上述描述可以看出，IPv4 预留的专用地址共有 3 组：第一组是 A 类地址的 1 个地址块（10.0.0.0 ～ 10.255.255.255）；第二组是 B 类地址的 16 个地址块（172.16 ～ 172.31）；

第三组是 C 类地址的 256 个地址块（192.168.0 ~ 192.168.255）。显然，D 所描述的内容不符合 IPv4 专用地址的预留规定。

答案：D

例 5 不同进制数之间的转换。

条件：已知二进制数 "01101111"。

请计算转换后的十进制数。

分析：设计该例题的目的是加深读者对不同进制数的理解。在讨论不同进制数之间的转换时，需要注意以下几个主要问题。

1）二进制数与十进制数之间不存在简单的对应关系，而是需要根据每位表示的数值进行累加计算。

2）表 6-2 给出了十进制数与二进制数的换算关系。记住该表的内容对快速计算 IP 地址是有益的。

表 6-2   十进制数与二进制数的换算关系

二进制位数	2^7	2^6	2^5	2^4	2^3	2^2	2^1	2^0
十进制数值	128	64	32	16	8	4	2	1

计算：

已知二进制数 "01101111"，根据表 6-2 计算出十进制数：

$$0 \times 2^7 + 1 \times 2^6 + 1 \times 2^5 + 0 \times 2^4 + 1 \times 2^3 + 1 \times 2^2 + 1 \times 2^1 + 1 \times 2^0$$
$$= 0 \times 128 + 1 \times 64 + 1 \times 32 + 0 \times 16 + 1 \times 8 + 1 \times 4 + 1 \times 2 + 1 \times 1$$
$$= 64 + 32 + 8 + 4 + 2 + 1$$
$$= 111$$

答案：二进制数 "001101011" 转换成十进制数为 "111"。

例 6 不同进制数之间的转换。

条件：已知十进制数 "157"。

请计算转换后的二进制数。

分析：设计该例题的目的是加深读者对不同进制数的理解。在讨论不同进制数之间的转换时，需要注意以下几个主要问题。

1）二进制数与十进制数之间不存在简单的对应关系，而是需要根据每位表示的数值进行累加计算。

2）如果要将十进制数转换为二进制数，首先将十进制数反复除以 2 直到结果为 0，然后将每步得到的余数作为二进制数值从低到高依次排列。

计算：

1）已知十进制数 "157"，反复除以 2 直到结果为 0：

① 157/2=78 余 1

② 78/2=39 余 0

③ 39/2=19 余 1

④ 19/2=9 余 1

⑤ 9/2=4 余 1

⑥ 4/2=2 余 0

⑦ 2/2=1 余 0

⑧ 1/2=0 余 1

2）将每步得到的余数作为二进制数值从低到高依次排列，得到10011101。

答案：十进制数"157"转换成二进制数为"10011101"。

例 7　不同进制数之间的转换。

条件：已知二进制数"01110000101010110110000111101111"。

请计算转换后的十六进制数。

分析：设计该例题的目的是加深读者对不同进制数的理解。在讨论不同进制数之间的转换时，需要注意以下几个主要问题。

1）二进制数与十六进制数之间存在简单的 4 位对应关系。表 6-3 给出了十六进制数与二进制数的对应关系。

表 6-3　十六进制数与二进制数的对应关系

十六进制	二进制	十六进制	二进制
0	0000	8	1000
1	0001	9	1001
2	0010	A	1010
3	0011	B	1011
4	0100	C	1100
5	0101	D	1101
6	0110	E	1110
7	0111	F	1111

2）为了将二进制数转换成十六进制数，首先将二进制数从右向左按 4 位为一组来划分，如果二进制数的位数不能被 4 整除，则在最左边补齐相应位数的 0，然后将每 4 位二进制数转换成十六进制数。

计算：

1）将二进制数从右向左按 4 位一组划分为：

0111　　0000　　1010　　1011　　0110　　0001　　1110　　1111

2）根据表 6-3 给出的对应关系完成转换：

二进制数　　0111　　0000　　1010　　1011　　0110　　0001　　1110　　1111

十六进制数　7　　0　　A　　B　　6　　1　　E　　F

答案：二进制数"01110000101010110110000111101111"转换成十六进制数为"70AB61EF"。

例 8　不同进制数之间的转换。

条件：已知十六进制数"ABACAB32"。

请计算转换后的二进制数。

分析：设计该例题的目的是加深读者对不同进制数的理解。在讨论不同进制数之间的转换时，需要注意以下几个主要问题。

1）二进制数与十六进制数之间存在简单的 4 位对应关系。

2）为了将十六进制数转换成二进制数，首先将每个十六进制数表示为 4 位二进制数，然后按顺序排列所有位的二进制数。

计算：

1）将十六进制数从右向左写成：

A   B   A   C   A   B   3   2

2）根据表 6-3 给出的对应关系完成转换：

十六进制数   A   B   A   C   A   B   3   2

二进制数   1010   1011   1010   1100   1010   1011   0011   0010

答案：十六进制数"ABACAB32"转换成二进制数为"1010101110101100101010110011 0010"。

例 9   不同进制数之间的转换。

条件：已知十进制数"510"。

请计算转换后的十六进制数。

分析：设计该例题的目的是加深读者对不同进制数的理解。在讨论不同进制数之间的转换时，需要注意以下几个主要问题。

1）十进制数与十六进制数之间不存在简单的对应关系，而二进制数与十六进制数之间存在简单的 4 位对应关系。

2）为了将十进制数转换成十六进制数，先要将十进制数转换成二进制数，然后将二进制数转换成十六进制数。

计算：

1）已知十进制数"510"，转换成二进制数：

① 510/2=255 余 0

② 255/2=127 余 1

③ 127/2=63 余 1

④ 63/2=31 余 1

⑤ 31/2=15 余 1

⑥ 15/2=7 余 1

⑦ 7/2=3 余 1

⑧ 3/2=1 余 1

⑨ 1/2=0 余 1

2）已知二进制数"111111110"，转换成十六进制数：

二进制数   0001   1111   1110

十六进制数   1   F   E

答案：十进制数"510"转换成十六进制数为"1FE"。

例 10   不同进制数之间的转换。

条件：已知十六进制数"E0"。

请计算转换后的十进制数。

分析：设计该例题的目的是加深读者对不同进制数的理解。在讨论不同进制数之间的转换时，需要注意以下几个主要问题。

1）十六进制数与十进制数之间不存在简单的对应关系，而十六进制数与二进制数之间存在简单的 4 位对应关系。

2）为了将十六进制数转换成十进制数，先要将十六进制数转换成二进制数，然后将二进制数转换成十进制数。

计算：

1）已知十六进制数"E0"，转换成二进制数：

十六进制数　　　E　　　　　0

二进制数　　　1110　　　0000

2）已知二进制数"11100000"，根据表6-2计算出十进制数：

$$1 \times 2^7+1 \times 2^6+1 \times 2^5+0 \times 2^4+0 \times 2^3+0 \times 2^2+0 \times 2^1+0 \times 2^0$$
$$=1 \times 128+1 \times 64+1 \times 32+0 \times 16+0 \times 8+0 \times 4+0 \times 2+0 \times 1$$
$$=128+64+32$$
$$=224$$

答案：十六进制数"E0"转换成十进制数为"224"。

例11　不同进制数之间的转换。

条件：已知二进制数"11011110111000000000111101010101"。

请计算转换后的点分十进制数。

分析：设计该例题的目的是加深读者对不同进制数的理解。在讨论不同进制数之间的转换时，需要注意以下几个主要问题。

1）二进制数与十进制数之间不存在简单的对应关系，而是需要根据每位表示的数值进行累加计算。

2）每个点分十进制数代表8位二进制数。为了将二进制数转换成点分十进制数，首先将二进制数从右向左按8位为一组来划分，如果二进制数的位数不能被8整除，则在最左边补齐相应位数的0，然后将每8位二进制数转换成十进制数。

计算：

1）将二进制数从右向左按8位一组划分为：

11011110　11100000　00001111　01010101

2）将二进制数转换成十进制数：

$11011110_2=2^7+2^6+2^4+2^3+2^2+2^1=128+64+16+8+4+2=222$

$11100000_2=2^7+2^6+2^5=128+64+32=224$

$00001111_2=2^3+2^2+2^1+2^0=8+4+2+1=15$

$01010101_2=2^6+2^4+2^2+2^0=64+16+4+1=85$

答案：二进制数"11011110111000000000111101010101"转换成点分十进制数为"222.224.15.85"。

例12　不同进制数之间的转换。

条件：已知十六进制数"FCA3B12"。

请计算转换后的点分十进制数。

分析：设计该例题的目的是加深读者对不同进制数的理解。在讨论不同进制数之间的转换时，需要注意以下几个主要问题。

1）由于1个十进制数可以表示8位二进制数，因此它也可以表示2个十六进制数（1个十六进制数对应4位二进制数）。

2）为了将十六进制数转换为点分十进制数，可以直接将2个十六进制数直接转换成相应的十进制数。

计算：

1）将十六进制数从右向左按 2 个一组划分为：

0F CA 3B 12

2）计算每组的十进制数值：

$0F_{16}=0 \times 16+15=15$

$CA_{16}=12 \times 16+10=202$

$3B_{16}=3 \times 16+11=59$

$12_{16}=1 \times 16+2=18$

答案：十六进制数"FCA3B12"转换成点分十进制数为"15.202.59.18"。

例 13 IPv4 地址格式转换。

条件：已知二进制格式的 IP 地址。

（1）10000001 00001011 00011011 11101111

（2）11000001 10000011 00011011 11111111

（3）11100111 11011011 10001011 01111111

（4）11111001 10011011 11111011 00001111

请将上述 IP 地址转换为点分十进制格式。

分析：这个例题训练的目的是检查读者对 IPv4 地址格式的理解。在讨论 IPv4 地址格式的表示方法时，需要注意以下几个主要问题。

1）IPv4 地址有 3 种表示方法：点分十进制、二进制、十六进制。其中，常用的是点分十进制与二进制表示法。

2）图 6-6 给出了点分十进制与二进制表示法的对应关系。需要注意：在点分十进制表示的 IP 地址中，由于每字节仅有 8 位，因此每个点分十进制数取值为 0~255。

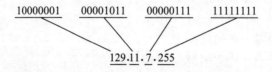

图 6-6 点分十进制与二进制表示法的对应关系

计算：

（1）二进制数   10000001   00001011   00011011   11101111

点分十进制数   129   11   27   239

（2）二进制数   11000001   10000011   00011011   11111111

点分十进制数   193   131   27   255

（3）二进制数   11100111   11011011   10001011   01111111

点分十进制数   231   219   139   127

（4）二进制数   11111001   10011011   11111011   00001111

点分十进制数   249   155   251   15

答案：

（1）129.11.27.239

（2）193.131.27.255

（3）231.219.139.127

（4）249.155.251.15

例14　IPv4 地址格式转换。

条件：已知点分十进制格式的 IP 地址。

（1）10.1.12.24

（2）80.131.27.254

（3）129.169.130.0

（4）222.50.25.255

请将上述 IP 地址转换为二进制格式。

分析：这个例题训练的目的是检查读者对 IPv4 地址格式的理解。在讨论 IPv4 地址格式的表示方法时，需要注意以下几个主要问题。

1）IPv4 地址有 3 种表示方法：点分十进制、二进制、十六进制。其中，常用的是点分十进制与二进制表示法。

2）在点分十进制表示的 IP 地址中，由于每字节仅有 8 位，因此每个点分十进制数取值为 0~255。

计算：

（1）点分十进制数	10	1	12	24
二进制数	00001010	00000001	00001100	00011000
（2）点分十进制数	80	131	27	254
二进制数	01010000	10000011	00011011	11111110
（3）点分十进制数	129	169	130	0
二进制数	10000001	10101001	10000010	00000000
（4）点分十进制数	222	50	25	255
二进制数	11011110	00110010	00011001	11111111

答案：

（1）00001010 00000001 00001100 00011000

（2）01010000 10000011 00011011 11111110

（3）10000001 10101001 10000010 00000000

（4）11011110 00110010 00011001 11111111

例15　IPv4 地址格式。

条件：已知点分十进制格式的 IP 地址。

（1）10.1E.12.239

（2）91.131.27.256

（3）192.219.139.00101101

（4）249-155-251-15

请说明上述 IP 地址是否有错，如有错说明错误的原因。

分析：这个例题训练的目的是检查读者对 IPv4 地址格式的理解。在讨论 IPv4 地址格式的表示方法时，需要注意以下几个主要问题。

1）IPv4 地址长度为 32 位，常用格式是点分十进制表示法。

2）在采用点分十进制表示 IPv4 地址时，通常格式为 x.x.x.x，每个 x 为 8 位。例如，

202.113.29.119，每个 x 的值为 0 ~ 255。

答案：

（1）有错，原因是"1E"是十六进制数，而不是点分十进制数。

（2）有错，原因是"256"超出点分十进制数的取值范围。

（3）有错，原因是"00101101"是二进制数，两种表示法不能混用。

（4）有错，原因是划分符号不能是"-"，而应该是"."。

例 16 IPv4 地址类型。

请计算：

1）A 类、B 类、C 类、D 类与 E 类地址的数量在全部 IP 地址中所占的比例。

2）A 类地址中包含的地址数。

分析：这个例题训练的目的是检查读者对 IPv4 地址分类的理解。在讨论 IPv4 地址的分类方法时，需要注意以下几个主要问题。

1）由于 IPv4 地址长度为 32 位，因此所有 IP 地址的总数为 2^{32} 个。

2）IPv4 地址可以分为 A 类、B 类、C 类、D 类与 E 类地址。

① A 类地址仅规定 IP 地址第 1 位必须为 0，其他 31 位可以分配，则 A 类地址的数量应该为 2^{31}。

② B 类地址仅规定 IP 地址第 1~2 位必须为 10，其他 30 位可以分配，则 B 类地址的数量应该为 2^{30}。

③ C 类地址仅规定 IP 地址第 1~3 位必须为 110，其他 29 位可以分配，则 C 类地址的数量应该为 2^{29}。

④ D 类地址仅规定 IP 地址第 1~4 位必须为 1110，其他 28 位可以分配，则 D 类地址的数量应该为 2^{28}。

⑤ E 类地址仅规定 IP 地址第 1~4 位必须为 1111，其他 28 位可以分配，则 E 类地址的数量应该为 2^{28}。

计算：

1）各类地址所占的比例分别为：

① A 类地址所占的比例 $=2^{31}/2^{32}=1/2=50\%$。

② B 类地址所占的比例 $=2^{30}/2^{32}=1/4=25\%$。

③ C 类地址所占的比例 $=2^{29}/2^{32}=1/8=12.5\%$。

④ D 类地址所占的比例 $=2^{28}/2^{32}=1/16=6.25\%$。

⑤ E 类地址所占的比例 $=2^{28}/2^{32}=1/16=6.25\%$。

2）A 类地址中包含的地址数 $=2^{31}=2147483648$。

答案：

1）A 类、B 类、C 类、D 类与 E 类地址的数量在全部 IP 地址中所占的比例分别为 50%、25%、12.5%、6.25% 与 6.25%。

2）A 类地址中包含的地址数为 2147483648。

例 17 IPv4 地址类型。

条件：已知二进制格式的 IP 地址。

（1）00000001 00001101 00001100 00100000

（2）11010000 10000011 00000011 10000011

（3）10100011 10101111 10001110 00011111

（4）11110000 10010011 11011001 00001111

请判断上述 IP 地址的类型。

分析：这个例题训练的目的是检查读者对 IPv4 地址分类的理解。在讨论 IPv4 地址的分类方法时，需要注意以下几个主要问题。

1）IPv4 地址可以分为 A 类、B 类、C 类、D 类与 E 类。

2）A 类地址的第 1 位必须为 0；B 类地址的第 1~2 位必须为 10；C 类地址的第 1~3 位必须为 110；D 类地址的第 1~4 位为 1110；E 类地址的第 1~4 位为 1111。

答案：

（1）00000001 00001101 00001100 00100000 的第 1 位为 0，属于 A 类地址。

（2）11010000 10000011 00000011 10000011 的第 1~3 位为 110，属于 C 类地址。

（3）10100011 10101111 10001110 00011111 的第 1~2 位为 10，属于 B 类地址。

（4）11110000 10010011 11011001 00001111 的第 1~4 位为 1111，属于 E 类地址。

例 18　IPv4 地址类型。

条件：已知点分十进制格式的 IP 地址。

（1）228.12.33.0

（2）193.1.222.255

（3）12.15.1.1

（4）134.2.220.255

请判断上述 IP 地址的类型。

分析：这个例题训练的目的是检查读者对 IPv4 地址分类的理解。在讨论 IPv4 地址的分类方法时，需要注意以下几个主要问题。

1）IPv4 地址可以分为 A 类、B 类、C 类、D 类与 E 类。

2）A 类地址的第 1 字节数值为 0~127；B 类地址的第 1 字节数值为 128~191；C 类地址的第 1 字节数值为 192~223；D 类地址的第 1 字节数值为 224~239；E 类地址的第 1 字节数值为 240~255。

答案：

（1）228.12.33.0 的第 1 字节数值为 228，属于 D 类地址。

（2）193.1.222.255 的第 1 字节数值为 193，属于 C 类地址。

（3）12.15.1.1 的第 1 字节数值为 12，属于 A 类地址。

（4）134.2.220.255 的第 1 字节数值为 134，属于 B 类地址。

例 19　IPv4 地址掩码。

条件：已知点分十进制格式的 IP 地址。

（1）25.1.1.1

（2）151.1.222.25

（3）193.2.220.250

（4）222.12.33.1

请计算上述 IP 地址的地址掩码与网络地址。

分析：这个例题训练的目的是检查读者对 IPv4 地址掩码的理解。在讨论 IPv4 地址掩码的相关概念时，需要注意以下几个主要问题。

1）标准 IPv4 地址由两部分组成：网络号（net ID）与主机号（host ID）。其中，网络号用来标识一个网络，主机号用来标识网络中的一台主机或路由器。图 6-7 给出了标准 IPv4 地址的结构。

图 6-7　标准 IPv4 地址的结构

2）标准 IPv4 地址存在两个主要问题：IP 地址的有效利用率与路由器的工作效率。为了解决这些问题，研究者提出了子网（subnet）的概念，借用 IP 地址中的主机号部分来进一步划分子网。

3）划分子网的 IPv4 地址由 3 部分组成：网络号（net ID）、子网号（subnet ID）与主机号（host ID）。为了从 IP 地址中提取出子网号，研究者提出掩码（mask）的概念。图 6-8 给出了标准 IPv4 地址的掩码。

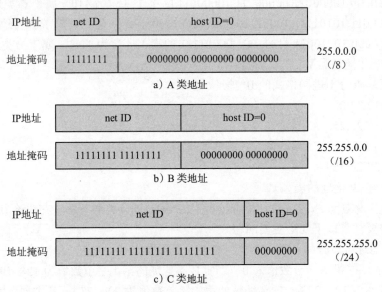

图 6-8　标准 IPv4 地址的掩码

4）计算掩码与网络地址的步骤：

①判断标准 IPv4 地址的类型。

②根据地址类型确定对应的掩码。

③将 IP 地址与掩码进行"与"操作，获得对应的网络地址。

答案：

1）25.1.1.1 属于 A 类地址，掩码为 255.0.0.0 或 /8，网络地址为 25.0.0.0。

2）151.1.222.25 属于 B 类地址，掩码为 255.255.0.0 或 /16，网络地址为 151.1.0.0。

3）193.2.50.250 属于 C 类地址，掩码为 255.255.255.0 或 /24，网络地址为 193.2.50.0。

4）222.12.33.1 属于 C 类地址，掩码为 255.255.255.0 或 /24，网络地址为 222.12.33.0。

例 20　IPv4 地址类型。

条件：已知点分十进制格式的 IP 地址。

（1）221.1.25.255

（2）255.255.255.255

（3）0.0.0.102

（4）70.0.0.0

（5）127.1.2.3

（6）10.1.2.3

请判断上述 IP 地址属于公用地址、特殊地址还是专用地址。

分析：这个例题训练的目的是检查读者对 IPv4 地址类型的理解。在讨论 IPv4 地址的主要类型时，需要注意以下几个主要问题。

标准 IPv4 地址主要包括 3 种类型：公用地址、专用地址与特殊地址。

1）公用地址是指可以在互联网中作为目的地址与源地址，并且路由器可以根据这些地址进行路由选择的 IP 地址，如 A 类、B 类、C 类、D 类与 E 类地址。这类 IPv4 地址的数量最多。

2）标准 IPv4 地址中保留一部分作为专用地址（如表 6-4 所示）。

表 6-4　保留的专用地址

类别	网络号	总数
A	10	1
B	172.16~172.31	16
C	192.168.0~192.168.255	256

专用地址只能用于 IP 网络中，不能在互联网中作为目的地址与源地址。如 IP 地址 10.1.0.12、172.16.1.20 或 192.168.2.1 都属于专用地址，无论是作为目的地址或源地址，路由器都不会处理和转发该分组。

3）特殊地址。

①直接广播地址：在 A 类、B 类与 C 类地址中，主机号为全 1 的地址是直接广播地址，如 191.1.255.255。直接广播地址以广播方式将分组发送给特定网络中的所有主机。

②受限广播地址：网络号与主机号均为全 1 的地址（255.255.255.255）是受限广播地址。受限广播地址以广播方式将分组发送给本地网络中的所有主机。

③"这个网络上的特定主机"地址：在 A 类、B 类与 C 类地址中，网络号为全 0 的地址是"这个网络上的特定主机"地址，如 0.0.0.25。"这个网络上的特定主机"地址以单播方式将分组直接交付给本地网络中的特定主机。

④回送地址：A 类地址中的 127.0.0.0 是回送地址，它不会出现在任何网络中。回送地址用于网络软件测试和本地进程之间的通信。

答案：

1）221.1.25.255 属于直接广播地址（C 类网络）。

2）255.255.255.255 属于受限广播地址。

3）0.0.0.102 属于"这个网络上的特定主机"地址。

4）70.0.0.0 属于公用地址（A 类网络）。

5）127.1.2.3 属于回送地址。

6）10.1.2.3 属于专用地址（A 类网络）。

例 21　IPv4 地址块信息。

条件：已知网络地址块为 169.1.8.0，并且没有划分子网。

请计算该地址块的地址类型、网络地址、广播地址，以及可供分配的地址范围。

分析：这个例题训练的目的是检查读者对 IPv4 地址相关信息的理解。在讨论 IPv4 地址的相关信息时，需要注意以下几个主要问题。

1）根据标准 IP 地址的分类方法，判断该地址块的地址类型与对应的掩码，进而能够确定该地址块的网络地址。

2）广播地址是地址块中主机号全 1 的地址。

3）地址块中除了网络地址与广播地址，其余部分都可以分配给主机。根据该原则以确定可供分配的地址范围。

计算：

1）该地址块的第一个字节为 "169"，并且没有划分子网，则该地址块为标准 B 类地址，掩码为 255.255.0.0 或 /16，网络地址为 169.1.0.0。

2）该地址块的主机号长度为 16 位，主机号全 1 的地址为广播地址，即 169.1.255.255。

3）该地址块的地址范围为 169.1.0.0~169.1.255.255。其中，第一个地址 169.1.0.0 为网络地址，最后一个地址 169.1.255.255 为广播地址，这两个地址不能分配给主机。因此，可供分配的地址范围为 169.1.0.1~169.1.255.254。

答案：该地址块的地址类型为标准 B 类地址，网络地址为 169.1.0.0，广播地址为 169.1.255.255，可供分配的地址范围为 169.1.0.1~169.1.255.254。

例 22 IPv4 子网划分。

条件：已知 IP 地址为 201.230.34.56，子网掩码为 255.255.240.0。

请计算对应的子网地址。

分析：这个例题训练的目的是检查读者对 IPv4 子网划分的理解。在讨论 IPv4 地址的子网划分时，需要注意以下几个主要问题。

1）标准 IP 地址存在两个主要问题：IP 地址的有效利用率与路由器的工作效率。为了解决这些问题，研究者提出了子网（subnet）的概念，借用 IP 地址中的主机号部分来进一步划分子网。

2）划分子网的 IP 地址由 3 部分组成：网络号（net ID）、子网号（subnet ID）与主机号（host ID）。为了从这种 IP 地址中提取出子网号，研究者提出掩码（mask）的概念。掩码同样适于没划分子网的 A 类、B 类或 C 类地址。

计算：

1）已知 IP 地址为 201.230.34.56，转换成二进制形式：

11001001　11100110　00101010　00111000

2）已知子网掩码为 255.255.240.0，转换成二进制形式：

11111111　11111111　11110000　00000000

3）将 IP 地址与掩码进行 "与" 运算：

11001001　11100110　00101010　00111000

<u>11111111　11111111　11110000　00000000</u>

11001001　11100110　00100000　00000000

4）将运算结果转换为点分十进制形式：

201.230.32.0

答案：对应的子网地址为 201.230.32.0。

例 23 IPv4 子网划分。

条件：已知 IP 地址为 129.240.80.20，子网掩码为 255.255.192.0。

请用快捷方法计算对应的子网地址。

分析：设计这个例题的目的是检查读者对 IPv4 子网划分的理解。在讨论 IPv4 地址的子网划分时，需要注意以下几个主要问题。

1）如果子网掩码是连续的，可以用一种快捷方法来处理。

2）以本题为例，子网掩码为 255.255.192.0，也就是前两个字节为全 1，则在 IP 地址与掩码进行"与"运算时，IP 地址的前两个字节不会改变，即先确定 129.240 值，仅需要对第 3 个字节进行计算。这种快捷方法的规律是：

①如果子网掩码为 255，将该字节的值复制到地址中。

②如果子网掩码为 0，在地址中以 0 代替该字节。

③如果子网掩码不是 255 或 0，将 IP 地址与掩码转换成二进制，并根据"与"运算的结果来确定子网地址。

计算：

按照快捷方法的计算思路，子网掩码的前两个字节为 255，则将 IP 地址的前两个字节 129.240 复制到子网地址的前两个字节；子网掩码的第 4 个字节为 0，则子网地址的第 4 个字节必然为 0；仅需对 IP 地址与子网掩码的第 3 个字节进行"与"运算（如图 6-9 所示）。

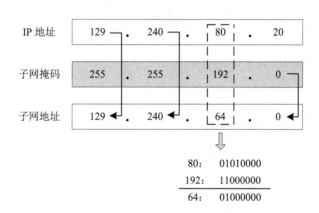

图 6-9   用快捷方法计算子网地址的例子

答案：对应的子网地址为 129.240.64.0。

例 24   IPv4 子网划分。

条件：已知子网地址为 192.168.130.0，子网掩码为 255.255.255.224。

（1）192.168.130.10

（2）192.168.130.67

（3）192.168.130.93

（4）192.168.130.199

（5）192.168.130.222

（6）192.168.130.250

请说明上述 IP 地址所属的子网。

分析：设计这个例题的目的是检查读者对 IPv4 子网划分的理解。在讨论 IPv4 地址的子网划分时，需要注意以下几个主要问题。

1）为了判断 IP 地址所属的子网，可以采用两种方法：一是将子网地址与子网掩码转换成二进制数之后，对"与"操作的结果进行判断，找出对应的网络号与子网号；二是采用上题的快捷方法来找出网络号与子网号。

2）如果采用第二种快捷方法，首先根据子网掩码为 255.255.255.224，其中点分十进制的前 3 个字节仍然保留在"与"操作结果中，只需要判断子网地址与子网掩码的第 4 个字节的"与"操作结果。

计算：

1）已知子网掩码为 255.255.255.224，其子网划分是借用第 4 个字节的前 3 位，则可以划分出 $2^3=8$ 个子网。由于子网号为全 0 和全 1 不能使用，因此可用的子网数是 6 个，它们的子网号分别为：

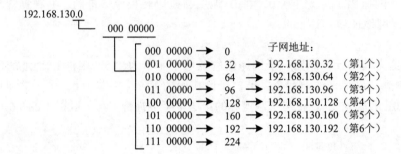

2）计算每个子网的主机地址。

①第 1 个子网：

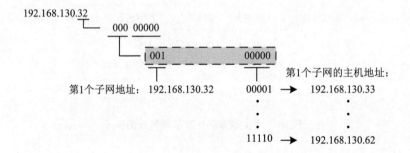

第 1 个子网的主机地址为 192.168.130.33 ~ 192.168.130.62。

②第 2 个子网：

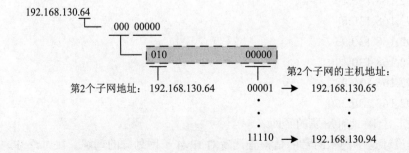

第 2 个子网的主机地址为 192.168.130.65 ~ 192.168.130.94。

比较两个子网的主机地址可以发现规律：由于子网号全 0 与全 1、主机号全 0 不能使用，因此第 2 个子网的最小地址比第 1 个子网的最大地址大 3；由于主机号为 5 位（2^5=32），每个子网可以有 32 个地址，主机号全 0 和全 1 不能使用，因此每个子网可分配的地址仅有 30 个。这样就可以得出：

- 第 3 个子网的主机地址为 192.168.130.97 ~ 192.168.130.126。
- 第 4 个子网的主机地址为 192.168.130.129 ~ 192.168.130.158。
- 第 5 个子网的主机地址为 192.168.130.161 ~ 192.168.130.190。
- 第 6 个子网的主机地址为 192.168.130.193 ~ 192.168.130.222。

答案：

1）192.168.130.10 不属于这个网络。

2）192.168.130.67 属于第 2 个子网。

3）192.168.130.93 属于第 2 个子网。

4）192.168.130.199 属于第 6 个子网。

5）192.168.130.222 属于第 6 个子网。

6）192.168.130.250 不属于这个网络。

例 25 IPv4 子网划分。

条件：已知 C 类地址为 195.14.22.0，采用 27 位掩码来划分子网。

请回答以下问题：

1）可划分的子网数。

2）每个子网的地址数与可分配的地址数。

3）每个子网的地址范围。

4）可分配的地址范围。

分析：设计这个例题的目的是检查读者对 IPv4 子网划分的理解。在讨论 IPv4 地址的子网划分时，需要注意以下几个主要问题。

1）标准 C 类地址的掩码（或称为默认掩码）有 3 种表示方法：第一种是点分十进制 255.255.255.0；第二种是二进制 11111111 11111111 11111111 00000000；第三种是前缀 /24。这三种表示方法是等价的。

2）从采用 27 位掩码划分子网可以看出，本题借用 C 类地址的第 4 个字节前 3 位作为子网号。图 6-10 给出了划分子网的 IP 地址三级结构。根据地址结构可以确定子网号与主机号的位数，依次计算出可划分的子网数，以及每个子网可容纳的 IP 地址数。

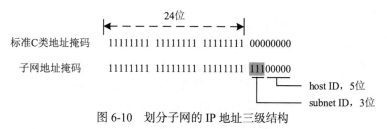

图 6-10 划分子网的 IP 地址三级结构

3）在每个子网的所有 IP 地址中，除了网络地址与广播地址之后，剩余部分才可以被分配给主机。

计算：

1）子网号的长度为 3，则可划分的子网数为 2^3=8。

2）主机号的长度为 5，则每个子网可容纳的地址数为 2^5=32。

3）除了网络地址与广播地址之后，每个子网可分配给主机的地址数为 30 个。

4）图 6-11 给出了子网地址的计算方法。

第 1 个子网地址为 195.14.22.0/27。

第 2 个子网地址为 195.14.22.32/27。

第 3 个子网地址为 195.14.22.64/27。

第 4 个子网地址为 195.14.22.96/27。

第 5 个子网地址为 195.14.22.128/27。

第 6 个子网地址为 195.14.22.160/27。

第 7 个子网地址为 195.14.22.192/27。

第 8 个子网地址为 195.14.22.224/27。

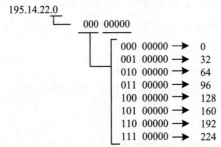

图 6-11　子网地址的计算方法示意图

5）每个子网的地址范围：

第 1 个子网的地址范围为 195.14.22.0、195.14.22.1 ~ 195.14.22.30 与 195.14.22.31。

第 2 个子网的地址范围为 195.14.22.32、195.14.22.33 ~ 195.14.22.62 与 195.14.22.63。

第 3 个子网的地址范围为 195.14.22.64、195.14.22.65 ~ 195.14.22.94 与 195.14.22.95。

第 4 个子网的地址范围为 195.14.22.96、195.14.22.97 ~ 195.14.22.126 与 195.14.22.127。

第 5 个子网的地址范围为 195.14.22.128、195.14.22.129 ~ 195.14.22.158 与 195.14.22.159。

第 6 个子网的地址范围为 195.14.22.160、195.14.22.161 ~ 195.14.22.190 与 195.14.22.191。

第 7 个子网的地址范围为 195.14.22.192、195.14.22.193 ~ 195.14.22.222 与 195.14.22.223。

第 8 个子网的地址范围为 195.14.22.224、195.14.22.225 ~ 195.14.22.254 与 195.14.22.255。

6）讨论：

上述给出的是每个子网的地址范围，未涉及其中哪些地址可分配给主机。每个子网的地址范围中包括子网地址与广播地址，这些地址不能分配给主机。

①第 1 个子网 195.14.22.0，主机号为全 0，属于子网地址，它不能分配给主机。

②第 8 个子网 195.14.22.224，主机号为全 1，属于受限广播地址，它不能分配给主机。

③以第 2 个子网中的 195.14.22.32 为例，分析其第 4 个字节，将它转换成二进制数 00100000 可以看出，它的后 5 位作为主机号为全 0，属于子网地址，它不能分配给主机。

④以第 2 个子网中的 195.14.22.63 为例，分析其第 4 个字节，将它转换成二进制数 00111111 可以看出，它的后 5 位作为主机号为全 1，属于受限广播地址，它不能分配给主机。

从上述讨论中看出，只有 6 个子网地址可分配给主机：

195.14.22.33　~　195.14.22.62

195.14.22.65　~　195.14.22.94

195.14.22.97　~　195.14.22.126

195.14.22.129　~　195.14.22.158

195.14.22.161　~　195.14.22.190

195.14.22.193　~　195.14.22.222

答案：

1）可划分的子网数为 6。

2）每个子网的地址数为 32，可分配的地址数为 30。

3）每个子网的地址范围如下：

第 1 个子网为 195.14.22.0　~　195.14.22.31。

第 2 个子网为 195.14.22.32　~　195.14.22.63。

第 3 个子网为 195.14.22.64　~　195.14.22.95。

第 4 个子网为 195.14.22.96　~　195.14.22.127。

第 5 个子网为 195.14.22.128　~　195.14.22.159。

第 6 个子网为 195.14.22.160　~　195.14.22.191。

第 7 个子网为 195.14.22.192　~　195.14.22.223。

第 8 个子网为 195.14.22.224　~　195.14.22.255。

4）可分配的地址范围如下：

195.14.22.33　~　195.14.22.62

195.14.22.65　~　195.14.22.94

195.14.22.97　~　195.14.22.126

195.14.22.129　~　195.14.22.158

195.14.22.161　~　195.14.22.190

195.14.22.193　~　195.14.22.222

例 26　IPv4 子网划分。

条件：已知某个公司分得的 IP 地址为 181.56.0.0，该公司内部需要划分 1000 个子网。请设计该公司的子网划分方案。

设计这个例题的目的是检查读者对 IPv4 子网划分的理解。在讨论 IPv4 地址的子网划分时，需要注意以下几个主要问题。

1）181.56.0.0 是一个典型的 B 类地址，默认掩码为 255.255.0.0 或 /16。

2）需要划分 1000 个子网，加上子网地址与受限广播地址，实际上需要划分出 1002 个子网。划分子网的实质是借用 B 类地址中的 16 位主机号的高 n 位作为子网号。因此，问题的关键是选择合适的 n 值，使得它可以标识出 1002 个子网。通过 $2^{10}=1024$，如果选择 $n=10$，可以满足本题的要求。图 6-12 给出了符合本题条件的 3 层 IP 地址结构。它的子网掩码为 255.255.255.192 或 /26。

3）确定 1024 个子网的地址范围。

①第 1 个子网。

第 1 个子网地址的子网号为全 0，第 3 个字节的二进制值为 00000000，第 4 个字节的二进制值为 00000000，则第 1 个子网的最小地址为 181.56.0.0。

第 1 个子网地址的子网号仍为全 0，最大地址的主机号为全 1，这样第 4 个字节的二进制值为 00111111，点分十进制值为 63，则第 1 个子网的最大地址为 181.56.0.63。

第 1 个子网的地址范围为 181.56.0.0 ~ 181.56.0.63。

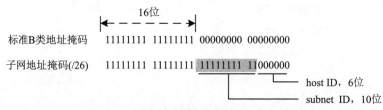

图 6-12   符合本题条件的 3 层 IP 地址结构

②第 2 个子网。

第 2 个子网地址的子网号取 1，第 3 个字节的二进制值为 00000000，第 4 个字节的二进制值为 01000000，则第 2 个子网的最小地址为 181.56.0.64。

第 2 个子网地址的子网号仍为 1，最大地址的主机号为全 1，这样第 4 个字节的二进制值为 01111111，点分十进制值为 127，则第 1 个子网的最大地址为 181.56.0.127。

第 2 个子网的地址范围为 181.56.0.64 ~ 181.56.0.127。

③第 1024 个子网。

第 1024 个子网地址的子网号为全 1，第 3 个字节的二进制值为 11111111，第 4 个字节的二进制值为 11000000，则第 1024 个子网的最小地址为 181.56.255.192。

第 1024 个子网地址的子网号仍为全 1，最大地址的主机号为全 1，这样第 4 个字节的二进制值为 11111111，点分十进制值为 255，则第 1024 个子网的最大地址为 181.56.0.255。

第 1024 个子网的地址范围为 181.56.255.192 ~ 181.56.255.255。

计算：

1）选择子网掩码为 255.255.255.192（/26），即子网号为 10 位，可以将 B 类地址 181.56.0.0 划分出 1024 个子网，子网掩码为 255.255.0.0（/16）。

2）1024 个子网的地址覆盖范围：

第 1 个子网为 181.56.0.0 ~ 181.56.0.63

第 2 个子网为 181.56.0.64 ~ 181.56.0.127

……

第 1024 个子网为 181.56.255.192 ~ 181.56.255.255

3）除了网络地址、广播地址，以及每个子网的子网地址、广播地址之外，可分配给主机的 IP 地址如图 6-13 中虚线所示的部分。

因此，可分配给主机的子网数为 1022 个，每个子网中可分配给主机的 IP 地址数为 $2^6-2=62$ 个。

4）对于一个规模较大的子网地址的规划过程，可以采用两种基本方法。第一种方法是从地址最小的子网地址开始计算，其过程如图 6-14 所示。其中，第 1 个子网是从 181.56.0.0 至 181.56.0.63，地址数量为 64；这个数值可根据子网地址结构计算出来。那么，第 2 个子网的最小地址 181.56.0.64 是第 1 个子网的最大地址 181.56.0.63 加 1。这个规律可保持到最后一个子网地址的推算过程。第二种方法是从地址最大的子网地址开始计算。第 1024 个子网是从 181.56.255.192 至 181.56.255.255，地址数量为 64；这个数值可根据子网地址结构计算出来。那么，第1023个子网的最大地址181.56.255.191是第1024个子网的最小地址181.56.255.192减1。

第1个子网IP地址	181.56.0.0	181.56.0.0 · · · 181.56.0.62	181.56.0.63
第2个子网IP地址	181.56.0.64	181.56.0.65 · · · 181.56.0.126	181.56.0.127
第3个子网IP地址	181.56.0.128	181.56.0.129 · · · 181.56.0.190	181.56.0.191
第4个子网IP地址	181.56.0.192	181.56.0.193 · · · 181.56.0.254	181.56.0.255
		· · ·	
第1023个子网IP地址	181.56.255.128	181.56.255.129 · · · 181.56.255.190	181.56.255.191
第1024个子网IP地址	181.56.255.192	181.56.255.193 · · · 181.56.255.254	181.56.255.255

图 6-13　可分配给主机的 IP 地址

需要注意的是，以上讨论的是子网地址等长的规划方法。

答案：该公司的子网划分方案可以采用第一种方法从小到大分配1000个子网，也可以采用第二种方法从大到小分配1000个子网。

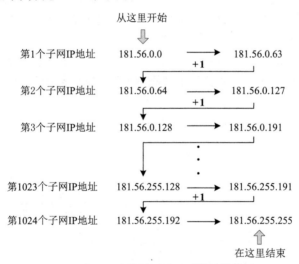

图 6-14　从地址小的子网地址开始计算的过程

例 27　IPv4 子网划分。

条件：某个公司申请了一个 C 类地址 202.60.31.0，该公司的销售部门有 100 名员工，财务部门有 50 名员工，设计部门有 50 名员工，需要为销售部门、财务部门与设计部门分别组建子网。

请设计该公司的子网划分方案。

分析：设计这个例题的目的是检查读者对 IPv4 子网划分的理解。在讨论 IPv4 地址的子网划分时，需要注意以下几个主要问题。

1）IP 协议允许采用变长子网划分方式。本例题将一个 C 类地址分为 3 个部分，其中子网 1 的地址空间是子网 2 与子网 3 的两倍。

2）计算子网 1 的地址空间。

使用子网掩码 255.255.255.128，将该 C 类地址划分为两半。计算过程如下：

主机的IP地址：   11001010 00111100 00011111 00000000   （202.60.31.0）

子网掩码：   11111111 11111111 11111111 10000000   （255.255.255.128）

与运算结果：   11001010 00111100 00011111 00000000   （202.60.31.0）

202.60.31.1 ～ 202.60.31.126 作为子网 1 的地址，再将剩余部分进一步划分为两半。202.60.31.127 属于广播地址，它不能分配给主机。因此，子网 1 与子网 2、子网 3 的地址空间交界在 202.60.31.128，子网掩码为 255.255.255.192。

3）计算子网 2 与子网 3 的地址空间。

使用子网掩码 255.255.255.192，将该 C 类地址的后半部分划分为两半。计算过程如下：

主机的IP地址：   11001010 00111100 00011111 10000000   （202.60.31.128）

子网掩码：   11111111 11111111 11111111 11000000   （255.255.255.192）

与运算结果：   11001010 00111100 00011111 10000000   （202.60.31.128）

202.60.31.129 ～ 202.60.31.190 作 为 子 网 2 的 地 址。202.60.31.191 属 于 广 播 地址，它 不 能 分 配 给 主 机。因 此，子 网 2、子 网 3 的 地 址 空 间 交 界 在 202.60.31.192。202.60.31.193 ～ 202.60.31.254 作为子网 3 的地址。

4）子网 1 可分配的地址为 126 个，子网 2 与子网 3 可分配的主机号均为 62 个。该方案可以满足公司的要求。采用可变长度子网掩码（VLSM）技术后，该公司的网络结构如图 6-15 所示。

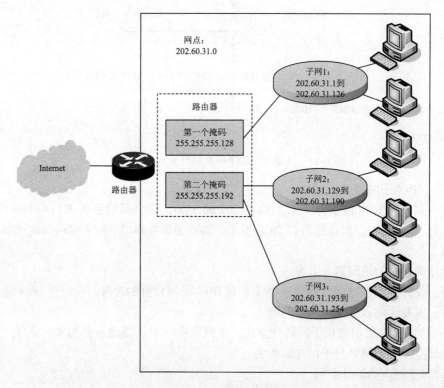

图 6-15　划分变长子网后的网络结构

答案：

1）子网 1 的地址空间为 202.60.31.1 ～ 202.60.31.126，子网掩码为 255.255.255.128 或 /25。

2）子网 2 的地址空间为 202.60.31.129 ～ 202.60.31.190，子网掩码为 255.255.255.192 或 /26。

3）子网 3 的地址空间为 202.60.31.193 ～ 202.60.31.254，子网掩码为 255.255.255.192 或 /26。

例 28　CIDR 地址块划分。

条件：某个校园网获得了一个地址块 200.24.16.0/20，希望将它划分为 8 个大小相同的地址块。

请设计 CIDR 地址块划分方案，并分析汇聚后的网络地址。

分析：设计该例题的目的是检查读者对 CIDR 技术的理解。在讨论 CIDR 地址块划分时，需要注意以下几个主要问题。

1）无类别域间路由（CIDR）常用于将多个地址归并到一个网络中，并在路由表中使用一项来表示这些地址。

2）根据用户需求确定 CIDR 地址中借用主机号的长度。由于整个地址块仅需要划分为 8 个大小相同的地址块，因此可以借用主机号的前 3 位（$2^3=8$）。

3）根据确定的子网掩码长度来计算各个地址块的地址。

答案：

1）划分的 8 个地址块为：

校园网地址	200.24.16.0/20	11001000 00011000 00010000 00000000
计算机系地址	200.24.16.0/23	11001000 00011000 00010000 00000000
自动化系地址	200.24.18.0/23	11001000 00011000 00010010 00000000
电子系地址	200.24.20.0/23	11001000 00011000 00010100 00000000
物理系地址	200.24.22.0/23	11001000 00011000 00010110 00000000
生物系地址	200.24.24.0/23	11001000 00011000 00011000 00000000
中文系地址	200.24.26.0/23	11001000 00011000 00011010 00000000
化学系地址	200.24.28.0/23	11001000 00011000 00011100 00000000
数学系地址	200.24.30.0/23	11001000 00011000 00011110 00000000

2）汇聚后的网络地址如图 6-16 所示。

例 29　CIDR 地址汇聚。

条件：已知 4 个超网的 IP 地址分别为：202.10.4.0/24、202.10.5.0/24、202.10.6.0/24 与 202.10.7.0/24。

请计算汇聚后的网络地址。

分析：设计该例题的目的是检查读者对 CIDR 技术的理解。在讨论 CIDR 地址汇聚功能时，需要注意以下几个主要问题。

1）无类别域间路由（CIDR）常用于将多个地址归并到一个网络中，并在路由表中使用一项来表示这些地址。

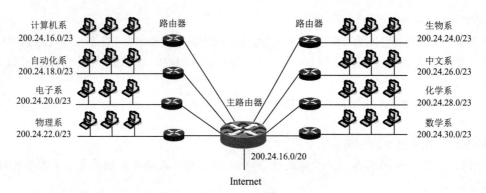

计算机系
200.24.16.0/23

自动化系
200.24.18.0/23

电子系
200.24.20.0/23

物理系
200.24.22.0/23

路由器

主路由器

路由器

生物系
200.24.24.0/23

中文系
200.24.26.0/23

化学系
200.24.28.0/23

数学系
200.24.30.0/23

200.24.16.0/20

Internet

图 6-16　划分 CIDR 地址块后的校园网结构

2）计算汇聚后的网络地址就是寻找多个 IP 地址中相同地址位数的过程。

3）在以上 4 个 IP 地址中，前两个字节相同，读者仅需将第 3 个字节转换成二进制数，通过比较 4 个 IP 地址的第 3 个字节，找出相同位数即可得出汇聚后的网络地址。

计算：

地址汇聚的计算过程为：

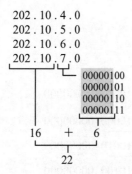

```
202 . 10 . 4 . 0
202 . 10 . 5 . 0
202 . 10 . 6 . 0
202 . 10 . 7 . 0
                00000100
                00000101
                00000110
                00000111

     16    +    6

          22
```

答案：汇聚后的网络地址为 202.10.4.0/22。

例 30　CIDR 地址汇聚。

条件：图 6-17 给出了一个简化的城域网结构。

请分析位于汇聚层、核心层等 6 个位置汇聚后的网络地址。

分析：设计该例题的目的是检查读者对 CIDR 技术的理解。在讨论 CIDR 地址汇聚功能时，需要注意以下几个主要问题。

1）从地址汇聚的角度有助于认识城域网 3 层结构的特点。

2）汇聚是用一条路由描述多个网络的路由技术，它体现了路由器在选择输出路径中采用的"最长前缀匹配"原则。

计算：

1）如果读者已经掌握地址汇聚的计算方法与基本规律，对于 152.20.0.0/24、152.20.1.0/24、152.20.2.0/24、152.20.3.0/24 这 4 个地址，可以发现它们的前两个字节相同，第 3 个字节不同。图 6-18 给出了寻找最长前缀匹配的过程。

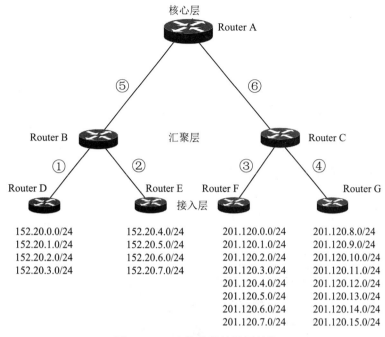

图 6-17　一个简化的城域网结构

它们共同的前缀只有 22 位，则位置①汇聚的网络地址为 152.20.0.0/22。

2）对于 152.20.4.0/24、152.20.5.0/24、152.20.6.0/24 与 152.20.7.0/24 这 4 个地址，它们共同的前缀也只有 22 位，则位置②汇聚的网络地址为 152.20.4.0/22。

3）152.20.0.0/22 与 152.20.4.0/22 进一步汇聚后位置⑤的网络地址为 152.20.0.0/21。

4）201.120.0.0/24 ~ 201.120.7.0/24 共同的前缀只有 21 位，则位置③汇聚的网络地址为 201.120.0.0/21。

5）201.120.8.0/24 ~ 201.120.15.0/24 共同的前缀也只有 21 位，则位置④汇聚的网络地址为 201.120.8.0/21。

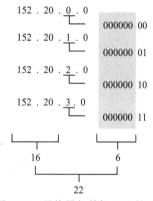

图 6-18　寻找最长前缀匹配的过程

6）201.120.0.0/21 与 201.120.8.0/21 进一步汇聚后位置⑥的网络地址为 201.120.0.0/20。

答案：

位置①汇聚后的网络地址为 152.20.0.0/22。

位置②汇聚后的网络地址为 152.20.4.0/22。

位置③汇聚后的网络地址为 201.120.0.0/21。

位置④汇聚后的网络地址为 201.120.8.0/21。

位置⑤汇聚后的网络地址为 152.20.0.0/21。

位置⑥汇聚后的网络地址为 201.120.0.0/20。

例 31　CIDR 地址汇聚。

条件：图 6-17 中的 Router D 之下增加一个地址 201.120.17.0/24。

请说明位置①汇聚后的网络地址变化情况。

分析：设计该例题的目的是检查读者对 CIDR 技术的理解。在讨论 CIDR 地址汇聚功能时，需要注意以下几个主要问题。

1）汇聚是用一条路由描述多个网络的路由技术，它体现了路由器在选择输出路径中采用的"最长前缀匹配"原则。

2）由于 Router D 连接的子网地址在 152.20.0.0/24 ~ 152.20.3.0/24 范围内，不可能与独立的 201.120.17.0/24 实现汇聚，因此 152.20.0.0/24 ~ 152.20.3.0/24 的地址仍然汇聚成 152.20.0.0/22，另外增加一个网络地址 201.120.17.0/24。

答案：位置①汇聚后的网络地址为 152.20.0.0/22 与 201.120.17.0/24。

例 32   内部网络地址规划。

条件：图 6-19 给出了网络结构与各个子网地址。

请计算该内部网络分级路由汇聚。

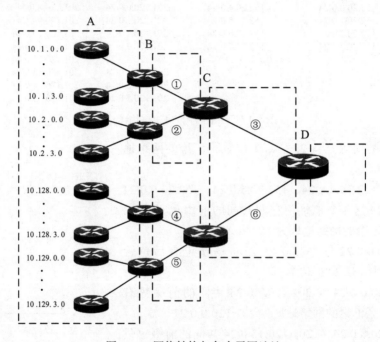

图 6-19   网络结构与各个子网地址

分析：设计该例题的目的是检查读者对内部网络地址规划技术的理解。在讨论内部网络的地址规划时，需要注意以下几个主要问题。

1）本例题要求完成一个内部专用网络的地址规划任务。如果更进一步讨论规划的子网地址体系的实现，那么就会涉及地址与路由的汇聚问题。

2）本例题需要完成 4 层结构网络中的 3 级子网地址汇聚计算。

计算：

1）A 系列路由器分别连接一个子网。由于这些子网地址分成 4 组，在其上由 B 系列路由器进行第一次汇聚，因此第一步是分别计算 4 组子网汇聚后的网络地址。

第一组 10.1.0.0 ~ 10.1.3.0 的汇聚过程为：

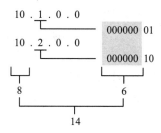

根据计算结果可知，位置①的汇聚地址为 10.1.0.0/22。

采用同样的计算方法，分别获得：位置②的汇聚地址为 10.2.0.0/22；位置④的汇聚地址为 10.128.0.0/22；位置⑤的汇聚地址为 10.129.0.0/22。

2）由于 B 系列路由器将对 A 系列路由器进行第二次汇聚，因此第二步是分别计算两组子网汇聚后的网络地址。

第一组 10.1.0.0/22 与 10.2.0.0/22 的汇聚过程为：

第二组 10.128.0.0/22 与 10.129.0.0/22 的地址汇聚过程为：

根据计算结果可知，位置③的汇聚地址为 10.1.0.0/14；位置⑥的汇聚地址为 10.128.0.0/15。

3）路由器 D 将对 C 系列路由器进行第三次地址汇聚，10.1.0.0/14 与 10.128.0.0/15 汇聚后的网络地址为 10.1.0.0/8。

答案：

位置①的汇聚地址为 10.1.0.0/22。

位置②的汇聚地址为 10.2.0.0/22。

位置③的汇聚地址为 10.1.0.0/14。

位置④的汇聚地址为 10.128.0.0/22。

位置⑤的汇聚地址为 10.129.0.0/22。

位置⑥的汇聚地址为 10.128.0.0/15。

例 33　内部专网地址体系。

条件：

1）某个公司分为总部、分销商与配送中心、零售商店这样的 3 层结构。

2）总部主干网上有 15 个 LAN，共有 230 台计算机。

3）公司在 18 个地区设有分销商与配送中心，每个分中心通过两条 T3 链路与总部主干网的路由器连接。

4）每个分中心有两个 LAN；一个用于分销商管理，一个用于配送中心管理；最大的分销商 LAN 有 40 台计算机；配送中心 LAN 有 80 台计算机。另外，分中心内部还有一个连接两个 LAN 与公司总部与下属零售商店的分中心主干网。

5）每个分中心最多支持 200 个零售商店。

6）每个基层零售商店有 1 个 LAN，最多有 12 台计算机。

请设计一个使用专用 IP 地址 10.0.0.0/24 的内部专网地址体系。

分析：

设计该例题的目的是检查读者对专用 IP 地址的理解。在讨论专用 IP 地址在企业内部网中的应用时，需要注意以下几个主要问题。

1）在规划内部网络的地址系统时，最重要的是简洁和便于管理，同时需要考虑系统的可扩展性。

2）符合该公司要求的地址系统设计的基本思想是：

①使用 A 类地址中的专用 IP 地址块 10.0.0.0/24，可分配的子网号与主机号的总长度为 24 位。

②采用 3 级的地址结构，即总部级 – 分中心级 – 基层商店级。

③采用定长子网掩码。

答案：

（1）地址结构设计

按照上述设计思想，根据本例的实际结构情况，最简单和实用的方法是选择掩码为 255.255.255.0，基本网络结构如图 6-20 所示。

由于该网络的子网数多于每个子网中的主机数，因此可以选择地址结构为：

①网络号：8 位

②子网号：16 位

③主机号：8 位

根据网络的层次结构，公司总部定义为"区域 0"，R 表示分布在不同区域的总部与分中心，S 表示零售商店号，H 表示主机号，则整个公司内部网络的专用 IP 地址结构为：10.R.S.H。按照这个设计思想，可以生成 IP 地址分配方案。

（2）地址分配方案

①总部 LAN 地址。

总部定义为区域 0，即 R=0，用 10.0.S.0 表示总部主干网。

在这个组中共有 15 个 LAN，则 S 等于 1 ~ 15。表 6-5 给出了总部 LAN 的地址信息。

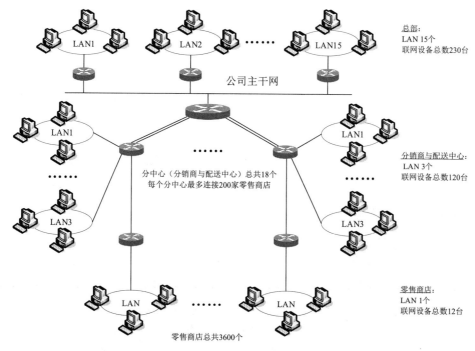

图 6-20　内部网络结构示意图

表 6-5　总部 LAN 的地址信息

描　述	地址范围
主干网	10.0.0.1 ~ 10.0.0.254
LAN1	10.0.1.1 ~ 10.0.1.254
LAN2	10.0.2.1 ~ 10.0.2.254
LAN2	10.0.3.1 ~ 10.0.3.254
……	……
LAN15	10.0.15.1 ~ 10.0.15.254

②从总部到分销商与配送中心 WAN 的连接地址。

每个分中心通过两条 T3 链路与总部主干网的路由器连接，则可以将两条从总部主干网路由器到分销商与配送中心两个方向的连接分别表示为：10.(100+R).0.0 与 10.(200+R).0.0。表 6-6 给出了总部 WAN 连接的地址信息。

表 6-6　总部 WAN 连接的地址信息

描　述	地址范围
总部到地区 1	10.101.0.1 ~ 10.101.0.2 10.201.1.1 ~ 10.201.1.2
总部到地区 2	10.102.0.1 ~ 10.102.0.2 10.202.1.1 ~ 10.202.1.2
……	……
总部到地区 18	10.118.0.1 ~ 10.118.0.2 10.218.1.1 ~ 10.218.1.2

③分销商与配送中心的 LAN 地址。

为了避免与零售商店的 LAN 地址发生冲突，分销商与配送中心的 3 个 LAN 地址分别表示为：10.R.255.0、10.R.254.0 与 10.R.253.0。表 6-7 给出了分中心的地址信息。

表 6-7　分中心的地址信息

描　述	地址范围
地区 1：LAN1	10.1.255.1 ～ 10.1.255.254
LAN2	10.1.254.1 ～ 10.1.254.254
仓库	10.1.253.1 ～ 10.1.253.254
地区 2：LAN1	10.2.255.1 ～ 10.2.255.254
LAN2	10.2.254.1 ～ 10.2.254.254
仓库	10.2.253.1 ～ 10.2.253.254
……	……
地区 18：LAN1	10.18.255.1 ～ 10.18.255.254
LAN2	10.18.254.1 ～ 10.18.254.254
仓库	10.18.253.1 ～ 10.18.253.254

④从分销商与配送中心到各自管理的零售商店 WAN 连接的地址。

从分销商与配送管理的分中心到各自管理的零售商店两个方向的连接分别表示为：10.(100+R).S.1 与 10.(100+R).S.2。表 6-8 给出了分中心 WAN 连接的地址信息。

表 6-8　分中心 WAN 连接的地址信息

描　述	地址范围
地区 1 到商店 1	10.101.1.1 ～ 10.101.1.2
地区 1 到商店 2	10.101.2.1 ～ 10.101.2.2
……	……
地区 1 到商店 200	10.101.200.1 ～ 10.101.200.2
地区 2 到商店 1	10.102.1.1 ～ 10.102.1.2
地区 2 到商店 2	10.102.2.1 ～ 10.102.2.2
……	……
地区 2 到商店 200	10.102.200.1 ～ 10.102.200.2
……	……
地区 18 到商店 1	10.118.1.1 ～ 10.118.1.2
地区 18 到商店 2	10.118.2.1 ～ 10.118.2.2
……	……
地区 18 到商店 200	10.118.200.1 ～ 10.118.200.2

⑤零售商店的 LAN 地址。

零售商店的 LAN 地址虽然占用的空间最大，但是比较直观。R 地区的 S 商店的 LAN 地址可以表示为 10.R.S.0。表 6-9 给出了零售商店的地址信息。

表 6-9　零售商店的地址信息

描　述	地址范围
地区 1：商店 1	10.1.1.1 ～ 10.1.1.254
商店 2	10.1.2.1 ～ 10.1.2.254
……	……
商店 200	10.1.200.1 ～ 10.1.200.254

（续）

描　述	地址范围
地区 2：商店 1	10.2.1.1 ～ 10.2.1.254
商店 2	10.2.2.1 ～ 10.2.2.254
……	……
商店 200	10.2.200.1 ～ 10.2.200.254
……	……
地区 18：商店 1	10.18.1.1 ～ 10.18.1.254
商店 2	10.18.2.1 ～ 10.18.2.254
……	……
商店 200	10.18.200.1 ～ 10.18.200.254

（3）地址结构设计

①地址结构分析。

总结上述地址结构设计，子网组的地址结构如表 6-10 所示。

表 6-10　子网组的地址结构

子网组	地址结构
总部 LAN	10.0.1.0 ～ 10.0.15.0
总部到分中心的 WAN 连接	10.(100+R).0.0 10.(200+R).0.0
分中心 LAN	10.R.253.0 ～ 10.R.255.0
分中心到零售商店的 WAN 连接	10.(100+R).S.1 10.(100+R).S.2
零售商店 LAN	10. R. S.0

尽管上述地址分配涉及范围较大，但是很有规律。在看到一个 IP 地址之后，只要看它的第 2 字节等于 0，就知道该设备在公司总部；如果第 2 字节为 3 位数字，第 3 字节为 0，就知道是公司总部与分中心的 WAN 连接。

②工作效率分析。

在地址结构设计中，还有一个问题需要重视，那就是地址结构对路由器工作效率的影响。从这个例子中可以看出，整个公司网络共划分 7305 个子网。如果要网络中所有路由器都维护 7305 个子网列表，这是设计者不愿看见的。实际上，子网地址设计肯定有不同方案，为了提高路由效率必须采用分级地址结构，并且地址结构尽量与实际的物理分层结构一致。

理想的情况是：公司主干路由器只有 19 个端口，一个连接公司主干网，另外 18 个连接每个地区的分中心。为了达到这个目的，与地区相关的所有地址应共享相同前缀。在这个例子中，地区 1 的分中心地址为 10.1.255.0，而地区 2 的分中心地址为 10.2.255.0。这两个地址的共同前缀"10"其实对路由没有用处。实际上，本例的分层地址结构好在简洁，但是并不能完全满足提高路由效率的要求。

设计者可通过配置地区分中心的路由器，减少主干路由器的路由表记录数，并且该网络的子网列表规模对当前的路由器已不是大问题。

（4）主机地址空间划分

成功的内部网络地址规划一定是简洁的，用户容易推断它在网络中的大致位置，以及自己是哪类设备。为了做到这一点，为不同网络中相同设备配置有规律的地址是一种可借鉴方法。例如，对于本例中 3600 家零售商店 10.R.S.0 地址，可以采用表 6-11 给出的主机地址的规律性约定。

表 6-11   主机地址的规律性约定

地址范围	描　述
10. R. S.0	网络地址
10. R. S.1 ～ 10. R. S.14	交换机
10. R. S.17	DHCP 或 DNS
10. R. S.18	文件或打印服务器
10. R. S.19 ～ 10. R. S.30	应用服务器
10. R.S.33 ～ 10. R. S.62	打印机
10. R. S.65 ～ 10. R. S.246	DHCP 客户机
10. R. S.247 ～ 10. R. S.253	动态或静态客户机
10. R. S. 254	默认网关
10. R. S. 255	广播地址

6.1.4 路由算法与分组交付

例 1   以下关于分组交付概念的描述中，错误的是（   ）。

A）分组交付是指互联网中主机、路由器对分组的转发过程

B）当主机发送一个分组时，首先将分组发送到默认路由器

C）分组交付可以分为两类：直接交付和间接交付

D）目的路由器向目的主机转发分组的情况属于间接交付

分析：设计该例题的目的是加深读者对分组交付概念的理解。在讨论分组交付的基本概念时，需要注意以下几个主要问题。

1）分组交付（forwarding）是指互联网中的主机、路由器对 IP 分组的转发过程。

2）多数的主机首先接入一个局域网，局域网再通过一台路由器接入互联网，这台路由器就是主机的默认路由器。当主机发送一个 IP 分组时，首先将该分组发送到默认路由器。发送主机的默认路由器称为源路由器，目的主机的默认路由器称为目的路由器。

3）分组交付可以分为两类：直接交付和间接交付。当分组的源主机和目的主机在同一网络中，或是目的路由器向目的主机转发分组时，这些情况属于直接交付；而其他情况则属于间接交付。

通过上述描述可以看出，当分组的源主机和目的主机在同一网络中，或是目的路由器向目的主机转发分组时，这些情况属于直接交付。显然，D 所描述的内容混淆了直接交付与间接交付的区别。

答案：D

例 2   以下关于路由算法功能的描述中，错误的是（   ）。

A）路由算法的基本功能是构造 NAT 地址映射表

B）路由算法应该能够适应网络拓扑和通信量的变化

C）路由算法可分为两类：静态路由算法与动态路由算法

D）动态路由算法的处理开销通常大于静态路由算法

分析：设计该例题的目的是加深读者对路由算法功能的理解。在讨论路由算法的基本功

能时，需要注意以下几个主要问题。

1）路由算法的基本功能是生成、维护与更新路由表。

2）根据对网络拓扑和通信量变化的自适应能力，路由算法可分为两大类：静态路由算法与动态路由算法。

3）静态路由算法又称为非自适应路由算法，其特点是实现简单和开销较小，但是不能及时适应网络状态变化。

4）动态路由算法又称为自适应路由算法，其特点是及时适应网络状态变化，但是实现复杂和开销较大。

通过上述描述可以看出，路由算法的基本功能是生成、维护与更新路由表，而不是构造网络地址转换相关的 NAT 地址映射表。显然，A 所描述的内容混淆了路由表与 NAT 地址映射表的用途。

答案：A

例 3　以下关于路由选择中度量的描述中，错误的是（　　）。

A）度量是指在路由选择中对分组通过某个网络所指定的代价

B）某个路由的总度量等于构成该路由的所有网络的度量之和

C）路由器通常选择具有最小度量的路由

D）路由选择协议主要用于对某个网络中路由度量值的计算

分析：设计这道例题的目的是加深读者对路由选择概念的理解。在讨论路由选择的度量概念时，需要注意以下几个主要问题。

1）路由选择算法与路由选择协议是两个概念。在早期计算机网络研究中，主要研究的是路由选择算法，因为当时研究对象是在一个大型广域网中。在后来发展起来的 Internet 环境中，路由选择的研究思路必须改变。实际上，最有效的方法是引入"自治系统"、内部与外部路由选择，以及度量与路由选择协议，采取"分而治之"方法解决大型网络中复杂的路由选择问题。

2）"度量"是指在路由选择中对分组通过某个网络所指定的代价。不同路由选择协议对于网络代价的"度量"值的定义不同。一个特定路由的总度量等于组成该路由的所有网络的度量之和。路由器选择具有最小度量的路由。

3）在复杂的 Internet 环境中，由于网络拓扑结构的变化，因此需要采用动态路由表。根据网络结点与链路的变化，路由表应能够尽快更新。为了实现路由表的动态更新，需要有各种路由选择协议。路由选择协议是一些规则与过程的组合，使 Internet 环境中路由器之间通报网络状态变化，实现路由表的动态更新。

通过上述描述可以看出，路由选择协议主要在 Internet 环境中路由器之间通报网络状态变化，实现路由表的动态更新，而不是仅计算某个网络中路由度量值。显然，D 所描述的内容仅是路由选择协议的部分功能。

答案：D

例 4　以下关于不同路由协议中度量的描述中，错误的是（　　）。

A）为每个网络指定的度量取决于路由选择协议的类型

B）RIP 平等对待每个网络，通过每个网络的跳数为 1

C）BGP 平等对待每个网络，通过每个网络的跳数为 1

D）OSPF 允许管理员基于服务类型指派通过网络的代价

分析：设计这道例题的目的是加深读者对路由选择协议的理解。在讨论不同路由选择协议中的度量定义时，需要注意以下几个主要问题。

1）为每个网络指定的度量取决于路由选择协议的类型，这是路由选择算法中对度量定义的一个基本原则。

2）不同路由选择协议对度量指定的原则是不同的。

①有些简单的路由选择协议（如 RIP），它采取同等对待每个网络的原则，通过一个网络的跳数（hop cout）为 1。如果分组通过 10 个网络到达目的结点，则度量的总代价就是跳数 10。

②多数复杂的路由选择协议（如 OSPF、BGP 等），它们允许管理员基于服务类型指定通过网络的代价。例如，某种服务希望获得的信道带宽大，则可以指定这类分组通过光纤的代价小，而通过卫星链路的代价大，这样不同度量定义将影响路由结果。

通过上述描述可以看出，多数复杂的路由选择协议（如 OSPF、BGP 等），它们允许管理员基于服务类型指定通过网络的代价，而不是采取同等对待每个网络的原则。显然，C 所描述的内容混淆了 BGP 与 RIP 对度量指定的原则。

答案：C

例 5 以下关于自治系统概念的描述中，错误的是（　）。

A）在整个互联网中仅使用一种路由选择协议是不现实的

B）自治系统是在一个机构管辖之下的一组网络及路由器

C）每个自治系统可选择一种内部路由协议处理内部路由

D）在自治系统之间可以混合使用几种外部路由协议

分析：设计这道例题的目的是加深读者对自治系统概念的理解。在讨论自治系统的基本概念时，需要注意以下几个主要问题。

1）在如此复杂的互联网环境中，建立一个适用于整个互联网的全局路由算法是不实际的。在路由选择问题上，也必须采用分层的思路，"分而治之"解决复杂问题。

2）自治系统的核心是路由选择上的"自治"。一个自治系统中的所有网络都属于一个行政单位，如一所大学、一家公司或一个政府部门，它有权决定在自治系统内部采用哪种路由协议。

3）不同自治系统内部选择的路由协议可以不同，但是在自治系统之间必须采用一种外部路由协议，当前就是边界网关协议（BGP）。BGP 可用于更新自治系统之间互联的路由器的路由表信息。

通过上述描述可以看出，不同自治系统内部可以选择不同的路由协议，但是在自治系统之间必须采用一种外部路由协议，而不能混合使用几种外部路由协议。显然，D 所描述的内容混淆了外部路由协议的使用原则。

答案：D

例 6 以下关于 RIP 工作原理的描述中，错误的是（　）。

A）RIP 属于基于向量 - 距离的路由选择协议

B）RIP 要求路由器向外发布整个 AS 的路由信息

C）RIP 要求路由器向整个 AS 的路由器发布路由信息

D）RIP 要求路由器按照一定的时间间隔发布路由信息

分析：设计这道例题的目的是加深读者对 RIP 工作原理的理解。在讨论 RIP 的工作原理时，需要注意以下几个主要问题。

1）RIP 是一种基于向量 – 距离的路由选择协议，它采用经典的 Bellman-Ford 算法来计算路由表。

2）RIP 要求路由器周期性通知相邻路由器：自己可以到达的网络，以及到达该网络的距离（跳数）。

3）RIP 工作过程有 3 个要点：

①交换关于整个自治系统的路由信息。

②仅与相邻路由器交换路由信息。

③按照规定的时间间隔交换路由信息。

通过上述描述可以看出，RIP 规定仅在相邻路由器之间交换路由信息，而不是向整个 AS 中的所有路由器发布路由信息。显然，C 所描述的内容混淆了不同协议的路由信息交换范围。

答案：C

例 7　以下关于 OSPF 协议特征的描述中，错误的是（　　）。

A）OSPF 将一个自治系统划分成若干个域，有一个特殊的域叫作主干域

B）域之间通过区域边界路由器互联

C）路由器分为区域内部路由器、主干路由器、区域边界路由器与 AS 边界路由器

D）主干路由器不能够兼做区域边界路由器

分析：设计这道例题的目的是加深读者对 OSPF 协议特征的理解。在讨论 OSPF 协议的基本特征时，需要注意以下几个主要问题。

1）为了适应更大规模网络的路由选择需求，OSPF 将一个自治系统进一步分为两级：主干区域与普通区域。主干路由器构成一个特殊的主干区域；区域内部路由器构成多个不同的普通区域。

2）每个区域通过区域边界路由器连接主干路由器，进而接入主干区域。在一个自治系统内部，区域内部的分组交换通过区域内部路由器来实现；而区域之间的分组交换通过主干路由器来实现。主干路由器也可以兼做区域边界路由器。

3）在自治系统之间通过 AS 边界路由器实现互联。

通过上述描述可以看出，每个区域通过区域边界路由器连接主干路由器，但是主干路由器也可以兼做区域边界路由器。显然，D 所描述的内容不符合 OSPF 关于区域边界路由器与主干路由器的规定。

答案：D

例 8　以下关于 OSPF 工作原理的描述中，错误的是（　　）。

A）OSPF 使用链路状态路由选择算法来实现 AS 内部路由表的更新

B）OSPF 要求每个路由器向本区域内所有路由器发送相邻路由器的状态信息

C）OSPF 发送路由状态信息的间隔时间固定为 30s

D）收到 OSPF 分组的路由器向其相邻路由器发送每个分组的副本

分析：设计这道例题的目的是加深读者对 OSPF 工作原理的理解。在讨论 OSPF 协议的工作原理时，需要注意以下几个主要问题：

1）OSPF 是一种基于链路状态的路由选择协议，它采用链路状态路由选择算法来实现 AS 内部路由表的更新。

2）OSPF 要求每个路由器向本区域内所有路由器发送其相邻路由器的状态信息。收到 OSPF 分组的路由器向其相邻路由器发送每个分组的副本。只要路由状态发生变化就发送 OSPF 分组，随时更新区域内部所有路由器的路由表。

3）OSPF 工作过程有 4 个要点：

①交换关于相邻路由器的状态信息。

②与区域内部所有路由器交换路由信息。

③区域内部交换路由信息时采用洪泛法。

④只要有状态变化就发送 OSPF 分组。

通过上述描述可以看出，只要路由状态发生变化就发送 OSPF 分组，随时更新区域内部所有路由器的路由表，而不是以固定的时间间隔来发送。显然，C 所描述的内容不符合关于发送 OSPF 分组条件的规定。

答案：C

例 9 以下关于 BGP 特征的描述中，错误的是（　　）。

A）BGP 是自治系统之间的路由选择协议

B）BGP 中"相邻"是指任意两个互联的 AS 边界路由器之间

C）BGP 路由表包括分组到达目的网络必须经过 AS 的有序表

D）AS 边界路由器是基于管理员设定的策略而工作

分析：设计这道例题的目的是加深读者对 BGP 特征的理解。在讨论 BGP 的基本特征时，需要注意以下几个主要问题。

1）BGP 是一种在自治系统之间的路由选择协议，它采用路径向量路由选择算法来交换路由信息。

2）BGP 的路径向量方法与向量 – 距离、链路状态方法不同，它的路由表包括分组到达目的网络必须经过 AS 的有序表。

3）BGP 中参与路径向量选择的 AS 边界路由器，将会通告在其 AS 中到各个相邻边界路由器的可达性。这里的"相邻"概念与 RIP、OSPF 相同，连接到同一网络的两个边界路由器是"相邻"的。

4）路径向量选择中的不稳定性与回路产生不可避免。因此，AS 边界路由器是基于管理员在路由器上设定的策略来工作。

通过上述描述可以看出，在 BGP 的"相邻"概念中，连接到同一网络的两个 AS 边界路由器"相邻"，而不是任意两个互联的 AS 边界路由器"相邻"。显然，B 所描述的内容不符合 BGP 关于路由器"相邻"的规定。

答案：B

例 10 以下关于路由器技术发展的描述中，错误的是（　　）。

A）最初的路由器采用单总线对称多 CPU 结构

B）第二代路由器的主要特征是多总线多 CPU 结构

C）第三代路由器的典型结构是基于硬件交换的结构

D）硬件专用芯片的使用将会增加路由器的成本

分析：设计这道例题的目的是加深读者对路由器技术发展的理解。在讨论路由器技术的发展过程时，需要注意以下几个主要问题。

1）最初的路由器采用传统的计算机体系结构，包括 CPU、内存和总线上的多个网络接口。这种路由器价格便宜，适用于结构简单、通信量小的网络。这种路由器的缺点是处理速度慢。

2）为了提高路由器的处理性能，路由器体系结构发生了很大变化。从单总线单 CPU 结构逐步发展到多总线多 CPU 结构的第二代路由器，出现了单总线主从 CPU、单总线对称多 CPU、多总线多 CPU 等多种结构的路由器。

3）基于硬件专用芯片的交换结构代替传统的共享总线结构是必然趋势。第三代路由器的基本特征是采用基于硬件交换的路由器结构。

4）第三代路由器性能获得大幅提高，但是也存在一些问题：硬件专用芯片的使用增加了成本，对新应用与协议变化的适应能力差。针对这种情况，研究人员提出了网络处理器（NP）等新概念。

通过上述描述可以看出，最初的路由器采用传统的计算机体系结构，即单总线单 CPU 结构，而不是属于第二代路由器特征的单总线对称多 CPU 结构。显然，A 所描述的内容混淆了第一代与第二代路由器的特征。

答案：A

例 11　分组交付方式。

条件：

1）在不划分子网的情况下，IP 地址为 137.23.56.5 的主机将分组发送到 IP 地址为 137.23.56.23 的主机。

2）在不划分子网的情况下，IP 地址为 142.3.6.9 的主机将分组发送到 IP 地址为 137.23.56.23 的主机。

请说明该分组的交付方式。

分析：设计这道例题的目的是加深读者对分组交付方式的理解。在讨论 IP 分组的交付方式时，需要注意以下几个主要问题。

1）如果没有划分子网，判断交付方式的原则是：两台主机是否在一个网络中，即它们的网络号是否相同。

2）如果划分子网，判断交付方式的原则是：两台主机是否在一个子网中，即它们的网络号与子网号是否相同。

计算：

1）两个 IP 地址都是 B 类地址，则其掩码为 255.255.0.0。对应 IP 地址为 137.23.56.5 的主机，网络号为 137.23.0.0；对于 IP 地址为 137.23.56.23 的主机，网络号为 137.23.0.0。由于两个 IP 地址的网络号相同，因此该分组交付属于直接交付。

2）两个 IP 地址都是 B 类地址，则其掩码为 255.255.0.0。对于 IP 地址为 142.3.6.9 的主机，网络号为 142.3.0.0；对于 IP 地址为 137.23.56.23 的主机，网络号为 137.23.0.0。由于两个 IP 地址的网络号不同，因此该分组交付属于间接交付。

答案：

1）该分组交付属于直接交付。

2）该分组交付属于间接交付。

例 12　路由表操作。

条件：图 6-21 给出了一个网络结构。表 6-12 给出了路由器 R1 的路由表。路由器 R1 接收到 500 个目的地址为 192.16.7.14 的分组。

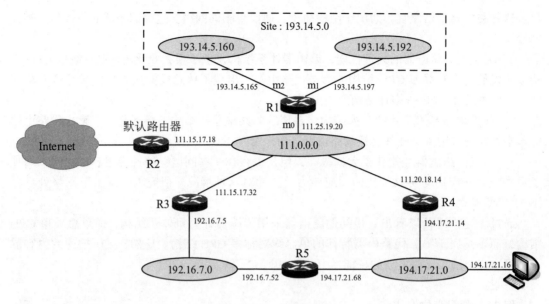

图 6-21   一个网络结构

表 6-12   路由器 R1 的路由表

掩码	目的地址	下一跳地址	标志	引用计数	使用	接口
255.0.0.0	111.0.0.0	—	U	0	0	m0
255.255.255.224	193.14.5.160	—	U	0	0	m2
255.255.255.224	193.14.5.192	—	U	0	0	m1
…	…	…	…	…	…	…
…	…	…	…	…	…	…
255.255.255.255	194.17.21.16	111.20.18.14	UGH	0	0	m0
255.255.255.0	192.16.7.0	111.15.17.32	UG	0	0	m0
255.255.255.0	194.17.21.0	111.20.18.14	UG	0	0	m0
0.0.0.0	0.0.0.0	111.15.17.18	UG	0	0	m0

请说明路由器 R1 对该分组的处理方式。

分析：设计这道例题的目的是加深读者对路由器工作原理的理解。在讨论路由器的工作原理时，需要注意以下几个主要问题。

1）标准路由器的路由表结构大致包括 7 个字段：掩码、目的地址、下一跳地址、标志、引用计数、使用与接口。其中，对于"标志"字段，U 表示正在工作，G 表示目的地址是另一个网络，H 表示目的地址是一个特定主机。

2）当路由器接收到一个分组时，它需要检查该分组的目的地址，以便确定如何操作：是否直接交付，是否特定主机，是否特定网络，能否从路由表中选择一个输出接口，是否选择默认网关等。

3）在路由表中，特定主机的掩码为 255.255.255.255，默认路由的掩码为 0.0.0.0。

计算：

1）是否直接交付？

路由器 R1 将接收分组的目的地址逐行与路由表中的掩码进行"与（AND）"计算，并将其结果与路由表该行的"目的地址"项比较。

第 1 行：192.16.7.14 AND 255.0.0.0 = 192.0.0.0，不匹配（该行目的地址为 111.0.0.0）。

第 2 行：192.16.7.14 AND 255.255.255.224 = 192.16.7.0，不匹配（该行目的地址为 193.14.5.160）。

第 3 行：192.16.7.14 AND 255.255.255.224 = 192.16.7.0，不匹配（该行目的地址为 193.14.5.192）。

2）是否特定主机？

192.16.7.14 AND 255.255.255.255 = 192.16.7.14，不匹配（该行目的地址为 194.17.21.16）。

3）是否特定网络？

192.16.7.14 AND 255.255.255.0 = 192.16.7.0，匹配。

4）路由器 R1 将 500 个分组通过接口 m0 向下一跳地址 111.15.17.32 转发，并将路由表的该行"引用计数"字段置 1，以及"使用"字段数值加 500。

答案：路由器 R1 将 500 个分组通过接口 m0 向下一跳地址 111.15.17.32 转发。

例 13 路由表操作。

条件：在例 12 的网络中，路由器 R1 接收到 100 个目的地址为 193.14.5.176 的分组。

请说明路由器 R1 对该分组的处理方式。

分析：设计这道例题的目的是加深读者对路由器工作原理的理解。在讨论路由器的工作原理时，需要注意以下几个主要问题。

1）标准路由器的路由表结构大致包括 7 个字段：掩码、目的地址、下一跳地址、标志、引用计数、使用与接口。其中，对于"标志"字段，U 表示正在工作，G 表示目的地址是另一个网络，H 表示目的地址是一个特定主机。

2）当路由器接收到一个分组时，它需要检查该分组的目的地址，以便确定如何操作：是否直接交付，是否特定主机，是否特定网络，能否从路由表中选择一个输出接口，是否选择默认网关等。

计算：

1）是否直接交付？

路由器 R1 将接收分组的目的地址逐行与路由表中的掩码进行"与（AND）"计算，并将其结果与路由表该行的"目的地址"项比较。

第 1 行：193.14.5.176 AND 255.0.0.0 = 193.0.0.0，不匹配（该行目的地址为 111.0.0.0）。

第 2 行：193.14.5.176 AND 255.255.255.224 = 193.14.5.160，匹配。

2）路由器 R1 将 100 个分组通过接口 m2 向子网 193.14.5.160 直接交付，并将路由表的该行"引用计数"字段置 1，以及"使用"字段数值加 100。

答案：路由器 R1 将 100 个分组通过接口 m2 向子网 193.14.5.160 直接交付。

例 14 路由表操作。

条件：在例 12 的网络环境中，路由器 R1 接收到 20 个目的地址为 200.3.12.18 的分组。

请说明路由器 R1 对该分组的处理方式。

分析：设计这道例题的目的是加深读者对路由器工作原理的理解。在讨论路由器的工作原理时，需要注意以下几个主要问题。

1）标准路由器的路由表结构大致包括 7 个字段：掩码、目的地址、下一跳地址、标志、引用计数、使用与接口。其中，对于"标志"字段，U 表示正在工作，G 表示目的地址是另一个网络, H 表示目的地址是一个特定主机。

2) 当路由器接收到一个分组时, 它需要检查该分组的目的地址, 以便确定如何操作: 是否直接交付, 是否特定主机, 是否特定网络, 能否从路由表中选择一个输出接口, 是否选择默认网关等。

3) 在路由表中, 特定主机的掩码为 255.255.255.255, 默认路由的掩码为 0.0.0.0。

计算:

1) 是否直接交付?

路由器 R1 将接收分组的目的地址逐行与路由表中的掩码进行 "与 (AND)" 计算, 并将其结果与路由表该行的 "目的地址" 项比较。

第 1 行: 200.3.12.18 AND 255.0.0.0 = 200.0.0.0, 不匹配 (该行目的地址为 111.0.0.0)。

第 2 行: 200.3.12.18 AND 255.255.255.224 = 200.3.12.0, 不匹配 (该行目的地址为 193.14.5.160)。

第 3 行: 200.3.12.18 AND 255.255.255.224 = 200.3.12.0, 不匹配 (该行目的地址为 193.14.5.192)。

2) 是否特定主机?

200.3.12.18 AND 255.255.255.255 = 200.3.12.18, 不匹配 (该行目的地址为 194.17.21.16)。

3) 是否特定网络?

200.3.12.18 AND 255.255.255.0 = 200.3.12.0, 不匹配 (该行目的地址为 192.16.7.0)。

4) 是否默认路由?

200.3.12.18 AND 0.0.0.0 = 0.0.0.0, 匹配。

5) 路由器 R1 将 20 个分组通过接口 m0 向下一跳地址 111.15.17.18 转发, 并将路由表的该行 "引用计数" 字段置 1, 以及 "使用" 字段数值加 20。

答案: 路由器 R1 将 20 个分组通过接口 m0 向下一跳地址 111.15.17.18 转发。

例 15 路由表操作。

条件: 图 6-22 给出了一个网络结构。

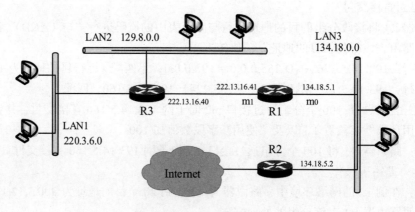

图 6-22   一个网络结构

请构造该网络中的 R1 路由表。

分析: 设计这道例题的目的是加深读者对路由器工作原理的理解。在讨论路由器的工作原理时, 需要注意以下几个主要问题。

1）这个网络包括 3 个局域网：LAN1、LAN2 与 LAN3。其中，LAN1 属于 C 类网络，LAN2 与 LAN3 属于 B 类网络。

2）路由器 R1 与 R3 用一个串行链路连接。

3）这 3 个网络都没有标出子网掩码，则应该认为没有划分子网，可以使用标准分类地址的掩码。

4）路由器 R2 接入 Internet，则 134.18.5.2 是 R1 的默认路由。

5）对于路由器 R1 来说，它的路由表必须表示到 3 个网络的路由，以及一个默认路由，则其路由表应包括 4 项内容。

答案：表 6-13 给出了路由器 R1 的路由表。

表 6-13　路由器 R1 的路由表

掩码	目的地址	下一跳地址	标志	引用计数	使用	接口
255.255.0.0	134.18.0.0	—	U	0	0	m0
255.255.0.0	129.8.0.0	222.13.16.40	UG	0	0	m1
255.255.255.0	220.3.6.0	222.13.16.40	UG	0	0	m1
0.0.0.0	0.0.0.0	134.18.5.2	UG	0	0	m0

例 16　路由表操作。

条件：图 6-23 给出了一个网络结构。

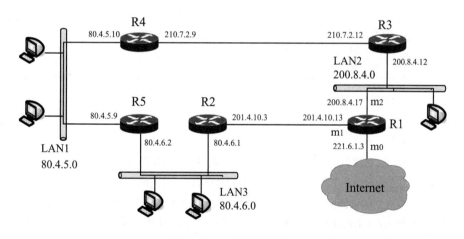

图 6-23　一个网络结构

请构造该网络中的 R1 路由表。

分析：设计这道例题的目的是加深读者对路由器工作原理的理解。在讨论路由器的工作原理时，需要注意以下几个主要问题。

1）这个网络包括 3 个局域网：LAN1、LAN2 与 LAN3。其中，LAN1 与 LAN3 属于 A 类网络，LAN2 属于 C 类网络。

2）路由器 R1 与 R2、R3 与 R4 分别用一个串行链路连接。

3）C 类网络 LAN2 没有标出子网掩码，则应该认为没有划分子网，可以使用标准分类地址的掩码。两个 A 类网络 LAN1 与 LAN3 的网络地址为 80.4.5.0 与 80.4.6.0，则应该认为划分了子网，其掩码使用 255.255.255.0。

4）对于路由器 R1 来说，它的路由表必须表示到 3 个网络的路由，以及一个默认路由，则其路由表至少包括 4 项内容。但是，R1 到 LAN1、LAN2 都可能有两条路由，在没有给出其他路由参数的情况下，只能同时将这两条路由列在表中。

答案：表 6-14 给出了路由器 R1 的路由表。

表 6-14   路由器 R1 的路由表

掩码	目的地址	下一跳地址	标志	引用计数	使用	接口
255.255.255.0	200.8.4.0	—	U	0	0	m2
255.255.255.0	80.4.5.0	200.8.4.12	UG	0	0	m2
255.255.255.0	80.4.5.0	201.4.10.3	UG	0	0	m1
255.255.255.0	80.4.6.0	200.8.4.12	UG	0	0	m2
255.255.255.0	80.4.6.0	201.4.10.3	UG	0	0	m1
0.0.0.0	0.0.0.0	—	UG	0	0	m0

例 17   路由表操作。

条件：表 6-15 给出了路由器 R1 的路由表。

表 6-15   路由器 R1 的路由表

掩码	目的地址	下一跳地址	标志	引用计数	使用	接口
255.255.0.0	110.70.0.0	—	U	0	0	m0
255.255.0.0	180.14.0.0	—	U	0	0	m2
255.255.0.0	190.17.0.0	—	U	0	0	m1
255.255.0.0	130.4.0.0	190.17.6.5	UG	0	0	m1
255.255.0.0	140.6.0.0	180.14.2.5	UG	0	0	m2
0.0.0.0	0.0.0.0	110.70.4.6	UG	0	0	m0

请画出符合 R1 路由表的网络结构。

分析：设计这道例题的目的是加深读者对路由器工作原理的理解。在讨论路由器的工作原理时，需要注意以下几个主要问题。

1）从路由器 R1 的路由表项中可以看出，该网络结构应该包括了 5 个网络，这些网络分别是：N1（110.70.0.0）、N2（180.14.0.0）、N3（190.17.0.0）、N4（130.4.0.0）、N5（140.6.0.0）。

2）与路由器 R1 直接连接的有 3 个，即 N1（110.70.0.0）、N2（180.14.0.0）、N3（190.17.0.0）。

3）其余两个 N4（130.4.0.0）、N5（140.6.0.0）通过其他路由器与以上系统互联。

4）R1 将与 N1 连接的路由器作为默认网关。

答案：图 6-24 给出了符合 R1 路由表的网络结构。

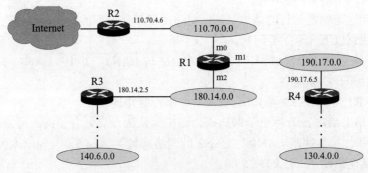

图 6-24   符合 R1 路由表的网络结构

例 18　RIP 报文信息。

条件：图 6-25 给出了采用 RIP 的自治系统结构，假设路由器 R1 知道整个自治系统的路由信息。

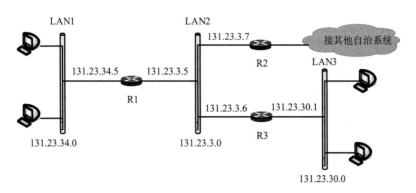

图 6-25　采用 RIP 的自治系统结构

请说明路由器 R1 发送的 RIP 响应报文格式。

分析：设计这道例题的目的是加深读者对 RIP 的理解。在讨论 RIP 的工作原理时，需要注意以下几个主要问题。

1）图 6-26 给出了 RIP 报文格式。

图 6-26　RIP 报文格式

2）RIP 报文各个字段的意义：

①命令字段：长度为 8 位，表示 RIP 报文类型。例如，"1"表示请求报文，"2"表示响应报文。

②版本字段：长度为 8 位，表示 RIP 版本。例如，"1"表示 RIPv1，"2"表示 RIPv2。

③系列字段：长度为 16 位，表示支持的协议系列。例如，"2"表示 TCP/IP。

④网络地址字段：长度为 32 位，表示目的网络的网络地址。

⑤距离字段：长度为 32 位，表示从发出通告的路由器到达目的网络的跳数。

3）从网络地址到距离这部分字段，可以根据需要重复出现。

答案：图 6-27 给出了路由器 R1 发送的 RIP 响应报文格式。

例 19　OSPF 链路表示。

条件：图 6-28 给出了采用 OSPF 的自治系统结构。

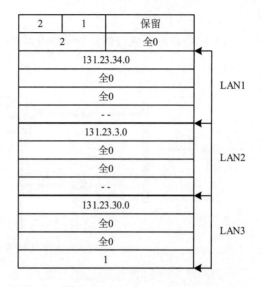

2	1	保留
2		全0

131.23.34.0	
全0	
全0	LAN1
--	
131.23.3.0	
全0	
全0	LAN2
--	
131.23.30.0	
全0	
全0	LAN3
1	

图 6-27　路由器 R1 发送的 RIP 响应报文格式

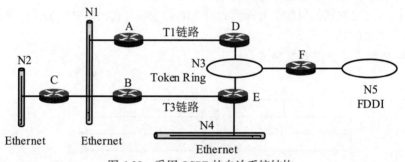

图 6-28　采用 OSPF 的自治系统结构

请实现图 6-28 的 OSPF 规定链路图形表示，并指出各种类型的链路数量。

分析：设计这道例题的目的是加深读者对 OSPF 链路规定的理解。在讨论 OSPF 的链路规定时，需要注意以下几个主要问题。

1）图 6-29 给出了 OSPF 定义的链路类型。

图 6-29　OSPF 定义的链路类型

①点对点链路连接两个路由器，它们互为邻结点。链路的两端分别标明不同传输方向的度量值。

②转接链路连接多个路由器，从其中一个路由器进入的分组，可以从另一个路由器转发出去。

③残桩链路连接两个路由器，从其中一个路由器进入的分组，还是通过这个路由器转发出去。

④虚拟链路是指两个路由器之间的链路断开后，重新创建一条经过其他路由器的链路连

接这两个路由器。

2）OSPF 定义了一种图形表示法，用方形的结点符号表示路由器，用椭圆形的结点符号表示网络。

答案：

1）图 6-30 给出了按 OSPF 规定链路图形表示的网络结构。

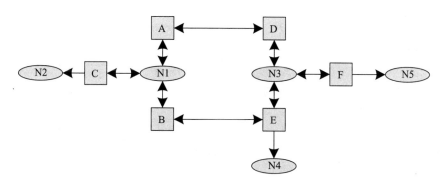

图 6-30　按 OSPF 规定链路图形表示的网络结构

2）N1 与 N3 属于转接链路，N2、N4 与 N5 属于残桩链路。

例 20　OSPF 路由表。

条件：图 6-31 给出了采用 OSPF 的自治系统结构，其中标出了针对每条链路指定的度量值。

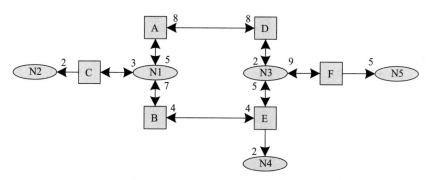

图 6-31　采用 OSPF 的自治系统结构

请构造该网络中路由器 A 的路由表。

分析：设计这道例题的目的是加深读者对 OSPF 路由表的理解。在讨论 OSPF 的路由表时，需要注意以下几个主要问题。

1）在一个区域中，每个路由器从其他路由器接收链路状态通告与网络状态通告，并构造一个链路状态数据库，形成每个路由器的路由表。

2）按照 OSPF 链路状态数据的表示，一条链路分两个方向分别指定度量值。通过读取某个方向指定的度量值，根据最短路径优先的原则，就可以计算出各种可能路径的累积度量值之和，经过比较后可以构成相应的路由表。

答案：表 6-16 给出了路由器 A 的路由表。

表 6-16   路由器 A 的路由表

网络	度量值	下一跳路由器
N1	5	—
N2	7	C
N3	10	D
N4	11	B
N5	15	D

例 21   路由器操作。

条件：表 6-17 给出了路由器 A 的路由表。路由器 A 接收到一个目的地址为 132.19.237.5 的分组。

请判断该分组的最佳路由。

分析：设计这道例题的目的是加深读者对路由器转发规则的理解。在讨论路由器的转发规则时，需要注意以下几个主要问题。

表 6-17   路由器 A 的路由表

网络	输出端口
132.0.0.0/8	S0
132.16.0.0/11	E1
132.16.233.0/22	E2

1）对于采用 CIDR 前缀格式的 IP 地址来说，路由器将会按照"最长前缀匹配"规则来转发分组。

2）当路由器接收到一个分组时，首先判断该分组的目的地址是否为特殊地址。如果不是，则确定直接交付还是间接交付；如果是间接交付，则需要为目的地址在路由表中寻找"最长前缀匹配"项，以便确定转发的端口。

计算：

1）该分组的目的地址为 132.19.237.5，按照惯常思维首先会与 132.19.233.0/22 比较。

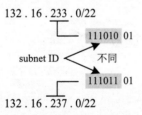

比较的结果发现：由于两者的子网地址不同，因此判断 132.19.237.5 不在 132.19.233.0/22 的子网内，不能通过 E2 端口转发。

2）该分组的目的地址为 132.19.237.5，则 132.0.0.0/8 与 132.19.0.0/11 都可以转发。132.19.237.5 与 132.0.0.0/8 相同的前缀长度为 8，而 132.19.237.5 与 132.19.0.0/11 相同的前缀长度达到 11。根据"最长前缀匹配"规则，应该通过 E1 端口转发。

答案：最佳路由是通过 E1 端口转发。

例 22   路由器配置。

条件：图 6-32 给出了一个网络结构。

请配置 Router A 与 Router B 的接口与路由表。

分析：设计这道例题的目的是加深读者对路由器配置方法的理解。在讨论路由器的配置方法时，需要注意以下几个主要问题。

1）该网络由路由器 Router A 与 Router B 互联的 4 个以太网交换机（ES0 ~ ES3）构成，包括连接两个路由器的串行链路的 IP 地址，该网络中有 5 个子网地址（172.16.0.0/24 ~ 172.16.4.0/24）。

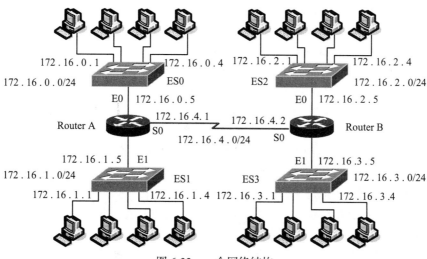

图 6-32　一个网络结构

2）路由器的每个接口都需要配置一个 IP 地址与一个子网掩码。在图 6-32 中，Router A 与 ES0 连接的 Ethernet 接口用 E0 表示，分配的地址为 172.16.0.5；Router A 与 ES1 连接的 Ethernet 接口用 E1 表示，分配的地址为 172.16.1.5；Router A 通过串行接口 S0 与 Router B 连接，S0 分配的地址为 172.16.4.1。

3）在路由表中，"c" 表示该网络直接连接路由器。

答案：

（1）接口配置

Router A 的接口：

```
interface E0
ip address 172.16.0.5 255.255.255.0
interface E1
ip address 172.16.1.5 255.255.255.0
```

Router B 的接口：

```
interface E0
ip address 172.16.2.5 255.255.255.0
interface E1
ip address 172.16.3.5 255.255.255.0
```

（2）路由表配置

Router A 的路由表：

```
172.16.0.0/24 is subnetted, 3 subnets
c   172.16.4.0 is directly connected, S0
c   172.16.0.0 is directly connected, E0
c   172.16.1.0 is directly connected, E1
```

Router B 的路由表：

```
172.16.0.0/24 is subnetted, 3 subnets
c   172.16.4.0 is directly connected, S0
c   172.16.2.0 is directly connected, E0
c   172.16.3.0 is directly connected, E1
```

例 23   路由器配置。

条件：针对例 22 给出的网络结构。

请为 Router A 与 Router B 的路由表配置静态路由。

分析：设计这道例题的目的是加深读者对路由器配置方法的理解。在讨论路由器的配置方法时，需要注意以下几个主要问题。

1）在例 22 的路由表配置中，Router A、Router B 的路由表中仅包括直接连接的 3 个子网及其前缀。

2）这里存在两个主要的问题：一是 Router A 并不知道 Router B 连接两个子网，而 Router B 也不知道 Router A 连接两个子网。二是没有配置路由器的默认网关。如果 Router A 或 Router B 接收到目的地址不是这 3 个子网地址的分组，它们只能被丢弃。

3）这些问题可采取手动配置"静态路由"方法解决。在 Router A、Router B 的路由表中分别增加两条路由：

Router A 的路由表：

```
ip route 172.16.2.0 255.255.255.0 S0
ip route 172.16.3.0 255.255.255.0 172.16.4.2
```

Router B 的路由表：

```
ip route 172.16.0.0 255.255.255.0 S0
ip route 172.16.1.0 255.255.255.0 172.16.4.1
```

答案：Router A、Router B 的路由表分别如下。

Router A 的路由表：

```
172.16.0.0/24 is subnetted, 3 subnets
c  172.16.4.0 is directly connected, S0
c  172.16.0.0 is directly connected, E0
c  172.16.1.0 is directly connected, E1
s  172.16.2.0 is directly connected, S0
s  172.16.3.0 [1/0] via 172.16.4.2
```

Router B 的路由表：

```
172.16.0.0/24 is subnetted, 3 subnets
c  172.16.4.0 is directly connected, S0
c  172.16.2.0 is directly connected, E0
c  172.16.3.0 is directly connected, E1
s  172.16.0.0 is directly connected, S0
s  172.16.1.0 [1/0] via 172.16.4.1
```

6.1.5 互联网控制报文协议

例 1   以下关于 ICMP 的描述中，错误的是（   ）。

A）IP 的缺点是没有提供差错控制与查询机制

B）ICMP 为 IP 提供差错控制与查询功能

C）ICMP 作为 IP 的辅助性协议而使用

D）ICMP 报文直接被封装在 Ethernet 帧中

分析：设计该例题的目的是加深读者对 ICMP 概念的理解。在讨论 ICMP 的基本概念时，需要注意以下几个主要问题。

1）IP 提供的是一种无连接的、尽力而为的服务。在分组通过网络传输的过程中，出现各种错误是不可避免的。但是，源结点无法知道分组是否到达目的结点，以及在传输过程中出现哪种错误。

2）IP 的缺点是缺少差错控制与查询机制。互联网控制报文协议（ICMP）就是为解决这个问题而设计的。

3）ICMP 本身是一个网络层的协议。但是，ICMP 报文并不是直接交给数据链路层，而是封装成分组后传送给数据链路层。ICMP 的层次应该高于 IP，但是它不能独立于 IP 而单独存在。

通过上述描述可以看出，ICMP 报文并不是直接封装成数据链路层帧（例如 Ethernet 帧），而是由 IP 封装成分组之后传送给数据链路层。显然，D 所描述的内容弄错了 ICMP 作为 IP 的辅助性协议的地位。

答案：D

例 2 以下关于 ICMP 报文格式的描述中，错误的是（　　）。

A）ICMP 报文由定长的头部和可变的数据部分组成

B）ICMP 头部都包含类型、代码与校验和字段

C）ICMP 头部仅通过类型字段就可区分具体类型

D）ICMP 头部另一个共同的部分是它的校验和

分析：设计该例题的目的是加深读者对 ICMP 报文格式的理解。在讨论 ICMP 报文的基本格式时，需要注意以下几个主要问题。

1）ICMP 报文包括两个部分：头部与数据。其中，头部的长度为 4 字节。数据部分的长度是可变的，具体内容由 ICMP 报文类型来决定。

2）ICMP 头部由 3 个字段组成：类型、代码与头部校验和。

3）类型字段：长度为 8 位，表示 ICMP 报文的基本类型。目前，类型字段主要有 13 个数值，分别表示 13 类 ICMP 报文。例如，3 表示目的不可达报文，5 表示重定向报文，8 表示回送请求报文。类型与代码字段共同标识 ICMP 报文的具体类型。

4）代码字段：长度为 8 位，表示 ICMP 报文的子类型。对于 ICMP 差错通知类报文，每种报文可分为多种子类，如目的不可达报文分为 8 种子类，重定向报文分为 4 种子类。对于 ICMP 查询类报文，如回送请求与应答、路由器查询与通告，它们都不分类型。

通过上述描述可以看出，类型字段用于指出 ICMP 报文的基本类型，代码字段用于进一步指出 ICMP 报文的具体类型。显然，C 所描述的内容忽视了类型与代码字段共同标识 ICMP 报文的具体类型。

答案：C

例 3 以下关于 ICMP 差错报文的描述中，错误的是（　　）。

A）目的不可达报文用于解决分组传输中遇到的拥塞问题

B）超时报文用于解决分组在网络中无限次数转发的问题

C）重定向报文用于解决主机与路由器的路由表差异问题

D）参数问题报文用于说明因分组格式错误而出现的问题

分析：设计该例题的目的是加深读者对 ICMP 差错报文用途的理解。在讨论 ICMP 差错报文的主要用途时，需要注意以下几个主要问题。

1）ICMP 差错报文用于通知 IP 协议工作中出现的问题，它主要分为 5 种类型：目的不可达、源主机抑制、超时、参数问题与重定向。

2）目的不可达报文用于说明分组未到达目的主机的原因。

3）源抑制报文用于解决分组传输过程中遇到的拥塞问题。

4）超时报文用于解决分组在网络中无限次数转发的问题。

5）参数问题报文用于说明因分组格式错误而出现的问题。

6）重定向报文用于解决主机与路由器的路由表差异问题。

通过上述描述可以看出，ICMP 差错报文用于通知 IP 协议工作中出现的问题，目的不可达报文用于说明分组未到达目的主机的原因。显然，A 所描述的内容混淆了目的不可达报文与源抑制报文的基本功能。

答案：A

例 4　以下关于 ICMP 源抑制报文的描述中，错误的是（　　）。

A）源抑制报文为 IP 网络增加了一种流量控制方法

B）类型值为 4、代码值为 0 表示源抑制报文

C）仅路由器可以因出现拥塞而发送源抑制报文

D）对于每个因拥塞而丢弃的分组，都应该发送源抑制报文

分析：设计该例题的目的是加深读者对 ICMP 源抑制报文的理解。在讨论 ICMP 源抑制报文的用途时，需要注意以下几个主要问题。

1）IP 协议提供无连接的分组传输服务，在协议中没有设计流量控制功能，源主机、路由器与目的主机之间没有协调机制。

2）由于路由器的缓冲区长度有限，如果路由器接收分组速度比转发速度慢，则会因缓冲区溢出而丢弃某些分组。

3）源抑制是指路由器或主机因拥塞而向源主机发送报文请求放慢速度。

通过上述描述可以看出，路由器或主机因拥塞都可以向源主机发送源抑制请求，而不是仅路由器可以请求执行源抑制操作。显然，C 所描述的内容忽视了源抑制报文的发送方可以是目的主机。

答案：C

例 5　ICMP 报文格式。

条件：ICMP 报文头部的十六进制数为 "03 03 10 20 00 00 00 00"。

请说明该报文的类型、用途以及发送方。

分析：设计该例题的目的是加深读者对 ICMP 报文格式的理解。在讨论 ICMP 报文的基本格式时，需要注意以下几个主要问题。

1）ICMP 报文包括两个部分：头部与数据。其中，头部的长度为 4 字节；数据部分的长度是可变的，具体内容由报文类型来决定。图 6-33 给出了 ICMP 报文的一般格式。

0	8	16	31
类型	代码	头部校验和	
数据部分			

图 6-33　ICMP 报文的一般格式

2）ICMP 头部由 3 个字段组成：类型、代码与头部校验和。

3）ICMP 报文可以分为两类：差错通知报文与查询报文。ICMP 报文的类型字段值不同，报文格式也有区别。

计算：已知 ICMP 报文头部的十六进制数为"03 03 10 20 00 00 00 00"，根据报文格式划分可以得出结果如下。

1）类型字段值为 03，表示差错通知报文中的"目的不可达"报文（如图 6-34 所示）。

类型：3	代码：0～15	校验和
收到的IP分组的一部分，包括IP分组头与数据的前8字节		

图 6-34 "目的不可达"报文格式

2）代码字段值为 03，表示"目的不可达"报文中的"端口不可达"报文。

3）"端口不可达"的含义是：分组要交付的应用程序未运行。

4）"目的端不可达"报文可以由路由器或主机产生，而"端口不可达"报文只能由目的主机产生。

答案：该报文的类型是"端口不可达"报文，用于说明出错原因是分组要交付的应用程序未运行，发送方是目的主机。

例 6　ICMP 报文格式。

条件：ICMP 报文的十六进制数为"03 01 3A 21 00 00 00 00…"。

请说明该报文的类型、用途以及发送方。

分析：设计该例题的目的是加深读者对 ICMP 报文格式的理解。在讨论 ICMP 报文的基本格式时，需要注意以下几个主要问题。

1）ICMP 报文包括两个部分：头部与数据。其中，头部的长度为 4 字节；数据部分的长度是可变的，具体内容由报文类型来决定。

2）ICMP 头部由 3 个字段组成：类型、代码与头部校验和。

3）ICMP 报文可以分为两类：差错通知报文与查询报文。ICMP 报文的类型字段值不同，报文格式也有区别。

计算：已知 ICMP 报文的十六进制数为"03 01 3A 21 00 00 00 00…"，根据报文格式划分可以得出结果如下。

1）类型字段值为 03，表示差错通知报文中的"目的不可达"报文。

2）代码字段值为 01，表示"目的不可达"报文中的"主机不可达"报文。

3）"主机不可达"的含义是：分组要交付的主机未运行。

4）"目的不可达"报文可以由路由器或主机产生，而"主机不可达"报文只能由路由器产生。

答案：该报文的类型是"主机不可达"报文，用于说明出错原因是分组要交付的主机未运行，发送方是路由器。

例 7　ICMP 报文格式。

条件：ICMP 报文头部的十六进制数为"05 00 11 12 11 0B 03 02"。

请说明该报文的类型、用途与发送方，以及最后 4 字节的含义。

分析：设计该例题的目的是加深读者对 ICMP 报文格式的理解。在讨论 ICMP 报文的基本格式时，需要注意以下几个主要问题。

1）ICMP 报文包括两个部分：头部与数据。其中，头部的长度为 4 字节；数据部分的长度是可变的，具体内容由报文类型来决定。

2）ICMP 头部由 3 个字段组成：类型、代码与头部校验和。

3）ICMP 报文可以分为两类：差错通知报文与查询报文。ICMP 报文的类型字段值不同，报文格式也有区别。

计算：已知 ICMP 报文头部的十六进制数为 "05 00 11 12 11 0B 03 02"，根据报文格式划分可以得出结果如下。

1）类型字段值为 05，表示差错通知报文中的 "重定向" 报文（如图 6-35 所示）。

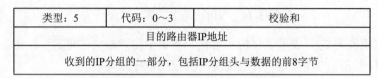

图 6-35 "重定向" 报文格式

2）代码字段值为 00，表示 "重定向" 报文中的 "网络重定向" 报文。

3）"网络重定向" 的含义是：将路由重定向到特定网络。

4）"重定向" 报文只能由路由器产生。

5）最后 4 字节表示目的网络的 IP 地址为 "11 0B 03 02"，转换成点分十进制的 IP 地址为 "17.11.3.2"。

答案：该报文的类型是 "网络重定向" 报文，用于说明将路由重定向到特定网络，发送方是路由器，最后 4 字节是目的网络的 IP 地址 "17.11.3.2"。

例 8 ICMP 报文格式。

条件：两个 ICMP 报文头部的十六进制数分别为 "11 00 61 12 11 0B 03 02" 与 "11 01 61 22 11 0B 03 02"。

请说明这两个报文类型以及区别。

分析：设计该例题的目的是加深读者对 ICMP 报文格式的理解。在讨论 ICMP 报文的基本格式时，需要注意以下几个主要问题。

1）ICMP 报文包括两个部分：头部与数据。其中，头部的长度为 4 字节；数据部分的长度是可变的，具体内容由报文类型来决定。

2）ICMP 头部由 3 个字段组成：类型、代码与头部校验和。

3）ICMP 报文可以分为两类：差错通知报文与查询报文。ICMP 报文的类型字段值不同，报文格式也有区别。

计算：已知两个 ICMP 报文头部的十六进制数分别为 "11 00 61 12 11 0B 03 02" 与 "11 01 61 22 11 0B 03 02"。

1）两个报文的类型字段值为 11，表示是差错通知报文中的 "超时" 报文。

2）二者的区别表现在代码字段值上。第一个报文的代码字段值为 0，表示路由器判断该分组的生存时间为 0；第二个报文的代码字段值为 1，表示目的主机在规定时间内没有收到该分组的所有分片。

答案：两个报文的类型都是 "超时" 报文，第一个报文表示路由器判断该分组的生存时间为 0，第二个报文表示目的主机在规定时间内没有收到该分组的所有分片。

例 9   ICMP 报文格式。

条件：一个结点将时间戳请求报文发送给另一个结点，并接收到对应的时间戳应答报文。其中，原始时间戳为 13560000，接收时间戳为 13562000，发送时间戳为 13564300，应答报文到达时间为 13565800。

请说明：

1）发送时间是多少？

2）接收时间是多少？

3）往返时间是多少？

4）单向传送时间是多少？

5）两个结点时钟之差是多少？

分析：设计该例题的目的是加深读者对 ICMP 时间戳报文的理解。在讨论 ICMP 时间戳报文的功能时，需要注意以下几个主要问题。

1）两个结点之间可以使用 ICMP 时间戳请求与应答报文，确定分组往返传送所需的时间，也可以用作两个结点之间的时钟同步。结点可以是计算机或路由器。

2）图 6-36 给出了时间戳请求与应答报文格式。其中，类型字段值为 13 表示是请求报文，14 表示是应答报文。

类型：13或14	代码：0	校验和
标识符		序　号
原始时间戳		
接收时间戳		
发送时间戳		

图 6-36　时间戳请求与应答报文格式

3）在时间戳请求与应答报文中，有 3 个字段包含时间戳信息。每个字段长度为 32 位，表示 0 ~ 4294967295 的整数，但是实际使用的数字不能超过 1 天。这个数据是以毫秒（ms）为单位的。那么，一天的时间以 ms 计为 $24 \times 60 \times 60 \times 1000 = 86400000$。因此，时间戳字段值应该小于 86400000。

4）源结点创建一个时间戳请求报文，在"原始时间戳"字段填入自己发送该报文的时间，在其他两个字段填入 0。目的结点创建一个时间戳应答报文，在"原始时间戳"字段复制来自请求报文的原始时间戳，在"接收时间戳"字段填入接收到请求报文的时间，在"发送时间戳"字段填入自己发送该报文的时间。

计算：

根据下列计算公式得到：

发送时间 = 接收时间戳值 − 原始时间戳值 =13562000−13560000=2000（ms）

接收时间 = 返回时间值 − 发送时间戳值 =13565800−13564300=1500（ms）

往返时间 = 发送时间 + 接收时间 =2000+1500=3500（ms）

单向传送时间 = 往返时间 /2=3500/2=1750（ms）

两个结点时钟之差 = 接收时间戳值 − 原始时间戳值 − 单向传送时间

=13562000−13560000−1750=250（ms）

答案：

1）发送时间为 2000ms。

2）接收时间为 1500ms。

3）往返时间为 3500ms。

4）单向传送时间为 1750ms。

5）两个结点时钟之差为 250ms。

6.1.6　IP 多播与 IGMP

例 1　以下关于多播概念的描述中，错误的是（　　）。

A）在多播通信中，一个源结点对应多个目的结点

B）路由器可以将接收的分组从它的多个接口转发

C）用多个单播仿真一个多播时，需要更多带宽

D）IP 分组的设计就是面向多播应用而设计

分析：设计该例题的目的是加深读者对 IP 多播概念的理解。在讨论 IP 多播的基本概念时，需要注意以下几个主要问题。

1）IP 分组主要是面向单播通信而设计的。多媒体与实时通信在网络中的应用促进了多播技术的研究。

2）在单播通信中，一个源结点对应一个目的结点；在单播路由选择中，路由器只能从它的一个接口转发接收到的分组。在多播通信中，一个源结点对应多个目的结点；在多播路由选择中，路由器可以从它的多个接口转发接收到的分组。

3）通过多个单播可以仿真多播，但是一个多播所需的带宽小于多个单播带宽之和。由于路由器复制分组的延时很大，因此一个多播分组的延时相对较小。

通过上述描述可以看出，IP 分组最初主要是面向单播通信而设计，多播通信主要应用于后来出现的多媒体与实时通信。显然，D 所描述的内容忽视了 IP 协议设计时最初考虑的应用范围。

答案：D

例 2　以下关于多播路由选择的描述中，错误的是（　　）。

A）为了有效进行多播，需要建立一个由源结点为根、组成员为叶子的支撑树

B）支撑树从根到叶子的每个路径都是可能的最短路径

C）采用组共享树方法时，多播系统中有 N 个组，则最多有 $N \times (N-1)$ 棵树

D）采用源端基准树方法时，源端与组的组合决定了树的结构

分析：设计该例题的目的是加深读者对多播路由选择概念的理解。在讨论多播路由选择的基本概念时，需要注意以下几个主要问题。

1）为了有效地进行多播，需要建立一个由源结点为根、组成员为叶子的支撑树。支撑树从根到叶子的每个路径都是可能的最短路径。

2）多播协议主要采用两类支撑树：组共享树与源端基准树。

3）当采用组共享树时，多播系统中有 N 个组，则最多有 N 棵树。当采用源端基准树时，源端与组的组合决定了树的结构。

通过上述描述可以看出，采用组共享树方法时，多播系统中有 N 个组，则最多有 N 棵

树，而不是 $N \times (N-1)$ 棵树。显然，C 所描述的内容弄错了组共享树方法中关于支撑树数量的规则。

答案：C

例 3　以下关于 IGMP 的描述中，错误的是（　　）。

A）IGMP 主要为 IP 协议提供差错控制功能

B）IGMP 报文可用于加入一个多播组

C）IGMP 报文可用于探询多播组的成员

D）IGMP 报文需要多播路由器的转发

分析：设计该例题的目的是加深读者对 IGMP 的理解。在讨论 IGMP 的基本内容时，需要注意以下几个主要问题。

1）IGMP 是一种针对多播组成员的管理协议。

2）当某个主机要加入一个新的多播组时，该主机向该组发送一个 IGMP 报文，声明自己希望成为该组的成员。本地的多播路由器收到 IGMP 报文后，将组成员关系转发给其他多播路由器。

3）由于多播组的成员关系是动态的，因此多播路由器需要周期性探询本地网络，以便知道这些主机是否继续留在组中。只要某个组中有一台主机响应，则多播路由器就认为该组是活跃的。

4）多播路由器在探询多播组的成员关系时，仅须对所有组发送一个 IGMP 报文，而不需要对每个组发送一个 IGMP 报文。

通过上述描述可以看出，IGMP 是一种针对多播组成员管理的协议，而 ICMP 是为 IP 提供差错控制与查询功能的协议。显然，A 所描述的内容混淆了 IGMP 与 ICMP 的基本功能。

答案：A

6.1.7　QoS 与 RSVP、DiffServ、MPLS 协议

例 1　以下关于 RSVP 的描述中，错误的是（　　）。

A）RSVP 为某个应用会话提供 QoS 保障

B）RSVP 可以为单播或多播通信预留资源

C）RSVP 可以为双向的数据流预留资源

D）数据流的接收方发起并维护预留资源

分析：设计该例题的目的是加深读者对 RSVP 的理解。在讨论 RSVP 的基本概念时，需要注意以下几个主要问题。

1）RSVP 是为某个应用会话提供 QoS 保障的资源预留协议。源结点和目的结点之间需要在会话之前建立连接，路径上的所有路由器都要预留所需的资源，这里的资源主要包括带宽与缓冲区。

2）RSVP 可以为单播或多播通信预留资源。组成员或路由改变时可以动态调整，并且可以为多播成员各自预留资源。

3）RSVP 只能为单向的数据流预留资源。两个结点之间的数据交换需要在两个方向上分别做出预留。

4）数据流的接收方发起并维护预留资源；数据流的接收方负责维护软状态。

通过上述描述可以看出，RSVP 只能为单向的数据流预留资源，而双向的数据流需要在两个方向上分别预留资源。显然，C 所描述的内容不符合 RSVP 关于双向数据流的资源预留规定。

答案：C

例 2 以下关于 RSVP 工作过程的描述中，错误的是（　　）。

A）RSVP 在通信双方建立会话之前预留资源

B）RSVP 分组分为 PATH 分组与 RESV 分组

C）PATH 分组用于在预留资源之前探寻路径

D）RESV 分组需要由发送方发送到接收方

分析：设计该例题的目的是加深读者对 RSVP 工作过程的理解。在讨论 RSVP 的工作过程时，需要注意以下几个主要问题。

1）源结点和目的结点之间需要在会话之前建立连接，路径上的所有路由器都要预留所需的资源。RSVP 分组用于探寻路径与预留资源。

2）PATH 分组由发送方发送到接收方，在传输过程中收集路径上的资源信息，以供接收方做出能否执行预留的决定。

3）RESV 分组由接收方发送到发送方，沿着与 PATH 分组相反的传输路径，通知路径上的所有路由器执行预留资源。

通过上述描述可以看出，RESV 分组用于通知路径上的所有路由器预留资源，它是由接收方发送到发送方，而不是由发送方发送到接收方。显然，D 所描述的内容混淆了 PATH 与 RESV 分组的传输方向。

答案：D

例 3 以下关于 DiffServ 概念的描述中，错误的是（　　）。

A）DiffServ 网络被分为两级：DS 区与 DS 域

B）DS 域由毗邻、属于同一机构的网络构成

C）边界路由器仅能将不同 DS 域互联成 DS 区

D）DS 域的内部结点采用统一的服务提供策略

分析：设计该例题的目的是加深读者对 DiffServ 概念的理解。在讨论 DiffServ 的基本概念时，需要注意以下几个主要问题。

1）实现 DiffServ 功能的结点称为 DS 结点。DS 结点分为两类：内部结点与边界结点。边界结点可以是路由器、主机或防火墙。

2）DiffServ 网络被分为两级：DS 区与 DS 域。其中，DS 域由一组互联的 DS 结点构成，采用统一的服务提供策略。DS 域的内部结点仅完成调度转发功能，而流状态与监控信息保存在边界结点。不同 DS 域之间通过边界路由器互联构成 DS 区。

3）边界路由器可以连接 DS 域与非 DS 域。边界路由器根据流规定和资源预留信息，将进入网络的单个流分类、整形、汇聚成不同的聚合流。

4）DS 域由毗邻、属于同一机构的网络构成，如某个校园网、企业网或 ISP 网络。连续的几个 DS 域构成 DS 区，可以支持跨越多个域的区分服务。

通过上述描述可以看出，边界路由器既能将不同 DS 域互联成 DS 区，也可以将 DS 域与非 DS 域互联起来。显然，C 所描述的内容局限了边界路由器的互联功能。

答案：C

例 4　以下关于 MPLS 概念的描述中，错误的是（　　）。

A）MPLS 是一种快速交换的路由方案

B）MPLS 将第二层 NAT 技术引入网络层

C）构成 MPLS 域的路由器称为 LSR

D）MPLS 域边缘连接其他子网的是 E-LSR

分析：设计该例题的目的是加深读者对 MPLS 概念的理解。在讨论 MPLS 的基本概念时，需要注意以下几个主要问题。

1）MPLS 是一种快速交换的路由方案，它对保障 QoS 有重要的实用价值。MPLS 将第二层交换技术引入网络层，以便实现 IP 分组的快速交换。

2）MPLS 的核心网络称为 MPLS 域，构成它的路由器称为标记交换路由器（LSR）。LSR 不是通过软件在路由表中查找下一跳地址，而是根据"标记"通过交换机硬件在第二层实现快速转发。

3）在 MPLS 域的边缘，边界标记交换路由器（E-LSR）用于连接其他子网。MPLS 在 E-LSR 之间建立标记交换路径（LSP），这种 LSP 与 ATM 的虚电路相似。

通过上述描述可以看出，MPLS 将第二层交换技术引入网络层，以便实现 IP 分组的快速交换，而 NAT 是解决 IP 地址短缺问题的技术之一。显然，B 所描述的内容混淆了交换技术与 NAT 技术的基本功能。

答案：B

6.1.8　地址解析协议

例 1　以下关于 ARP 相关概念的描述中，错误的是（　　）。

A）主机在网络层采用 IP 地址来标识

B）路由器在网络层以物理地址来标识

C）ARP 用于从 IP 地址映射出物理地址

D）ARP 执行的映射过程被称为正向解析

分析：设计该例题的目的是加深读者对 ARP 概念的理解。在讨论 ARP 的相关概念时，需要注意以下几个主要问题。

1）互联网是通过路由器和网关等网络设备将很多网络互联而成。由于这些网络可能是 Ethernet、Token Ring、ATM 或其他网络，因此 IP 分组从源主机到达目的主机可能经过多种异型网络。

2）对于 TCP/IP，主机和路由器在网络层用 IP 地址来标识，而在数据链路层用物理地址（例如 Ethernet 的 MAC 地址）来标识。

3）在互联网中需要一种地址"动态映射"方法，以解决 IP 地址与物理地址的映射问题，这样为地址解析研究提出了应用需求。

4）从已知 IP 地址找出对应物理地址的映射过程是正向解析，相应的协议称为地址解析协议（ARP）。从已知物理地址找出对应 IP 地址的映射过程是反向解析，相应的协议称为反向地址解析协议（RARP）。

通过上述描述可以看出，对于 TCP/IP，主机和路由器在网络层用 IP 地址来标识，而在数据链路层用物理地址来标识。显然，B 所描述的内容混淆了主机和路由器在网络层使用的地址类型。

答案：B

例 2　以下关于 ARP 报文格式的描述中，错误的是（　　）。

A）硬件类型字段表示物理网络类型

B）协议类型字段表示网络层协议

C）操作字段表示使用报文的应用层协议

D）发送方硬件地址是源结点的物理地址

分析：设计该例题的目的是加深读者对 ARP 报文格式的理解。在讨论 ARP 报文的基本格式时，需要注意以下几个主要问题。

1）ARP 通过传输 ARP 报文来完成地址解析过程。ARP 报文可以分为两类：ARP 请求与 ARP 应答。图 6-37 给出了 ARP 报文格式。

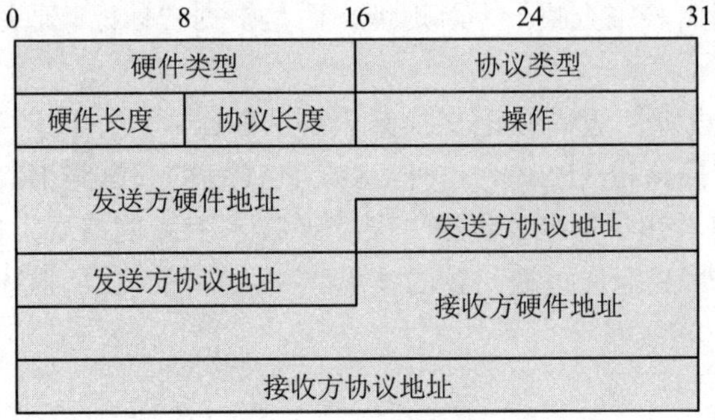

图 6-37　ARP 报文格式

2）ARP 报文各个字段的用途如下：

①硬件类型：字段长度为 16 位，表示物理网络类型。

②协议类型：字段长度为 16 位，表示网络层协议类型。

③硬件长度：字段长度为 8 位，表示物理地址长度。

④协议长度：字段长度为 8 位，表示网络层地址长度。

⑤操作：字段长度为 16 位，表示 ARP 报文类型。

⑥发送方硬件地址：字段长度为 48 位，表示源结点的物理地址。

⑦发送方协议地址：字段长度为 32 位，表示源结点的 IP 地址。

⑧接收方硬件地址：字段长度为 48 位，表示目的结点的物理地址。

⑨接收方协议地址：字段长度为 32 位，表示目的结点的 IP 层地址。

通过上述描述可以看出，操作字段表示 ARP 报文类型，即该报文是 ARP 请求还是应答，而不是使用 ARP 报文的应用层协议。显然，C 所描述的内容不符合 ARP 关于操作字段用途的规定。

答案：C

例 3　ARP 报文格式。

条件：主机 1 的 IP 地址为 131.23.34.5、物理地址为 0xB23456CA2212，主机 2 的 IP 地址为 131.23.34.25、物理地址为 0xAB3456AA2210，主机 1 将一个分组发送给主机 2。这两台主机连接在一个 Ethernet 中。

请用十六进制数表示出 ARP 请求与应答报文。

分析：设计该例题的目的是加深读者对 ARP 报文格式的理解。在讨论 ARP 报文的基本格式时，需要注意以下几个主要问题。

1）硬件类型：字段长度为 16 位，表示物理网络类型。这里，“1”表示 Ethernet，换算成十六进制为“0x0001”。

2）协议类型：字段长度为 16 位，表示网络层协议类型。这里，“2048”表示 IPv4 协议，换算成十六进制为“0x0800”。

3）硬件长度：字段长度为 8 位，表示物理地址长度，以字节为单位。这里，“6”是 Ethernet 地址长度，换算成十六进制为“0x06”。

4）协议长度：字段长度为 8 位，表示网络层地址长度，以字节为单位。这里，“4”是 IPv4 地址长度，换算成十六进制为“0x04”。

5）操作：字段长度为 16 位，表示 ARP 报文类型。这里，“1”表示 ARP 请求，换算成十六进制为“0x0001”；“2”表示是 ARP 应答，换算成十六进制为“0x0002”。

6）发送方硬件地址：字段长度为 48 位，表示源结点的物理地址。对于 ARP 请求，填入主机 1 的物理地址；对于 ARP 应答，填入主机 2 的物理地址。

7）发送方协议地址：字段长度为 32 位，表示源结点的 IP 地址。对于 ARP 请求，填入主机 1 的 IP 地址，并换算成十六进制格式；对于 ARP 应答，填入主机 2 的 IP 地址，并换算成十六进制格式。

8）接收方硬件地址：字段长度为 48 位，表示目的结点的物理地址。对于 ARP 请求，填入广播的物理地址；对于 ARP 应答，填入主机 1 的物理地址。

9）接收方协议地址：字段长度为 32 位，表示目的结点的 IP 层地址。对于 ARP 请求，填入主机 2 的 IP 地址，并换算成十六进制格式；对于 ARP 应答，填入主机 1 的 IP 地址，并换算成十六进制格式。

答案：图 6-38 给出了 ARP 请求与应答报文。

0x0001		0x0800
0x06	0x04	0x0001
0xB23456CA		
0x2212 0x8317		
0x2205 0x0000		
0x00000000		
0x83172219		

ARP请求报文

0x0001		0x0800
0x06	0x04	0x0002
0xAB3456AA		
0x2210 0x8317		
0x2219 0xB234		
0x56CA2212		
0x83172205		

ARP应答报文

图 6-38 ARP 请求与应答报文

6.1.9 移动 IP

例 1 以下关于移动 IP 实体的描述中，错误的是（ ）。

A）移动结点包括可以迁移到不同链路上的主机

B）家乡代理是移动结点在家乡网络使用的路由器

C）外地代理和家乡代理统称为移动代理

D）通信对端仅指与移动结点通信的另一个移动结点

分析：设计该例题的目的是加深读者对移动 IP 实体的理解。在讨论移动 IP 的功能实体时，需要注意以下几个主要问题。

1）移动结点是指从一个链路移动到另一个链路的主机或路由器。移动结点在改变接入点之后，可以不改变其 IP 地址，而继续与其他结点通信。

2）家乡代理是指移动结点最初使用的家乡网络接入互联网的路由器。当移动结点离开家乡网络的情况时，它负责将发送给移动结点的分组通过隧道转发给移动结点，并且维护移动结点当前的位置信息。

3）外地代理是指移动结点当前使用的外地网络接入互联网的路由器。外地代理接收家乡代理通过隧道发送给移动结点的分组；为移动结点发送的分组提供路由服务。家乡代理和外地代理统称为移动代理。

4）通信对端是指与移动结点通信的对方结点，它可以是一个固定结点，也可以是一个移动结点。

通过上述描述可以看出，通信对端是指与移动结点通信的对方结点，它可以是一个固定结点，也可以是一个移动结点。显然，D 所描述的内容不符合通信对端可以是移动结点或固定结点的规定。

答案：D

例 2 以下关于移动 IP 术语的描述中，错误的是（　　）。

A）家乡链路是指移动结点在家乡网络时接入的本地链路

B）外地网络是为临时接入的移动结点分配转交地址的网络

C）家乡代理将 IP 分组转发给移动结点所用的通道称为虚电路

D）移动绑定是家乡网络维护的移动结点家乡地址与转发地址的关联

分析：设计该例题的目的是加深读者对移动 IP 术语的理解。在讨论移动 IP 的常用术语时，需要注意以下几个主要问题。

1）家乡网络是对某个移动结点永久拥有管理权，并负责为其分配家乡地址的网络。家乡链路是移动结点在家乡网络时接入的本地链路。家乡地址是家乡网络为自己管理的移动结点分配的长期 IP 地址。

2）外地网络是对某个移动结点临时拥有管理权，并负责为其分配转交地址的网络。外地链路是移动结点在外地网络时接入的本地链路。转交地址是外地网络为临时接入的移动结点分配的临时 IP 地址。

3）移动绑定是家乡网络负责维护的移动结点所用家乡地址与转发地址的关联。

4）隧道是家乡代理将 IP 分组转发给移动结点所用的通道。

通过上述描述可以看出，隧道是指家乡代理将 IP 分组转发给移动结点所用的通道，而虚电路通常是指在虚电路交换中建立的逻辑链路。显然，C 所描述的内容混淆了隧道与虚电路这两个术语。

答案：C

例 3 以下关于移动 IPv4 代理发现的描述中，错误的是（　　）。

A）移动 IPv4 工作过程的第 1 阶段是移动代理发现

B）代理发现通过扩展 IGMP 组播管理报文来实现

C）移动代理周期性地在本地网络中发送代理通告报文

D）移动结点通过接收代理通告报文判断所在的网络

分析：设计该例题的目的是加深读者对移动代理发现的理解。在讨论移动代理的发现过程时，需要注意以下几个主要问题。

1）移动 IPv4 的工作过程分为 4 个阶段：代理发现、注册、分组路由与注销。移动结点首先需要能够发现移动代理。

2）代理发现通过扩展 ICMP 路由发现机制来实现。为了提供代理发现功能，ICMP 定义了"代理通告"和"代理请求"两种新的报文。

3）移动代理将会周期性地发送代理通告报文，或者为响应移动结点的代理请求而发送代理通告报文。

4）移动结点在接收到代理通告报文后，判断自己是在家乡网络还是外地网络。当移动结点访问外地网络时，可选择使用外地代理提供的转交地址。

通过上述描述可以看出，移动代理发现通过扩展 ICMP 路由发现机制来实现，而不是通过扩展 IGMP 组播管理功能来实现。显然，B 所描述的内容混淆了 ICMP 路由发现与 IGMP 组播管理的用途。

答案：B

例 4   以下关于移动 IPv4 代理注册的描述中，错误的是（   ）。

A）移动 IPv4 工作过程的第 2 阶段是移动代理注册

B）注册过程涉及移动结点、外地代理和家乡代理

C）代理注册主要在家乡代理上创建或修改"移动绑定"

D）移动 IPv4 仅支持移动结点直接向家乡代理注册

分析：设计该例题的目的是加深读者对移动代理注册的理解。在讨论移动代理的注册过程时，需要注意以下几个主要问题。

1）移动 IPv4 的工作过程分为 4 个阶段：代理发现、注册、分组路由与注销。移动结点到达外地网络后需要完成注册代理。

2）代理注册过程涉及移动结点、外地代理和家乡代理。通过交换注册报文在家乡代理上创建或修改"移动绑定"，家乡代理可在生存期内维护移动结点的家乡地址与转发地址的关联。

3）移动 IPv4 定义了两种代理注册方法：一是移动结点通过外地代理向家乡代理转发注册请求，家乡代理通过外地代理向移动结点转发注册应答；二是移动结点直接向家乡代理发送注册请求，家乡代理直接向移动结点返回注册应答。

通过上述描述可以看出，移动 IPv4 定义了两种代理注册方法：一是通过外地代理向家乡代理转发注册请求，二是移动结点直接向家乡代理注册。显然，D 所描述的内容不符合移动 IPv4 关于代理注册方法的规定。

答案：D

例 5   以下关于移动 IPv4 分组路由的描述中，错误的是（   ）。

A）移动结点无须注册也能与通信对端之间完成通信

B）移动 IPv4 支持单播、广播与多播等分组传输方式

C）通信对端发送的单播分组首先交给目的结点的家乡代理

D）移动结点发送的单播分组可由外地代理路由到目的结点

分析：设计该例题的目的是加深读者对移动 IPv4 分组路由的理解。在讨论移动 IPv4 的分组路由时，需要注意以下几个主要问题。

1）移动 IPv4 的工作过程分为 4 个阶段：代理发现、注册、分组路由与注销。移动结点完成代理发现与注册之后，才能够与通信对端之间进行分组传输。

2）移动 IPv4 的分组传输可以分为 3 种情况：单播、广播与多播。

3）当通信对端向移动结点发送单播分组时，该分组首先被发送给移动结点的家乡代理。如果家乡代理判断目的主机在外地网络中，通过隧道将该分组发送给外地代理，并由外地代理转发给移动结点。

4）当移动结点向通信对端发送单播分组时，可以采用两种方法：一是通过外地代理路由到目的主机；二是通过家乡代理转发到目的主机。

通过上述描述可以看出，移动结点在完成代理发现与注册之后，才能够与通信对端之间进行分组传输，而不能省略过代理发现与注册过程。显然，A 所描述的内容不符合移动 IPv4 规定的工作过程。

答案：A

6.1.10   IPv6

例 1   以下关于 IPv6 特点的描述中，错误的是（   ）。

A）IPv6 通过将一些非根本性的字段移到扩展头部以提高处理效率

B）IPv6 定义 128 位的地址长度仅用于为各种设备提供更多的 IP 地址

C）IPv6 支持有状态地址自动配置与无状态地址自动配置

D）IPv6 采用 ICMPv6 来代替 ARP、ICMP、IGMP 等辅助性协议

分析：设计该例题的目的是加深读者对 IPv6 特点的理解。在讨论 IPv6 的技术特点时，需要注意以下几个主要问题。

1）IPv6 头部采用一种新的格式，以最大程度减少头部的开销。IPv6 将一些非根本性和可选的字段移到扩展头部中，转发路由器在处理简化的头部时效率更高。

2）IPv6 的地址长度定为 128 位，可提供多达超过 3.4×10^{38} 个 IP 地址。今后的手机、汽车、家电、传感器等移动智能设备都可以获得 IP 地址。

3）巨大的地址空间能更好地将路由结构划分出层次，允许使用多级的子网划分和地址分配，更好地适应现代互联网的 ISP 层次结构与网络层次结构。

4）IPv6 支持 DHCPv6 服务器的有状态地址自动配置，也支持没有 DHCPv6 服务器的无状态地址自动配置，由主机为自己配置一个链路本地地址。

5）IPv6 以扩展头部的形式支持 IPSec 协议，为保障网络安全提供了一种标准的解决方案。IPSec 由两种安全协议（AH 与 ESP）与一种安全配置协议组成。

6）IPv6 头部中的新字段定义如何识别和处理通信流，主要通过流类型字段来区分优先级，以便路由器对同属一个流的分组进行识别和特殊处理。

7）IPv6 采用更有效的组播和单播 ICMPv6 报文，代替原来为 IPv4 提供辅助性服务的 ARP、ICMP、IGMP 等协议。

8）通过在基本头部之后添加新的扩展头部，IPv6 可以方便地实现功能上的扩展。

通过上述描述可以看出，地址长度为 128 位的原因当然是需要更多的可用地址，更深层次原因是通过巨大的地址空间更好地将路由结构划分出层次。显然，B 所描述的内容局限了 IPv6 地址长度选择的主要目的。

答案：B

例 2   以下关于 IPv6 与 IPv4 头部比较的描述中，错误的是（   ）。

A）IPv6 取消了头部长度字段，这是由于基本头部长度固定

B）IPv6 用跳步限制字段代替 IPv4 的生存周期字段

C）IPv6 用片偏移字段代替了 IPv4 的总长度字段

D）IPv4 的选项部分被移到 IPv6 的扩展头部中

分析：设计该例题的目的是加深读者对 IPv6 与 IPv4 头部格式的理解。在讨论 IPv6 与 IPv4 头部格式的比较时，需要注意以下几个主要问题。

1）IPv6 字段数从 IPv4 的 12 个（包括选项）减少到 8 个，并且 IPv6 基本头部长度是固定的，IPv4 头部长度是可变的。因此，IPv6 头部可以取消"头部长度"字段。

2）中间路由器必须处理的 IPv6 字段数从 IPv4 的 6 个减少到 4 个，路由器可以更有效率地接收与转发 IPv6 分组。

3）IPv6 用有效载荷长度字段代替了 IPv4 的总长度字段。IPv4 的总长度包括头部长度，而 IPv6 仅表示有效载荷的长度。

4）IPv6 地址长度是 IPv4 地址长度的 4 倍，而 IPv6 基本头部的长度是 IPv4 最小头部长度的 2 倍。

5）IPv6 用通信类型字段代替了 IPv4 的服务类型字段。

6）IPv6 用跳步限制字段代替了 IPv4 的生存时间字段。

7）IPv6 将 IPv4 头部中用于支持分配的字段（如标识、标志、片偏移）都移到扩展头部中。

8）IPv6 用下一个报头字段代替了 IPv4 的协议字段。

9）IPv6 取消了头部校验和字段，相应的功能由数据链路层来承担。

10）IPv6 将 IPv4 头部中的选项部分移到扩展头部中。

通过上述描述可以看出，IPv6 用有效载荷长度字段代替了 IPv4 的总长度字段，而片偏移是 IPv4 头部中用于支持分片的字段。显然，C 所描述的内容混淆了长度字段与片偏移字段的基本用途。

答案：C

例 3　以下关于 IPv6 地址"BD02:120D:0000:0000:0000:72A2:0000:00C0"的表示中，错误的是（　　）。

A）BD02:120D::0:72A2:0:00C0

B）BD02:120D:0:0:0:72A2::C0

C）BD02:120D::72A2:0:00C0

D）BD02:120D::0:72A2:0:0C

分析：设计该例题的目的是加深读者对 IPv6 地址格式的理解。在讨论 IPv6 地址的简化方法时，需要注意以下几个主要问题。

1）IPv6 的 128 位地址按每 16 位划分为一个位段，每个位段被转换为一个 4 位十六进制数，并用冒号隔开，称为冒号分十六进制表示法。

2）IPv6 地址中可能出现多个"0"，可压缩一个位段中的前导"0"，如"0000"可以简写为"0"。

3）为了进一步简化 IPv6 地址表示，如果地址中连续几个位段都为"0"，则这些"0"可简写为"::"，称为双冒号表示法。

4）采用零压缩法需要注意两个问题：不能压缩掉一个位段内的有效"0"；双冒号在一个地址中只能出现一次。

通过上述描述可以看出，当采用零压缩法简化 IPv6 地址时，可以压缩掉一个位段中的前导 "0"，但是不能压缩掉一个位段中的有效 "0"。显然，D 所描述的内容压缩了 IPv6 地址最后一个位段中的有效 "0"。

答案：D

例 4 以下关于 IPv6 "下一个头部" 字段的描述中，错误的是（   ）。

A）"下一个头部" 字段仅用于指出扩展头部类型

B）"下一个头部" 可用于指出有效载荷的来源

C）"下一个头部" 字段用途类似于 IPv4 中的协议类型

D）"下一个头部" 字段值为 17，表示有效载荷来自 UDP

分析：设计该例题的目的是加深读者对 IPv6 字段类型的理解。在讨论 IPv6 的 "下一个头部" 字段时，需要注意以下几个主要问题。

1）在 IPv6 基本头部中，"下一个头部" 字段长度为 8 位，用于表示跟在基本头部之后的头部类型。

2）如果 IPv6 使用扩展头部，则 "下一个头部" 指出扩展头部类型。如果 IPv6 没有使用扩展头部，则 "下一个头部" 指出有效载荷的来源。

3）表 6-18 给出了 "下一个头部" 字段值及其对应协议。例如，"下一个头部" 字段值为 6，表示该分组没有扩展头部，其有效载荷来自 TCP。

表 6-18 "下一个头部" 字段值及其对应协议

字段值	关键字	协议类型
3	GGP	Gateway-to-Gateway Protocol
4	IP	IP in IP
6	TCP	TCP
8	EGP	Exterior Gateway Protocol
9	IGP	Interior Gateway Protocol
17	UDP	UDP
46	RSVP	ReServation reserVation Protocol
48	MHRP	Mobile Host Routing Protocol
58	ICMPv6	Internet Control Message Protocol version 6

通过上述描述可以看出，如果 IPv6 使用扩展头部，则 "下一个头部" 指出扩展头部类型；如果 IPv6 没有使用扩展头部，则 "下一个头部" 指出有效载荷来源。显然，A 所描述的内容不符合 IPv6 关于 "下一个头部" 的规定。

答案：A

例 5 以下关于 IPv4 到 IPv6 过渡方法的描述中，错误的是（   ）。

A）双协议栈方案是一个结点同时运行 IPv4 与 IPv6

B）双 IP 协议层实际上就是双协议栈方案

C）两台 IPv6 主机通过 IPv4 网络传输数据时可使用隧道技术

D）隧道配置可分为 3 类：路由器 – 路由器、主机 – 路由器与主机 – 主机

分析：设计该例题的目的是加深读者对 IPv4 到 IPv6 过渡方法的理解。在讨论 IPv4 到 IPv6 过渡的方法时，需要注意以下几个主要问题。

1）IPv4 到 IPv6 过渡方法可以分为双 IP 协议层与双协议栈，以及隧道技术。

2）双 IP 协议层与双协议栈方案是不同的。双 IP 协议层是指一个结点同时运行 IPv4 与 IPv6，它仅涉及网络层。双协议栈是指一个结点同时运行 IPv4 与 TCP/UDP，以及 IPv6 与 TCP/UDP，它涉及网络层与传输层。

3）隧道配置可以分为 3 类：路由器 – 路由器、主机 – 路由器或路由器 – 主机，以及主机 – 主机。

通过上述描述可以看出，双 IP 协议层是指一个结点同时运行 IPv4 与 IPv6，它仅涉及网络层，与双协议栈方案是不同的。显然，B 所描述的内容混淆了双 IP 协议层与双协议栈方案的内容。

答案：B

例 6　以下关于 IPv6 扩展头部的描述中，错误的是（　　）。

A）IPv6 将 IPv4 的选项部分移到扩展头部中

B）每种扩展头部的第 1 个字节都是 "下一个头部" 字段

C）"下一个头部" 字段值为 50 代表的是认证头部

D）路由器唯一要处理的扩展头部是目标选项头部

分析：设计该例题的目的是加深读者对 IPv6 扩展头部的理解。在讨论 IPv6 扩展头部的相关概念时，需要注意以下几个主要问题。

1）IPv6 将 IPv4 选项部分移到扩展头部中。每个路由器仅须处理定长的基本头部，唯一要处理的扩展头部是逐跳选项头部。

2）IPv6 扩展头部包括：逐跳选项头部、目标选项头部、路由头部、分片头部、认证头部与封装安全载荷头部。

3）每种扩展头部由不同字段构成，长度各不相同，但必须是 8 字节的整数倍。扩展头部第 1 个字节都是 "下一个头部" 字段，说明该扩展头部的类型（如表 6-19 所示）。

表 6-19　"下一个头部" 字段值及其对应扩展头部

字段值	扩展头部类型
0	逐跳选项头部（hop-by-hop option header）
43	路由头部（routing header）
44	分片头部（fragment header）
50	认证头部（authentication header）
51	封装安全载荷头部（encapsulating security payload header）
60	目标选项头部（destination option header）

4）如果 IPv6 分组中有多个扩展头部，则这些扩展头部的顺序依次为：逐跳选项头部、目标选项头部、路由头部、分片头部、认证头部与封装安全载荷头部。

通过上述描述可以看出，路由器仅需要处理定长的基本头部，唯一要处理的扩展头部是逐跳选项头部，而不是目标选项头部。显然，D 所描述的内容混淆了逐跳选项与目标选项头部的处理要求。

答案：D

例 7　IPv6 地址格式。

条件：已知 IPv6 地址为 "1A22:120D:0000:0000:72A2:0000:0000:00C0"，采用零压缩法简化后获得如下地址。

（1）1A22:120D::72A2:0000:0000:00C

（2）1A22:120D:0:0:72A2..00C0

（3）1A22:120D::72A2::C0

（4）1A22:120D:0:0:72A2::C0

请说明以上压缩后的格式是否正确。

分析：设计该例题的目的是加深读者对 IPv6 地址格式的理解。在讨论 IPv6 地址的简化方法时，需要注意以下几个主要问题。

1）IPv6 的 128 位地址按每 16 位划分为一个位段，每个位段被转换为一个 4 位十六进制数，并用冒号隔开，称为冒号分十六进制表示法。

2）IPv6 地址中可能出现多个"0"，可压缩一个位段中的前导"0"，如"0000"可以简写为"0"。

3）为了进一步简化 IPv6 地址表示，如果地址中连续几个位段都为"0"，则这些"0"可简写为"::"，称为双冒号表示法。

4）采用零压缩法需要注意两个问题：不能压缩掉一个位段内的有效"0"；双冒号在一个地址中只能出现一次。

计算：

1）已知"1A22:120D::72A2:0000:0000:00C"，其中"00C"压缩掉有效"0"，因此简化后的 IPv6 地址错误。

2）已知"1A22:120D:0:0:72A2..00C0"，其中".."应该为"::"，因此简化后的 IPv6 地址错误。

3）已知"1A22:120D::72A2::C0"，其中"::"出现了两次，因此简化后的 IPv6 地址错误。

4）已知"1A22:120D:0:0:72A2::C0"，符合零压缩法的所有要求，因此简化后的 IPv6 地址正确。

答案：

1）简化后的 IPv6 地址错误。

2）简化后的 IPv6 地址错误。

3）简化后的 IPv6 地址错误。

4）简化后的 IPv6 地址正确。

例 8 IPv6 地址格式。

条件：已知采用零压缩法简化后的 IPv6 地址为"FF02:3::5:1"。

请说明"::"之间被压缩了多少位"0"。

分析：设计该例题的目的是加深读者对 IPv6 地址格式的理解。在讨论 IPv6 地址的简化方法时，需要注意以下几个主要问题。

1）IPv6 的 128 位地址按每 16 位划分为一个位段，每个位段被转换为一个 4 位十六进制数，并用冒号隔开，称为冒号分十六进制表示法。

2）IPv6 地址中可能出现多个"0"，可压缩一个位段中的前导"0"，如"0000"可以简写为"0"。

3）为了进一步简化 IPv6 地址表示，如果地址中连续几个位段都为"0"，则这些"0"可简写为"::"，称为双冒号表示法。

4）确定"::"之间压缩掉多少位 0，可以看地址中有多少个位段，然后用 8 减去这个数，再将结果乘以 16。

计算：已知 IPv6 地址为 "FF02:3::5:1"，该地址还有 4 个位段，因此压缩掉 "0" 的位数为 (8–4)×16=64。

答案："::" 之间被压缩了 64 位 0。

6.2　同步练习

6.2.1　术语辨析题

用给出的定义标识出对应的术语（本题给出 26 个定义，请从中选出 20 个，分别将序号填写在对应的术语前的空格处）。

（1）_____ TTL
（2）_____ B 类 IP 地址
（3）_____ 专用 IP 地址
（4）_____ 松散源路由
（5）_____ 直接广播地址
（6）_____ 向量 – 距离路由算法
（7）_____ 版本字段
（8）_____ 全局 IP 地址
（9）_____ 回送地址
（10）_____ 默认路由器
（11）_____ 协议字段
（12）_____ 间接交付
（13）_____ 物理地址
（14）_____ 服务类型字段
（15）_____ 受限广播地址
（16）_____ 严格源路由
（17）_____ 分片标识
（18）_____ 自治系统
（19）_____ IP 协议
（20）_____ 子网掩码

A. 提供 "尽力而为" 服务的网络层协议。

B. IP 头部中的第一个字段。

C. IP 头部中指出使用 IP 协议的高层协议类型的字段。

D. IP 头部中指示路由器如何处理分组、可靠性与吞吐量的字段。

E. IP 头部中表示一个分组可经过的最多路由器跳数的字段。

F. IP 头部中表示分片属于同一分组的字段。

G. 规定分组经过路径上的每个路由器，并且中途不能改变转发顺序。

H. 规定分组经过路径上的部分路由器，但是中途可以经过其他路由器。

I. 用点分十进制方法表示的地址。

J. 仅用于内部网络的地址，如果要访问互联网需要进行地址转换。

K. 可用于互联网中的路由器寻址的地址。

L. Ethernet 的 MAC 地址。

M. 网络号长度为 14 位的标准分类地址。

N. 将分组以广播方式发送给特定网络中所有主机的地址。

O. 将分组以广播方式发送给本地网络中所有主机的地址。

P. 网络号为 0、主机号确定的地址。

Q. 进程发送一个分组给本机的另一个进程，用来测试本地进程通信状况的地址。

R. 用于从一个 IP 地址中提取出子网号的编码。

S. 互联网中路由器转发 IP 分组的转发过程。

T. 主机通过局域网接入的第一跳路由器。

U. 源主机与目的主机在同一网络，或目的路由器向目的主机传送分组的交付方式。

V. 源主机与目的主机不在同一网络时的分组交付方式。

W. 互联网分层路由中将整个互联网划分为很多较小的系统。

X. 主干与区域路由器连接的设备。

Y. RIP 使用的路由选择算法。

Z. OSPF 使用的路由选择算法。

6.2.2　单项选择题

（1）在 IPv4 分组格式中，表示承载的高层协议类型的字段是（　　）。

    A）标识　　　　　　　　　　　B）服务类型

    C）协议　　　　　　　　　　　D）版本

（2）在 IPv4 分组中，头部长度字段的取值范围是（　　）。

    A）5 ～ 15　　　　　　　　　　B）20 ～ 60

    C）1 ～ 10　　　　　　　　　　D）5 ～ 40

（3）在以下几个 IPv4 地址中，属于 C 类地址的是（　　）。

    A）22.113.1.55　　　　　　　　B）102.113.1.55

    C）191.113.1.55　　　　　　　D）202.113.1.55

（4）IPv4 地址"255.255.255.255"的类型是（　　）。

    A）B 类地址　　　　　　　　　B）受限广播地址

    C）回送地址　　　　　　　　　D）直接广播地址

（5）在以下几种路由协议中，采用向量 – 距离算法的是（　　）。

    A）BGP　　　　　　　　　　　B）EGP

    C）RIP　　　　　　　　　　　D）OSPF

（6）在 BGP 中，负责互联不同自治系统的路由器称为（　　）。

    A）发言人　　　　　　　　　　B）移动代理

    C）浏览器　　　　　　　　　　D）过滤器

（7）在移动 IPv4 中，外地网络为接入的移动结点临时分配的 IP 地址称为（　　）。

    A）家乡地址　　　　　　　　　B）专用地址

    C）网关地址　　　　　　　　　D）转交地址

（8）以下 IPv6 地址"AD02:120D:0000:0000:0000:72A2:0000:00C0"的表示中，错误的是（　　）。

    A）BD02:120D::72A2:0:C0

    B）BD02:120D::72A2:0:C0

    C）BD2:12D:0:0:0:72A2::C0

    D）BD02:120D::72A2:0:C0

（9）以下关于 IP 头部 TTL 字段的描述中，错误的是（　　）。

    A）TTL 以转发分组的最多路由器跳数来确定分组寿命

    B）TTL 初始值由源路由器随意设置，每经过一个路由器，它的值就减 1

    C）当 TTL 的值为 0 时，则丢弃该分组

    D）丢弃该分组的路由器向源主机发送 ICMP 报文通知

（10）以下关于子网概念的描述中，错误的是（　　）。

A）子网的概念仅用于 A 类、B 类的 IP 地址

B）划分子网可以将网络划分成多个组成部分

C）三级层次的 IP 地址是：网络号 – 子网号 – 主机号

D）同一子网中所有主机必须使用相同的子网号

（11）以下关于 IP 地址的描述中，错误的是（　　）。

A）互联网中的每台主机或路由器至少有一个 IP 地址

B）互联网中任何两台主机与路由器不会有相同的 IP 地址

C）如果一台主机通过多个网卡连接不同网络，每个网卡都需要分配 IP 地址

D）如果一条线路互联两台路由器，该线路的两个端口可以共用一个 IP 地址

（12）以下关于 CIDR 技术的描述中，错误的是（　　）。

A）CIDR 不是遵循标准的地址分类方法

B）CIDR 采用网络前缀来代替子网号

C）CIDR 采用网络前缀与主机号来表示地址

D）CIDR 将前缀相同的连续 IP 地址组成一个地址块

（13）以下关于 MPLS 的描述中，错误的是（　　）。

A）MPLS 在 IP 网络中提供面向连接的服务

B）流中的各个分组在 QoS 需求与路由上可以不相关

C）MPLS 提供支持 VPN 的有效机制

D）MPLS 提供支持多种协议的能力

（14）以下关于 IP 头部选项的描述中，错误的是（　　）。

A）设置 IP 头部选项的主要目的是控制与测试

B）选项主要包括源路由、记录路由、时间戳等

C）时间戳可记录分组经过每个路由器的当地时间

D）源路由是由发送分组的源路由器制定的传输路径

（15）以下关于 ICMP 报文特点的描述中，错误的是（　　）。

A）ICMP 作为传输层协议，它的报文要封装成 IP 分组

B）ICMP 不能纠正差错，它只是报告差错

C）ICMP 报文类型可分为两类：差错报告报文和查询报文

D）ICMP 差错报告报文包括目的不可达、源站抑制、超时、参数问题等

（16）以下关于 RIP 的描述中，错误的是（　　）。

A）RIP 使用向量 – 距离路由选择算法

B）路由器设置周期更新定时器，每隔 30s 在相邻路由器之间交换一次路由信息

C）当一个开销小的路径出现时，修改路由表中的一项路由记录，否则一直保留

D）RIP 适用于相对较小的自治系统，它们的直径一般小于 15 跳

（17）以下关于 IPv6 特征的描述中，错误的是（　　）。

A）IPv6 将一些非根本性和可选择的字段移到扩展头部

B）IPv6 地址空间可以满足主机到主干网之间的两级 ISP 结构

C）IPv6 地址长度确定为 128 位

D）IPv6 采用扩展头部形式来支持 IPSec 协议

（18）以下关于 OSPF 协议的描述中，错误的是（　　）。

A）OSPF 使用链路状态路由算法

B）OSPF 要求每个路由器形成一个区域内跟踪链路状态的数据库

C）OSPF 与 RIP 都是以"跳数"作为路径长短的度量

D）OSPF 要求路由器在链路状态发生变化时，采用洪泛法向所有路由器发送该信息

（19）以下关于路由器的描述中，错误的是（   ）。

A）路由器是一种具有多个输入端口与多个输出端口、转发分组的专用计算机系统

B）路由器结构由路由选择和分组转发两部分组成

C）路由选择处理器根据路由表为接收的分组选择输出端口

D）衡量路由器性能的重要参数是路由器每秒钟能够处理的分组数

（20）以下关于 RSVP 特点的描述中，错误的是（   ）。

A）资源预留要求一个路由器知道需要为即将出现的会话预留多少链路带宽和缓冲区

B）RSVP 要求两个结点之间数据交换需要在两个方向上有相同的预留

C）RSVP 可以为单播或多播传输建立资源预留

D）数据流的接收者发起并维护资源预留

（21）以下关于 IP 多播地址的描述中，错误的是（   ）。

A）实现 IP 多播的分组使用的是 IP 多播地址

B）IP 多播地址只能用于目的地址，而不能够用于源地址

C）标准分类的 D 类地址是为 IP 多播而定义的

D）D 类地址的范围在 212.0.0.0 ～ 239.255.255.255

（22）以下关于 IPv6 基本报头的描述中，错误的是（   ）。

A）基本头部的字段包括版本、分片标识、片偏移、下一个头部等

B）通信类型表示 IPv6 分组的类型或优先级

C）流标记表示分组属于通信双方之间的某个数据流

D）下一个头部表示下一个扩展头部的类型

（23）以下关于 DiffServ 特点的描述中，错误的是（   ）。

A）DiffServ 设计者首先关注如何简化网络内部结点的服务机制

B）DiffServ 将提供区分服务的网络分为 DS 区与 DS 域两级

C）DS 域由一组互联的 DS 结点组成，它们可以采用不同的服务提供策略

D）边界路由器根据流规定和资源预留信息对进入网络的流进行分类、整形与汇聚

（24）以下关于地址解析概念的描述中，错误的是（   ）。

A）从已知 IP 地址找出对应物理地址的映射过程称为地址解析

B）从已知物理地址找出对应 IP 地址的映射过程称为反向地址解析

C）ARP 定义了请求分组与应答分组的格式

D）请求分组与应答分组都是采用广播方式发送

（25）以下关于 IPv6 地址的描述中，错误的是（   ）。

A）IPv6 地址采用点分十进制表示方式

B）IPv6 地址的长度为 128 位

C）IPv6 地址全部采用自动配置方式来获得

D）前缀是 IPv6 地址的一部分，用作 IPv6 路由或子网标识

第7章　数据链路层与数据链路层协议分析

7.1　例题解析

7.1.1　数据链路层的基本概念

例1　以下关于数据链路层功能的描述中，错误的是（　　）。

A）数据链路的建立、维持和释放称为链路管理

B）帧同步作用是保证通信双方的时钟同步

C）"0 比特插入 / 删除"的作用是保证帧传输的透明性

D）差错控制使得接收方能够发现传输错误

分析：设计该例题的目的是加深读者对数据链路层功能的理解。在讨论数据链路层的基本功能时，需要注意以下几个主要问题。

1）链路管理：在传输数据之前，通信双方需要交换一些必要的信息，以便建立一条数据链路；在传输数据的过程中，通信双方需要维持链路的通畅；在传输数据完毕后，通信双方需要释放链路。

2）帧同步：物理层的比特序列按数据链路层协议规定封装成帧来传输。帧同步是指接收方能从接收的比特序列中正确判断出一帧的开始与结束位。

3）流量控制：发送方以自己的速率来发送数据，接收方也以自己的速率来接收数据，这些数据通常先放在缓存中等待处理。如果数据链路拥塞或接收方不能及时接收，则发送方需要控制自己的发送速率。

4）差错控制：由于计算机之间通信一般要求有极低的误码率，而仅靠传输介质达不到误码率要求，因此数据链路层协议必须能实现差错控制功能。

5）透明传输：当传输数据中出现控制字符时，就必须采取适当的处理措施，防止接收方将数据内容误认为是控制信息。

通过上述描述可以看出，帧同步是指接收方能从接收的比特序列中正确判断出一帧的开始与结束位，而不是实现接收方与发送方的时钟同步。显然，B 所描述的内容不符合帧同步的基本用途。

答案：B

例2　以下关于物理线路与数据链路的描述中，错误的是（　　）。

A）物理线路与数据链路是同一术语

B）物理线路通常是指实际的一段物理电路

C）数据链路通常在物理线路之上建立的

D）数据链路包括物理线路与硬件、软件及协议

分析：设计该例题的目的是加深读者对数据链路层功能的理解。在讨论数据链路层的基本功能时，需要注意以下几个主要问题。

1）物理线路与数据链路是含义不同的两个术语。

2）物理线路通常是指实际的一段物理电路，它用于连接两个传输设备，或者是一台计算机与一个传输设备。

3）如果在两台计算机之间传输数据，除了需要一条物理线路及相应的设备，还需要协议来控制数据在线路上的传输，以保证数据传输过程的正确性。

4）实现这些协议的硬件、软件与物理线路共同构成了数据链路。

通过上述描述可以看出，物理线路与数据链路是含义不同的两个术语，数据链路是在物理线路之上结合硬件、软件与协议而构成。显然，A 所描述的内容混淆了物理线路与数据链路的基本概念。

答案：A

7.1.2 差错产生与差错控制方法

例 1 以下关于数据链路层与网络层关系的描述中，错误的是（   ）。

A）数据链路层是 OSI 参考模型的第 2 层

B）数据链路层将有差错的物理线路变为无差错的数据链路

C）数据链路层实现链路管理、帧传输、流量控制、差错控制等功能

D）数据链路层向网络层屏蔽了本层帧结构的差异性

分析：设计该例题的目的是加深读者对数据链路层与网络层关系的理解。在讨论数据链路层与网络层的关系时，需要注意以下几个主要的问题。

1）数据链路层介于物理层与网络层之间。

2）设计数据链路层的主要目的是将原始的、有差错的物理线路变成对网络层无差错的数据链路。

3）为了实现这个设计目标，数据链路层必须实现链路管理、帧传输、流量控制、差错控制等功能。

4）数据链路层为网络层提供的服务包括：正确地传输网络层的用户数据；向网络层屏蔽物理层采用传输技术的差异性。

通过上述描述可以看出，数据链路层向网络层屏蔽了物理层采用传输技术的差异性，而不是数据链路层帧结构上的差异性。显然，D 所描述的内容不包含在数据链路层为网络层提供的服务中。

答案：D

例 2 以下关于差错概念的描述中，错误的是（   ）。

A）信道噪声是产生传输差错的主要原因

B）信道噪声分为两类：热噪声和冲击噪声

C）冲击噪声将会产生随机差错

D）随机差错与突发差错共同构成了传输差错

分析：设计该例题的目的是加深读者对差错概念的理解。在讨论差错的基本概念时，需要注意以下几个主要的问题。

1）接收数据与发送数据不一致的现象称为传输差错（简称差错）。差错的产生是不可避免的。

2）由于信道总有一定的噪声存在，因此信号到达接收方时是信号叠加噪声。如果信号

叠加噪声的电平判决不一致，则说明出现了传输错误。

3）通信信道的噪声可分为两类：热噪声与冲击噪声。

4）热噪声由传输介质的电子热运动产生。热噪声是随机的噪声，它引起的差错称为随机差错。

5）冲击噪声由外界的电磁干扰产生。冲击噪声的持续时间较长，引起的相邻多位出错呈突发性，它引起的差错称为突发差错。

6）传输差错由随机差错与突发差错共同构成。

通过上述描述可以看出，冲击噪声引起的差错称为突发差错，而热噪声引起的差错称为随机差错，这两种差错共同构成了传输差错。显然，C 所描述的内容混淆了突发差错与随机差错的产生原因。

答案：C

例 3 以下关于误码率概念的描述中，错误的是（ ）。

A）误码率是指二进制比特在传输系统中被传错的概率

B）它在数值上近似等于被传错的比特数与传输的比特数之比

C）误码率是衡量传输系统异常工作状态下传输可靠性的参数

D）被测量的传输比特数越多，则越接近真正的误码率

分析：设计该例题的目的是加深读者对误码率概念的理解。在讨论误码率的基本概念时，需要注意以下几个主要的问题。

1）误码率是指二进制比特在数据传输系统中被传错的概率，它在数值上近似等于 $P_e=N_e/N$。其中，N 为传输的比特数，N_e 为被传错的比特数。

2）误码率是衡量数据传输系统正常工作状态下传输可靠性的参数。当数据通过信道传输过程中，一定会因各种原因出现错误，因此传输错误是不可避免的，但是需要控制在一个允许的范围内。

3）对于一个实际的数据传输系统，不能一概说误码率越低越好，需要根据实际需求提出误码率要求。在数据传输速率确定之后，要求传输系统的误码率越低，则传输系统设备就会越复杂，相应造价也就越高。

4）传输差错的出现具有随机性。对一个数据传输系统进行测量时，被测量的传输比特数越多，则越接近真正的误码率值。

通过上述描述可以看出，当数据通过信道传输过程中，一定会由于各种原因出现错误，误码率是衡量传输系统正常状态下传输可靠性的参数，而不是处于异常工作状态下的。显然，C 所描述的内容混淆了衡量传输可靠性的状态。

答案：C

例 4 以下关于差错控制方法的描述中，错误的是（ ）。

A）检测传输差错并进行纠正的方法称为差错控制方法

B）检错码是指为数据增加一定的冗余信息，使接收方能发现但不能纠正传输差错

C）纠错码是指为数据增加足够的冗余信息，使接收方能发现并自动纠正传输差错

D）与检错码相比，纠错码的工作原理简单、实现容易

分析：设计该例题的目的是加深读者对差错控制方法的理解。在讨论差错控制方法的相关概念时，需要注意以下几个主要的问题。

1）在计算机通信中，检测传输差错并进行纠正的方法称为差错控制方法。在具体实现时，差错控制方法主要分为两类：检错码与纠错码。

2）检错码是指为传输的每个分组增加一定的冗余信息，接收方可以根据这些冗余信息发现传输差错，但是自己不能纠正传输差错。

3）纠错码是指为传输的每个分组增加足够的冗余信息，接收方可以根据这些冗余信息发现传输差错，并且能够自动纠正传输差错。

4）检错码通常采用重传机制达到纠错目的。由于检错码的工作原理简单，实现起来容易，编码与解码速度快，因此它得到了广泛的应用。

通过上述描述可以看出，检错码通过重传机制达到纠错目的，工作原理简单、实现容易、编码与解码速度快，因此它得到了广泛的应用。显然，D 所描述的内容混淆了检错码与纠错码的技术特征。

答案：D

例 5 以下关于循环冗余编码特点的描述中，错误的是（　　）。

A）CRC 校验使用双方预先约定的生成多项式 $G(x)$

B）生成多项式 $G(x)$ 可以随机生成

C）CRC 校验采用二进制异或操作

D）CRC 校验可通过软件或硬件来实现

分析：设计该例题的目的是加深读者对循环冗余编码特点的理解。在讨论循环冗余编码的基本特点时，需要注意以下几个主要的问题。

1）循环冗余编码（CRC）是当前应用最广泛的检错码，它具有检错能力强与实现容易的特点。

2）CRC 校验的工作原理是：发送方将待发送数据的比特序列作为一个多项式 $f(x)$，除以双方约定的生成多项式 $G(x)$ 求得一个余数多项式，并将待发送数据与该余数多项式一起发送。接收方将接收数据 $f'(x)$ 除以同样的生成多项式 $G(x)$ 求得一个余数多项式。如果计算出的余数多项式与接收的余数多项式相同，说明传输正确；否则，说明传输出错，需要发送方重发数据。

3）CRC 生成多项式 $G(x)$ 由不同协议来规定，$G(x)$ 的结构及检错效果经过严格的数学分析与实验。目前，已有多种生成多项式列入国际标准：

CRC-12　　　　$G(x)=x^{12}+x^{11}+x^3+x^2+x+1$

CRC-16　　　　$G(x)=x^{16}+x^{15}+x^2+1$

CRC-CCITT　　$G(x)=x^{16}+x^{12}+x^5+1$

CRC-32　　　　$G(x)=x^{32}+x^{26}+x^{23}+x^{22}+x^{16}+x^{12}+x^{11}+x^{10}+x^8+x^7+x^5+x^4+x^2+x+1$

4）CRC 校验过程采用二进制数模二算法，即减法不错位、加法不进位，它实际上是一种异或操作。

5）CRC 校验码的生成与校验过程可通过软件或硬件来实现。

通过上述描述可以看出，CRC 生成多项式 $G(x)$ 由不同协议来规定，$G(x)$ 的结构及检错效果经过严格的数学分析与实验，它并不是可以随机生成的。显然，B 所描述的内容不符合 CRC 生成多项式的规定。

答案：B

例 6 以下关于 CRC 校验能力的描述中，错误的是（　　）。

A）CRC 校验是当前应用最广泛的检错码

B）CRC 校验能检查出全部离散的二位错

C）CRC 校验能检查出全部长度大于 k 位的突发错

D）CRC 校验发现传输差错后，通常采用反馈重发方式来纠正

分析：设计该例题的目的是加深读者对差错控制方法的理解。在讨论差错控制方法的相关概念时，需要注意以下几个主要的问题。

1）循环冗余编码（CRC）是当前应用最广泛的检错码，它具有检错能力强与实现容易的特点。

2）CRC 校验具有以下这些检错能力：

① CRC 校验能检查出全部单个错。

② CRC 校验能检查出全部离散的二位错。

③ CRC 校验能检查出全部奇数个错。

④ CRC 校验能检查出全部长度小于或等于 k 位的突发错。

⑤ CRC 校验能以 $[1-(1/2)^{k-1}]$ 的概率检查出长度为 $(k+1)$ 位的突发错。

3）接收方可通过检错码来检查数据是否出错，如果发现数据在传输过程中出错，通常采用自动反馈重发（ARQ）方式来纠正。

通过上述描述可以看出，CRC 校验能检查出长度小于或等于 k 位的突发错，以 $[1-(1/2)^{k-1}]$ 的概率检查出长度为 $(k+1)$ 位的突发错。显然，C 所描述的内容不符合 CRC 校验关于检错能力的说明。

答案：C

例 7 以下关于自动反馈重发概念的描述中，错误的是（　　）。

A）在实际的数据通信系统中，多数采用的是纠错码方案

B）通信双方发现传输错误时采用自动反馈重发来纠正错误

C）发送方将数据与校验码发送给接收方，并在发送缓冲区中保留数据副本

D）如果超过规定的最大重发次数，发送停止重发，并向高层协议报告出错信息

分析：设计该例题的目的是加深读者对自动反馈重发概念的理解。在讨论自动反馈重发的基本概念时，需要注意以下几个主要的问题。

1）在实际的数据通信系统中，多数采用相对简单的检错码方案。接收方可以通过检错码来检查传输数据是否出错，如果发现数据在传输过程中出错，通常采用 ARQ 方式来加以纠正。

2）自动反馈重发的工作过程如下：

①发送方将数据通过校验码编码器产生校验字段，将数据与校验字段通过通信信道发送给接收方，并在发送缓冲区中保留数据副本。

②接收方通过校验码译码器判断传输数据是否出错。如果传输数据正确，接收方向发送方返回确认信息；否则，接收方向发送方返回出错信息。

③如果发送方接收到确认信息，则删除该数据副本；如果发送方接收到出错信息，则重新发送该数据副本直至对方正确接收。如果超过协议规定的最大重发次数，接收方仍然不能

正确接收，发送方停止发送并向高层协议报告错误。

通过上述描述可以看出，在实际的数据通信系统中，大多数采用相对简单一些的检错码方案，而不是实现起来更复杂的纠错码方案。显然，A 所描述的内容不符合检错码应用更广泛的现实。

答案：A

例 8 以下关于 ARQ 协议类型的描述中，错误的是（　　）。

A）ARQ 协议实现方法有两种：停止等待方式与连续工作方式

B）连续工作方式分为两种：拉回方式与选择重发方式

C）拉回方式要求重新发送出错的帧及其以后的帧

D）选择重发方式只要求重新发送出错的帧

分析：设计该例题的目的是加深读者对 ARQ 协议类型的理解。在讨论 ARQ 协议类型及其特点时，需要注意以下几个主要的问题。

1）在数据链路层的差错控制方法中，ARQ 协议的实现方法有两种：单帧的停止等待方式和多帧的连续工作方式。连续工作方式又分为拉回方式与选择重发方式。

2）在停止等待方式中，发送方每次发送一帧之后，需要等待确认帧返回之后再发送下一帧。停止等待方式的优点是协议简单，缺点是通信效率低。

3）在拉回方式中，发送方可以连续向接收方发送多帧，接收方对接收的帧进行校验并向发送方返回应答帧。如果发送方发现序号为 k 的帧传输出错，需要重新发送序号为 k 及其前面已正确发送的帧。

4）在选择重发方式中，发送方可以连续向接收方发送多帧，接收方对接收的帧进行校验并向发送方返回应答帧。如果发送方发现序号为 k 的帧传输出错，仅需要重新发送序号为 k 的帧。

通过上述描述可以看出，在拉回方式中，如果发送方发现序号为 k 的帧传输出错，需要重新发送序号为 k 及其前面已正确发送的所有帧。显然，C 所描述的内容不符合拉回方式的协议规定。

答案：C

例 9 CRC 校验计算。

条件：已知发送数据为"11110011"，生成多项式为"11001"。

请计算 CRC 校验码以及发送数据内容。

分析：设计该例题的目的是加深读者对 CRC 校验计算的理解。讨论 CRC 校验的计算方法时，需要注意以下几个主要的问题。

1）发送方生成数据多项式 $f(x) \cdot x^k$，其中 k 为生成多项式的幂减 1。本例中生成多项式的幂为 5，则 $k=5-1=4$。因此，$f(x) \cdot x^4$ 首先将发送数据左移 4 位为"111100110000"，用来放入余数。

2）发送方将 $f(x) \cdot x^k$ 除以生成多项式 $G(x)$，得到 $f(x) \cdot x^k/G(x)=Q(x)+R(x)/G(x)$。其中，$R(x)$ 为余数多项式。

3）发送方将 $f(x) \cdot x^k+R(x)$ 共同发送给接收方。

计算：

（1）生成 CRC 校验码

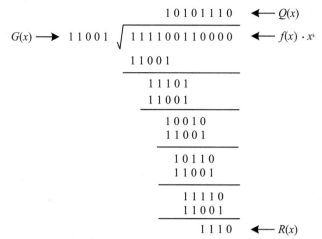

（2）将余数多项式加到乘积中

带CRC校验码的
发送数据比特序列

答案：CRC 校验码为"1110"，发送数据内容为"111100111110"。

例 10　CRC 校验计算。

条件：已知发送数据为"1100010000···1000001010"，生成多项式为"11010010"。请计算发送数据中包含的 CRC 校验码。

分析：设计该例题的目的是加深读者对 CRC 校验计算的理解。讨论 CRC 校验的计算方法时，需要注意以下几个主要的问题。

1）发送方生成数据多项式 $f(x) \cdot x^k$。其中，k 为生成多项式的幂减 1。

2）发送方将 $f(x) \cdot x^k$ 除以生成多项式 $G(x)$，得到 $f(x) \cdot x^k/G(x)=Q(x)+R(x)/G(x)$。其中，$R(x)$ 为余数多项式。

3）发送方将 $f(x) \cdot x^k+R(x)$ 共同发送给接收方。

计算：

1）已知生成多项式为"11010010"，k 为生成多项式的幂减 1，则 $k=8-1=7$。

2）已知发送数据为"1100010000…1000001010"，CRC 校验码为发送数据的后 k 位，则 CRC 校验码为"0001010"。

答案：CRC 校验码为"0001010"

7.1.3　面向字符型数据链路层协议

例 1　以下关于面向字符型数据链路层协议的描述中，错误的是（　　）。

A）数据链路层协议分为两类：面向字符型与面向比特型

B）面向字符型的协议利用已定义标准字编码的子集来执行通信控制功能

C）控制字符的编码会造成用户数据不能"透明"传输

D）面向字符型协议属于连续发送 ARQ 的数据链路层协议

分析：设计该例题的目的是加深读者对面向字符型数据链路层协议特点的理解。在讨论面向字符型数据链路层协议时，需要注意以下几个主要的问题。

1）数据链路层协议可以分为两类：面向字符型与面向比特型。

2）最早出现的数据链路层协议是面向字符型协议。它的特点是利用已定义好的某种标准字编码（如 ACSII 码或 EBCDIC 码）的一个子集来执行通信控制功能。典型的面向字符型协议是二进制同步通信协议（BSC）。

3）面向字符型协议有两个明显的缺点：

①如果两台计算机采用不同字符集，它们很难利用面向字符型协议来通信。

②控制字符的编码（如同步字符 SYN 的编码为 0010110）不能出现在数据字段中，这就造成用户数据不能"透明"传输。

4）面向字符型协议属于停止等待 ARQ 的数据链路层协议。

通过上述描述可以看出，面向字符型协议属于停止等待 ARQ 的数据链路层协议，而不是连续发送 ARQ 的数据链路层协议。显然，D 所描述的内容混淆了停止等待 ARQ 与连续发送 ARQ 的特点。

答案：D

例 2　以下关于 BSC 协议内容的描述中，错误的是（　　）。

A）BSC 使用 ASCII 码中的 10 个控制字符完成通信控制

B）接收方在收到 1 个 SYN 字符后就可以开始接收

C）报头字段从 SOH 字符开始，至 STX 字符结束

D）如果正文太长，则需要分成几块，每块以 ETB 字符结束

分析：设计该例题的目的是加深读者对面向字符型数据链路层协议特点的理解。在讨论面向字符型数据链路层协议时，需要注意以下几个主要的问题。

1）在面向字符型的 BSC 协议中，使用 ASCII 码中的 10 个控制字符完成通信控制，并规定了数据与控制报文的格式，以及协议操作过程。表 7-1 给出了 BSC 协议中使用的控制字符及其功能。

表 7-1　BSC 协议中使用的控制字符

控制字符	功　能
SOH（Start of Head）	报头开始
STX（Start of Text）	正文开始
ETX（End of Text）	正文结束
EOT（End of Transmission）	传输结束
ENQ（Enquiry）	询问对方，并要求回答
ACK（Acknowledge）	肯定应答
NAK（Negative Acknowledge）	否定应答
DLE（Data Link Escape）	转义字符
SYN（Synchronous）	同步
ETB（End of Transmission Block）	正文信息组结束

2）图7-1给出了BSC数据报文的格式。其中，SYN为同步字符，接收方在至少收到两个SYN字符后才能开始接收。报头字段从SOH字符开始，至STX字符结束，这部分属于可自定义的选项，如存放地址、路径信息等。正文字段从STX字符开始，正文长度未作规定，如果正文太长，则需要分成几块，每块以ETB字符结束。在全部正文传输完成后，以ETX字符结束。BCC是校验字段。

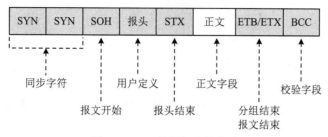

图7-1　BSC数据报文的格式

通过上述描述可以看出，接收方在至少收到两个SYN字符后才能开始接收，而不是只要收到1个SYN字符就可以开始接收。显然，B所描述的内容不符合BSC数据报文格式方面的规定。

答案：B

7.1.4　面向比特型数据链路层协议

例1　以下关于HDLC配置方式的描述中，错误的是（　　）。

A）数据链路配置有两种：非平衡配置与平衡配置

B）非平衡配置有两种数据传送模式：正常响应与异步响应

C）在正常响应模式中，主站和从站可以随时相互传输数据

D）平衡配置结构仅有异步平衡模式

分析：设计该例题的目的是加深读者对HDLC配置方式的理解。在讨论HDLC协议的基本配置方式时，需要注意以下几个主要的问题。

1）数据链路配置分为两种类型：非平衡配置与平衡配置。

2）非平衡配置方式的特点是：根据在通信过程中的地位，结点分为主站与从站，由主站来控制数据链路工作。主站发送命令；从站接收命令，返回响应。

3）非平衡配置有两种工作模式：正常响应与异步响应。

①在正常响应模式中，主站可以随时向从站传输数据。只有在主站发送命令后，从站才能向主站发送数据。

②在异步响应模式中，主站和从站可以随时相互传输数据。主站负责数据链路的初始化、建立、释放与差错恢复等功能。

4）平衡配置方式特点是所有结点都是复合站。复合站同时具有主站与从站的功能，都可以发送命令与响应。平衡配置结构只有一种工作模式，即异步平衡模式。

通过上述描述可以看出，在正常响应模式中，主站可以随时向从站传输数据，而在异步响应模式中，主站和从站可以随时相互传输数据。显然，C所描述的内容混淆了正常响应与异步响应模式的基本特征。

答案：C

例 2 以下关于 HDLC 帧结构的描述中, 错误的是 ( )。

A) HDLC 帧结构包括固定部分和可选部分

B) HDLC 帧结构包括: 标志字段 F、地址字段 A 与控制字段 C

C) 标志字段 F 为 "011111110" 的比特序列

D) 为了解决数据传输的透明性问题, HDLC 采用 "0 比特插入 / 删除方法"

分析: 设计该例题的目的是加深读者对 HDLC 帧结构的理解。在讨论 HDLC 帧的基本结构时, 需要注意以下几个主要的问题。

1) HDLC 帧结构具有固定的格式。

2) HDLC 帧结构包括: 标志字段 F、地址字段 A 与控制字段 C。

3) HDLC 规定了一帧的第 1 字节和最后 1 字节的特殊标记。标志字段 F 就是帧的开始与结束的标记, 它是比特序列 "011111110"。为了解决数据传输的透明性问题, HDLC 采用 "0 比特插入 / 删除方法"。

4) 在数据发送过程中, 如果发送方在两个标志字段 F 之间的比特序列中发现连续的 5 个 "1", 则在其后增加 1 个 "0"; 在数据接收过程中, 如果接收方在两个标志字段 F 之间的比特序列中发现连续的 5 个 "1", 则在其后删除 1 个 "0"。

5) 地址字段 A 的长度是 8 位的整数倍。

6) 控制字段 C 将 HDLC 帧分为 3 类: 信息帧 (I)、监控帧 (S) 与无编号帧 (U)。

通过上述描述可以看出, HDLC 帧结构具有固定格式, 而不是包括固定部分和可选部分。显然, A 所描述的内容不符合对 HDLC 帧结构的规定。

答案: A

例 3 以下关于 HDLC 无编号帧的描述中, 错误的是 ( )。

A) 控制字段用于区分不同类型的 HDLC 帧

B) 无编号帧通过 N(S) 和 N(R) 来表示其用途

C) 无编号帧可以随时发送来完成控制功能

D) 控制字段最高两位为 "11" 表示无编号帧

分析: 设计该例题的目的是加深读者对 HDLC 帧结构的理解。在讨论 HDLC 帧的基本结构时, 需要注意以下几个主要的问题。

1) 控制字段是 HDLC 帧中最复杂的字段。根据其最高两位的取值, HDLC 帧可以分为 3 类: 信息帧 (I)、监控帧 (S) 与无编号帧 (U)。

2) 如果控制字段的 $b0=b1=1$, 则对应的帧为无编号帧。无编号帧本身不带编号, 即没有 N(S) 和 N(R), 而是用 5 比特 ($b2$、$b3$、$b5$、$b6$、$b7$) 来表示其用途。

3) 无编号帧主要起到控制作用, 它可以在需要时随时发送, 而不影响带序号的信息帧的交换顺序。

4) 无编号帧的功能主要包括: 置异步响应、置正常响应、置异步平衡响应与拆链等 4 种命令, 以及无编号确认与命令拒绝等两种响应。

通过上述描述可以看出, 无编号帧本身不带编号, 即没有 N(S) 和 N(R), 而是用 5 比特 ($b2$、$b3$、$b5$、$b6$、$b7$) 来表示其用途。显然, B 所描述的内容混淆了无编号帧与信息帧的格式要求。

答案: B

例 4　HDLC 信息帧。

条件：已知比特序列为"0110111111111101101100011100"，发送方将它封装在一个 HDLC 信息帧中发送。

请计算经过"0 比特插入"后的比特序列。

分析：设计该例题的目的是加深读者对 0 比特插入／删除方法的理解。在讨论 0 比特插入的工作过程时，需要注意以下几个主要的问题。

1）HDLC 规定了一帧的第 1 字节和最后 1 字节的特殊标记。标志字段 F 就是帧的开始与结束的标记，它是比特序列"01111110"。为了解决数据传输的透明性问题，HDLC 采用"0 比特插入／删除方法"。

2）在数据发送过程中，如果发送方在两个标志字段 F 之间的比特序列中发现连续的 5个"1"，则在其后增加 1 个"0"，这个过程称为"0 比特插入"。

计算：

1）已知比特序列为"0110<u>11111</u>0<u>11111</u>0110110001110000"，其中有两个位置出现连续的 5 个"1"。

2）在这两个位置之后各增加 1 个"0"，获得结果为"0110<u>11111</u>00<u>11111</u>0011011000111 0000"。

答案：经过"0 比特插入"后的比特序列为"011011111001111100110110001110000"。

例 5　HDLC 信息帧。

条件：已知接收方接收到一个 HDLC 信息帧，其数据部分的比特序列为"0001001011111 10001110000011111000"。

请计算经过"0 比特删除"后的比特序列。

分析：设计该例题的目的是加深读者对 0 比特插入／删除方法的理解。在讨论 0 比特删除的工作过程时，需要注意以下几个主要的问题。

1）HDLC 规定了一帧的第 1 字节和最后 1 字节的特殊标记。标志字段 F 就是帧的开始与结束的标记，它是比特序列"01111110"。为了解决数据传输的透明性问题，HDLC 采用"0 比特插入／删除方法"。

2）在数据接收过程中，如果接收方在两个标志字段 F 之间的比特序列中发现连续的 5个"1"，则在其后删除 1 个"0"，这个过程称为"0 比特删除"。

计算：

1）已知比特序列为"00010010<u>11111</u>0001110000<u>11111</u>00"，其中有两个位置出现连续的 5 个"1"。

2）在这两个位置之后各删除 1 个"0"，获得结果为"00010010<u>11111</u>0011100000<u>11111</u>0"。

答案：经过"0 比特删除"后的比特序列为"000100101111100111000001111110"。

7.1.5　互联网数据链路层协议

例 1　以下关于 PPP 特点的描述中，错误的是（　　）。

A）PPP 是家庭用户通过 ISP 接入互联网的主要协议

B）PPP 支持点 – 点连接与点 – 多点连接

C）LCP 用于建立、配置、管理、测试数据链路

D）NCP 用于建立、配置、管理不同网络层协议

分析：设计该例题的目的是加深读者对 PPP 特点的理解。在讨论 PPP 特点时，需要注

意以下几个主要的问题。

1）互联网数据链路层协议主要有两种：串行线路IP（SLIP）与点－点协议（PPP）。它们主要用于串行通信的拨号线路，是家庭用户通过ISP接入互联网的主要协议。

2）PPP的特点主要表现在：

①不使用帧序号，不提供流量控制功能。

②仅支持点－点连接，不支持点－多点连接。

③仅支持全双工通信，不支持单工与半双工通信。

④既支持异步、串行通信，又支持同步、并行传输。

3）PPP提供以下几种功能：

①用于串行链路的基于HDLC数据帧封装机制。

②用于建立、配置、管理、测试数据链路的链路控制协议（LCP）。

③用于建立、配置、管理不同网络层协议的网络控制协议（NCP）。

通过上述描述可以看出，PPP仅支持点－点连接，而不支持点－多点连接。显然，B所描述的内容不符合PPP的主要特点。

答案：B

例2 以下关于PPP帧格式的描述中，错误的是（   ）。

A）数据字段的长度可变，它包含需要传送的数据

B）帧头包括标志字段、地址字段、控制字段与协议字段

C）地址字段值为接收结点的IP地址

D）帧校验计算范围包括地址字段、控制字段与信息字段

分析：设计该例题的目的是加深读者对PPP信息帧格式的理解。在讨论PPP信息帧的基本格式时，需要注意以下几个主要的问题。

1）PPP帧由3部分组成：帧头、信息字段与帧尾。图7-2给出了PPP帧的格式。其中，信息字段之前为帧头，信息字段之后为帧尾。

标志字段F （8位）	地址字段A （8位）	控制字段C （8位）	协议字段P （16位）	信息字段I （长度可变）	帧校验字段FCS （16/32位）	标志字段F （8位）

图7-2 PPP帧的格式

2）标志字段：长度为8位，在帧开始与结束位置各有一个，用于在比特流中识别出一帧。该字段值固定为"01111110"。

3）地址字段：长度为8位，用于标识网中的PPP结点。由于PPP仅支持点－点连接，只有对方结点能接收数据，因此该字段值固定为"11111111"。

4）控制字段：长度为8位，用于实现PPP的控制功能。目前，该字段值固定为"00000011"，具体含义是没有顺序、流量控制与差错控制。

5）协议字段：长度为16位，用于标识信息字段的数据来源。

6）信息字段：长度可变，最大长度为1500字节。

7）帧校验字段：长度是16位或32位，支持16位或32位的CRC校验，计算范围包括地址字段、控制字段与信息字段。

通过上述描述可以看出，PPP仅支持点－点连接，只有对方结点能接收数据，该字段值固定为"11111111"，而不需要填入接收结点的IP地址。显然，C所描述的内容不符合PPP

帧格式的相关规定。

答案：C

例3 以下关于 PPP 帧类型的描述中，错误的是（   ）。

A）PPP 帧可以分为信息帧、链路控制帧与网络控制帧

B）协议字段值"0021"表示信息帧，其信息字段数据来自 TCP 报文段

C）协议字段值"8021"表示网络控制帧，它被 NCP 用于配置数据链路

D）协议字段值"C021"表示链路控制帧，它被 LCP 用于配置网络层协议

分析：设计该例题的目的是加深读者对 PPP 链路控制帧的理解。在讨论 PPP 链路控制帧时，需要注意以下几个主要的问题。

1）针对 PPP 提供的主要功能，PPP 帧可以分为 3 种类型：信息帧、链路控制帧和网络控制帧。

2）协议字段的长度为 16 位，用于标识信息字段的数据来源。表 7-2 给出了协议字段值及其对应的协议。

表 7-2　协议字段值及其对应的协议

协议字段值	对应的协议
0021	IP
C021	链路控制协议（LCP）
8021	网络控制协议（NCP）
C023	安全性认证 PAP
C025	链路状态报告 LQR
C223	安全性认证 CHAP

3）信息帧用于传输上层的协议数据。如果协议字段值为"0021"，表示该帧是一个信息帧，其信息字段数据来自 IP 分组。

4）链路控制帧被 LCP 用于配置数据链路。如果协议字段值为"C021"，表示该帧是一个链路控制帧。

5）网络控制帧被 NCP 用于配置网络层协议。如果协议字段值为"8021"，表示该帧是一个网络控制帧。

通过上述描述可以看出，协议字段值为"0021"表示的是信息帧，它的信息字段数据来自网络层的 IP 分组，而不是传输层的 TCP 报文段。显然，B 所描述的内容不符合 PPP 帧的协议字段的相关规定。

答案：B

例4 PPP 信息帧。

条件：已知接收方接收到一个 PPP 信息帧，其信息字段的十六进制数为"7D 5E FE 27 7D 5D 7D 5D 65 7D 5E"。

请根据字节填充规则还原发送数据。

分析：设计该例题的目的是加深读者对 PPP 信息帧格式的理解。在讨论 PPP 信息帧的基本格式时，需要注意以下几个主要的问题。

1）PPP 帧的信息字段长度可变，最大长度为 1500 字节。

2）PPP 同样需要解决异步通信时的数据传输透明性问题。

3）为了解决上述问题，RFC1662 定义了专用的转义字符"0x7D"，并规定了相应的字

节填充规则：

①在信息字段中出现的每字节"7E"，需要转换为双字节"0x7D 0x5E"。

②在信息字段中出现的每字节"7D"，需要转换为双字节"0x7D 0x5D"。

③在信息字段中出现 ASCII 控制字符（即数值小于 0x20）时，在该字符之前增加一字节"0x7D"，同时改变该字节。例如，对于传输结束"ETX"（0x03），转换后的双字节为"0x7D 0x31"。

计算：

按照 RFC1662 定义的字节填充规则得到：

1）"7D 5E"还原后为"7E"。

2）"FE 27"仍然为"FE 27"。

3）"7D 5D"还原后为"7D"。

4）"7D 5D"还原后为"7D"。

5）"65"仍然为"65"。

6）"7D 5E"还原后为"7E"。

答案：还原出的发送数据为"7E FE 27 7D 7D 65 7E"。

7.1.6 以太网与局域网组网

例 1 以下关于 IEEE 802 参考模型的描述中，错误的是（　　）。

A）MAC 方法是指控制多个结点利用公共传输介质发送和接收数据的方法

B）常用的 MAC 方法主要有：Token Ring、Token Bus 与 CSMA/CD

C）IEEE 802 参考模型将数据链路层分为：LLC 子层与 MAC 子层

D）IEEE 802.1 标准定义了 LLC 子层的功能与服务

分析：设计该例题的目的是加深读者对 IEEE 802 参考模型的理解。在讨论 IEEE 802 参考模型涉及的内容时，需要注意以下几个主要的问题。

1）局域网的拓扑结构主要分为总线型、环形与星形；传输介质主要分为双绞线、同轴电缆与光纤等。介质访问控制（MAC）方法是指控制多个结点利用公共传输介质发送和接收数据的方法。

2）介质访问控制方法是所有"共享介质"型局域网必须解决的问题。采用环形拓扑的局域网通常采用令牌环（Token Ring），总线型拓扑的局域网一般采用令牌总线（Token Bus）或带冲突检测的载波侦听多路访问（CSMA/CD）。

3）为了解决协议标准化问题，IEEE 制定了 802 参考模型及相关标准。IEEE 802 参考模型对应 OSI 参考模型中的数据链路层与物理层，并将数据链路层划分为：逻辑链路控制（LLC）子层与介质访问控制（MAC）子层。

4）随着局域网环境（如企业网、办公网、校园网）大量采用 Ethernet，很多硬件、软件厂商已经不使用 LLC 协议，而是直接将数据封装在 Ethernet 的 MAC 帧中。

5）IEEE 802 标准可以分为 3 类：

① IEEE 802.1 标准定义了局域网体系结构、网络互联，以及网络管理与性能测试等。

② IEEE 802.2 标准定义了 LLC 子层的功能与服务。

③其他标准定义了不同 MAC 子层技术。

通过上述描述可以看出，IEEE 802.1 标准定义了局域网体系结构、网络互联等内容，而

IEEE 802.2 标准定义了 LLC 子层的功能与服务。显然，D 所描述的内容混淆了 IEEE 802.1 与 IEEE 802.2 标准的定义。

答案：D

例 2　以下关于 IEEE 802 相关标准的描述中，错误的是（　　）。

A）IEEE 802.3 标准定义 Ethernet 的 MAC 子层与物理层标准

B）IEEE 802.4 标准定义 Token Ring 的 MAC 子层与物理层标准

C）IEEE 802.11 标准定义无线局域网的 MAC 子层与物理层标准

D）IEEE 802.15 标准定义无线个人区域网的 MAC 子层与物理层标准

分析：设计该例题的目的是加深读者对 IEEE 802 相关标准的理解。在讨论 IEEE 802 的相关标准时，需要注意以下几个主要的问题。

1）IEEE 802.3 ~ IEEE 802.20 标准定义了不同的介质访问控制技术。这类标准曾经出现过十几个。

2）在早期局域网技术中，常用的标准主要有 3 个：

① IEEE 802.3 标准：定义 Ethernet 的 MAC 子层与物理层标准。

② IEEE 802.4 标准：定义 Token Bus 的 MAC 子层与物理层标准。

③ IEEE 802.5 标准：定义 Token Ring 的 MAC 子层与物理层标准。

3）目前，应用广泛、仍在发展的标准主要有 3 个：

① IEEE 802.11 标准：定义无线局域网的 MAC 子层与物理层标准。

② IEEE 802.15 标准：定义无线个人区域网的 MAC 子层与物理层标准。

③ IEEE 802.16 标准：定义宽带无线城域网的 MAC 子层与物理层标准。

通过上述描述可以看出，IEEE 802.4 定义了 Token Bus 的 MAC 子层与物理层的标准，而 IEEE 802.5 定义了 Token Ring 的 MAC 子层与物理层的标准。显然，B 所描述的内容混淆了 IEEE 802.4 与 IEEE 802.5 标准的定义。

答案：B

例 3　以下关于 Ethernet 工作原理的描述中，错误的是（　　）。

A）CSMA/CD 发送流程可概括为：先听后发，边听边发，冲突停止，延迟重发

B）Ethernet 冲突检测方法通过比较法或编码违例判决法来实现

C）Ethernet 冲突窗口的长度固定为 51.2ms

D）CSMA/CD 属于一种随机争用型介质访问控制方法

分析：设计该例题的目的是加深读者对 Ethernet 工作原理的理解。在讨论 Ethernet 的工作原理时，需要注意以下几个主要的问题。

1）Ethernet 的 MAC 子层采用 CSMA/CD 方法，其发送流程可以概括为：先听后发，边听边发，冲突停止，延迟重发。

2）Ethernet 的载波侦听过程通过检测总线忙 / 闲状态来实现，而冲突检测方法通过比较法或编码违例判决法来实现。

3）Ethernet 的冲突窗口等于 $2D/V$，规定的冲突窗口长度为 51.2μs。

4）当 Ethernet 发现冲突后，发送结点进入停止发送、随机延迟后重发的流程。随机延迟重发的第一步是发送"冲突加强信号"，以提高信道利用率。

5）随机延迟重发采用截止二进制指数后退延迟算法。当冲突次数超过 16 次时，则放弃重发该帧。

6）CSMA/CD 方法是一种随机争用型介质访问控制方法。

通过上述描述可以看出，Ethernet 的冲突窗口等于 $2D/V$，规定的冲突窗口长度为 $51.2\mu s$，也就是在 $51.2\mu s$ 以内可以检测到冲突。显然，C 所描述的内容不符合 Ethernet 关于冲突窗口的定义。

答案：C

例 4   以下关于 Ethernet 帧结构的描述中，错误的是（   ）。

A）Ethernet 帧包括前导码、帧前定界符、地址、类型、数据与帧校验等字段

B）类型字段值等于"0x0800"表示网络层使用 IP

C）Ethernet 的 MAC 地址长度为 32 位

D）数据字段的最小长度为 46B，最大长度为 1500B

分析：设计该例题的目的是加深读者对 Ethernet 帧结构的理解。在讨论 Ethernet 帧的基本结构时，需要注意以下几个主要的问题。

1）Ethernet 帧主要包括以下几个字段：前导码与帧前定界符、目的地址与源地址、类型、数据与帧校验。

2）前导码是 7B（56 位）的比特序列，换算成十六进制数是 7 个 0xAA。帧前定界符是 1B（8 位）的比特序列，换算成十六进制数是 1 个 0xAB。前导码与帧前定界符起到接收同步的作用，它们在接收后不需要保留，也不计入长度字段值中。

3）目的地址和源地址字段分别表示接收结点与发送结点的硬件地址。硬件地址通常称为 MAC 地址、物理地址或 Ethernet 地址。地址长度为 6B（48 位）。目的地址可以是单播地址、多播地址与广播地址。

4）类型字段表示网络层使用的协议类型。类型字段值等于 0x0800 时，表示网络层使用 IP。

5）数据字段是高层待发送的数据部分。数据字段的最小长度为 46B。如果数据字段值小于 46B，则将它填充至 46B。填充字符是任意的，不计入长度字段值。数据字段的最大长度为 1500B。

6）帧校验字段使用 32 位的 CRC 校验。CRC 校验的范围包括目的地址、源地址、长度、数据等字段。

通过上述描述可以看出，Ethernet 的 MAC 地址长度为 48 位，而 IP 地址的长度是 32 位。显然，C 所描述的内容不符合对 MAC 地址长度的规定。

答案：C

例 5   Ethernet 的工作原理。

条件：已知 Ethernet 中有两个结点，如果它们同时发送数据就会冲突，并按 CSMA/CD 的二进制指数退避算法重传，重传次数设为 i（i=1, 2, 3, …）。

请计算第 1 次、第 2 次与第 3 次重传失败的概率，以及传输成功的平均重传次数。

分析：设计该例题的目的是加深读者对 CSMA/CD 方法的理解。在讨论 CSMA/CD 的工作过程时，需要注意以下几个主要的问题。

1）CSMA/CD 采用截止二进制指数后退延迟算法。该算法可以表示为：$\tau = 2^k \times R \times a$。其中，$\tau$ 为重发所需的后退延迟时间，a 为冲突窗口值，R 为随机数。如果一个结点需要计算后退延迟时间，则以其地址为初始值产生一个 R。

2）主机重发的延迟时间是冲突窗口值的整数倍，并与以冲突次数为二进制指数的幂值

成正比。为了避免延迟过长，该算法限定作为二进制指数 k 的范围，定义了 $k=\min(n,10)$。如果重发次数 $n<10$，则 k 取值为 n；如果重发次数 $n \geq 10$ 时，则 k 取值为 10。

3）如果第一次冲突发生，则重发次数 $n=1$，取 $k=1$，即冲突后 2 个时间片后重发。如果第二次冲突发生，则重发次数 $n=2$，取 $k=2$，即冲突后 4 个时间片后重发。在延迟时间到达后，主机重新判断总线状态，重复发送流程。当冲突次数超过 16 时，表示重发失败，不再尝试重发。

计算：

1）重传失败的概率：$P_i=2^{-k}$，$k=\min(i, 10)$。

①已知 $k=1$，则 $P_{i1}=2^{-1}=0.5$。

②已知 $k=2$，则 $P_{i2}=2^{-2}=0.25$。

③已知 $k=3$，则 $P_{i3}=2^{-3}=0.125$。

2）第 i 次传输成功的概率：P[第 i 次成功]=P[第 1 次失败]×P[第 2 次失败]×⋯× P[第 i–1 次失败]×P[第 i 次成功]$=2^{-1} \times 2^{-2} \times \cdots \times 2^{-(i-1)} \times (1-2^{-i})$。

$$平均重传次数 =1 \times (1-2^{-1})+2 \times 2^{-1} \times (1-2^{-2})+3 \times 2^{-1} \times 2^{-2} \times (1-2^{-3})+\cdots$$
$$=1+2^{-1}+2^{-3}+2^{-6}+\cdots$$
$$\approx 1.64$$

答案：第 1 次重传失败的概率为 0.5，第 2 次重传失败的概率为 0.25，第 3 次重传失败的概率为 0.125，传输成功的平均重传次数为 1.64。

例 6 Ethernet 的工作原理。

条件：已知结点数为 100，平均帧长度为 1000 位，传播延时为 5μs/km。

1）总线长度为 4km，发送速率为 5Mbit/s。

2）总线长度为 1km，发送速率为 5Mbit/s。

3）总线长度为 4km，发送速率为 10Mbit/s。

请计算在上述情况下结点每秒钟可能成功发送的帧数。

分析：设计该例题的目的是加深读者对 CSMA/CD 方法的理解。在讨论 CSMA/CD 的工作过程时，需要注意以下几个主要的问题。

1）CSMA/CD 是 Ethernet 用来解决多结点共享共用总线的控制算法。Ethernet 的 MAC 技术经历了从纯 ALOHA、时间片 ALOHA 到载波侦听多路访问（CSMA），再到带冲突检测的载波侦听多路访问（CSMA/CD）的演化过程。

2）图 7-3 给出了在冲突情况下成功发送一帧的过程。其中，Δt 是信号从总线的一端传播到另一端所需的时间。$2\Delta t$ 是 CSMA/CD 定义的冲突窗口值。

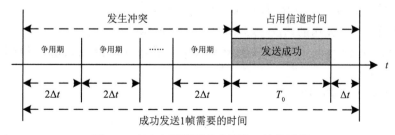

图 7-3　在冲突情况下成功发送一帧的过程

3）对于图 7-3 有几点需要说明：

①图 7-1 只是一个示意图,它没有考虑二进制指数退避算法的作用。如果考虑二进制指数退避算法,则冲突期间的争用期长度是不等和非线性的。

② T_0 是发送延时, $T_0=L/S$,其中 L 为帧长度, S 为发送速率。

③发送一帧占用的时间应该为 $T_0+\Delta t$,需要考虑信号在总线上的传播时间。在 $T_0+\Delta t$ 之后,其他结点才能进入争用阶段。

4)在上述前提下进行以下讨论:

① Ethernet 信道的利用率:

$$a=\Delta t/T_0=(D/V)/(L/S)=(D\times S)/(V\times L) \qquad (7\text{-}1)$$

提高信道利用率必须增大 T_0 ,或减小 Δt 。也就是说,总线长度不能太长,帧长度不能太短。

②考虑一种理想情况,即结点发送不存在冲突,则信道最大利用率可达到:

$$a_{max}=T_0/(T_0+\Delta t)=1/(1+a) \qquad (7\text{-}2)$$

③当结点数较多时,信道利用率可以达到:

$$a_{max}\approx 1/(1+4.44a) \qquad (7\text{-}3)$$

④根据平均帧长度与数据传输速率,可以得出每秒钟发送的帧数;根据信道的利用率,可以估算每秒钟可能成功发送的帧数。

计算:

1)已知结点数为 100,平均帧长度为 1000 位,传播延时为 5μs/km,总线长度为 4km,发送速率为 5Mbit/s。

① $T_0=1000/(5\times 10^6)=200$ (μs)

② $\Delta t=5\times 4=20$ (μs)

③ $a=20/200=0.1$

④ $a_{max}\approx 1/(1+4.44\times 0.1)\approx 0.69$

⑤每秒钟发送的帧数 $=5\times 10^6/(1\times 10^3)=5\times 10^3$ (帧)

⑥每秒钟可能成功发送的帧数 $=5\times 10^3\times 0.69=3450$ (帧)

2)已知结点数为 100,平均帧长度为 1000 位,传播延时为 5μs/km,总线长度为 1km,发送速率为 5Mbit/s。

① $T_0=1000/(5\times 10^6)=200$ (μs)

② $\Delta t=5\times 1=5$ (μs)

③ $a=5/200=0.025$

④ $a_{max}\approx 1/(1+4.44\times 0.025)\approx 0.9$

⑤每秒钟发送的帧数 $=5\times 10^6/(1\times 10^3)=5\times 10^3$ (帧)

⑥每秒钟可能成功发送的帧数 $=5\times 10^3\times 0.9=4500$ (帧)

3)已知结点数为 100,平均帧长度为 1000 位,传播延时为 5μs/km,总线长度为 1km,发送速率为 10Mbit/s。

① $T_0=1000/(10\times 10^6)=100$ (μs)

② $\Delta t=5\times 1=5$ (μs)

③ $a=5/100=0.05$

④ $a_{max}\approx 1/(1+4.44\times 0.05)\approx 0.82$

⑤每秒钟发送的帧数 $=10\times 10^6/(1\times 10^3)=1\times 10^4$ (帧)

⑥每秒钟可能成功发送的帧数 $=1 \times 10^4 \times 0.82=8200$（帧）

答案：

1）每秒钟可能成功发送的帧数为 3450。

2）每秒钟可能成功发送的帧数为 4500。

3）每秒钟可能成功发送的帧数为 8200。

例 7　Ethernet 的工作原理。

条件：已知总线长度为 100m，信号在总线上的传播速度为 $2 \times 10^8 \text{m/s}$，数据传输速率为 1Gbit/s。

1）帧长度为 512B。

2）帧长度为 1500B。

3）帧长度为 64000B。

请计算在上述情况下的总线最大吞吐率。

分析：设计该例题的目的是加深读者对 CSMA/CD 方法的理解。在讨论 CSMA/CD 的工作过程时，需要注意以下几个主要的问题。

1）式（7-1）给出了信道利用率 $a=\Delta t/T_0=(D/V)/(L/S)=(D \times S)/(V \times L)$。本题中 $a=100 \times 1 \times 10^9/(2 \times 10^8 \times L)=500/L$。

2）式（7-3）给出了当结点数较多时，信道最大利用率可达到 $a_{\max} \approx 1/(1+4.44a)$。

3）根据信道最大利用率 $a_{\max}$ 与数据传输速率 S，可以计算出不同帧长度的总线最大吞吐率 $P=a_{\max} \times S$。

计算：

1）已知帧长度为 512B：

$$a=500/(512 \times 8) \approx 0.122$$
$$a_{\max}=1/(1+4.44 \times 0.122) \approx 0.649$$
$$P=0.649 \times 1 \times 10^9=6.49 \times 10^8 \text{（bit/s）}=649 \text{（Mbit/s）}$$

2）已知帧长度为 1500B：

$$a=500/(1500 \times 8) \approx 0.042$$
$$a_{\max}=1/(1+4.44 \times 0.042) \approx 0.844$$
$$P=0.844 \times 1 \times 10^9=8.44 \times 10^8 \text{（bit/s）}=844 \text{（Mbit/s）}$$

3）已知帧长度为 64000B：

$$a=500/(64000 \times 8) \approx 0.001$$
$$a_{\max}=1/(1+4.44 \times 0.001) \approx 0.996$$
$$P=0.996 \times 1 \times 10^9=9.96 \times 10^8 \text{（bit/s）}=996 \text{（Mbit/s）}$$

答案：

1）总线最大吞吐率为 649Mbit/s。

2）总线最大吞吐率为 844Mbit/s。

3）总线最大吞吐率为 996Mbit/s。

例 8　Ethernet 的工作原理。

条件：已知总线长度为 1km，信号在总线上的传播速度为 $2 \times 10^8 \text{m/s}$，数据传输速率为 10Mbit/s。

请计算 CSMA/CD 算法成立的最短帧长度。

分析：设计该例题的目的是加深读者对 CSMA/CD 方法的理解。在讨论 CSMA/CD 的工作过程时，需要注意以下几个主要的问题。

1）CSMA/CD 算法成立的前提是：在最短帧长度发送还未结束之前，总线上的所有结点都能检查出是否发生冲突。因此，最短帧长度受到数据传播时间的约束。

2）根据总线长度 L 与信号传播速度 V，能够计算出信号从总线的一端传播到另一端所需的时间 $\Delta t = L/V$。$2\Delta t$ 是 CSMA/CD 定义的冲突窗口值。

3）已知数据发送速率为 S，则最短帧长度 $L_{min} = S \times 2\Delta t$。

计算：

①传播时间 $\Delta t = L/V = 1000/(2 \times 10^8) = 5$（μs）

②冲突窗口 $2\Delta t = 10$（μs）

③最短帧长度 $L_{min} = S \times 2\Delta t = 1 \times 10^7 \times (10 \times 10^{-6}) = 100$（位）

答案：最短帧长度为 100 位。

7.1.7 高速以太网技术

例 1 以下关于快速以太网的描述中，错误的是（   ）。

A）快速以太网支持的最大传输速率为 100Mbit/s

B）IEEE 802.3z 是为快速以太网制定的协议标准

C）MII 用于分隔快速以太网的 MAC 子层与物理层

D）IEEE 802.3u 标准提出了速率自动协商的概念

分析：设计该例题的目的是加深读者对快速以太网的理解。在讨论快速以太网的协议内容时，需要注意以下几个主要的问题。

1）快速以太网（FE）是传输速率为 100Mbit/s 的以太网。1995 年，IEEE 802 委员会批准 IEEE 802.3u 作为快速以太网标准。

2）IEEE 802.3u 在 MAC 子层仍使用 CSMA/CD 方法，只是在物理层做了一些必要的调整，主要是定义 100BASE 系列物理层标准，它们可以支持多种传输介质，包括双绞线、单模与多模光纤等。

3）IEEE 802.3u 标准定义了介质专用接口（MII），用于对 MAC 子层与物理层加以分隔。这样，在物理层实现 100Mbit/s 传输速率的同时，传输介质和信号编码方式的变化不影响 MAC 子层。

4）为了支持不同传输速率的设备组网，IEEE 802.3u 提出了速率自动协商的概念。

通过上述描述可以看出，IEEE 802.3u 是为快速以太网制定的协议标准，而 IEEE 802.3z 是为千兆位以太网制定的协议标准。显然，B 所描述的内容混淆了快速以太网与千兆位以太网的协议标准。

答案：B

例 2 以下关于千兆位以太网的描述中，错误的是（   ）。

A）千兆位以太网支持的最大传输速率为 1Gbit/s

B）IEEE 802.3z 是为千兆位以太网制定的协议标准

C）千兆位以太网可使用双绞线、光纤等传输介质

D）GMII 用于分隔千兆位以太网的网络层与物理层

分析：设计该例题的目的是加深读者对千兆位以太网的理解。在讨论千兆位以太网的协

议内容时，需要注意以下几个主要的问题。

1）千兆位以太网（GE）是传输速率为 1Gbit/s 的以太网。1998 年，IEEE 802 委员会批准 IEEE 802.3z 作为千兆位以太网标准。

2）IEEE 802.3z 在 MAC 子层仍使用 CSMA/CD 方法，只是在物理层做了一些必要的调整，主要是定义 1000BASE 系列物理层标准，它们可以支持多种传输介质，包括双绞线、单模与多模光纤等。

3）IEEE802.3z 定义了千兆介质专用接口（GMII），用于对 MAC 子层与物理层加以分隔。这样，在物理层实现 1Gbit/s 传输速率的同时，传输介质和信号编码方式的变化不影响 MAC 子层。

4）为了适应传输速率提高带来的变化，它对 CSMA/CD 访问控制方法加以修改，包括冲突窗口处理、载波扩展、短帧发送等。IEEE 802.3z 延续了速率自动协商的概念，并将它扩展到光纤连接上。

通过上述描述可以看出，IEEE 802.3z 定义了千兆介质专用接口（GMII），用于对 MAC 子层与物理层加以分隔，而相关标准并没有涉及网络层的内容。显然，D 所描述的内容不符合 IEEE 802 体系结构所涵盖的层次。

答案：D

例3　以下关于以太网物理层标准的描述中，错误的是（　　）。

A）100BASE-TX 标准支持的传输介质包括单模光纤

B）100BASE-T4 标准支持的传输介质是非屏蔽双绞线

C）1000BASE-LX 标准支持的传输介质包括单模光纤

D）1000BASE-T 标准支持的传输介质是非屏蔽双绞线

分析：设计该例题的目的是加深读者对以太网物理层标准的理解。在讨论以太网的多种物理层标准时，需要注意以下几个主要的问题。

1）为了支持多种传输介质，IEEE 802.3u 定义了多种物理层标准：

① 100BASE-TX：支持的传输介质是非屏蔽双绞线（全双工模式）。

② 100BASE-T4：支持的传输介质是非屏蔽双绞线（半双工模式）。

③ 100BASE-FX：支持的传输介质是光纤（包括单模与多模光纤）。

2）为了支持多种传输介质，IEEE 802.3z 定义了多种物理层标准：

① 1000BASE-LX：支持的传输介质是光纤（包括 9μm 单模光纤、50μm 多模光纤与 62.5μm 多模光纤）。

② 1000BASE-SX：支持的传输介质是光纤（包括 50μm 多模光纤与 62.5μm 多模光纤）。

③ 1000BASE-CX：支持的传输介质是 150Ω 铜缆。

④ 1000BASE-T：支持的传输介质是非屏蔽双绞线。

通过上述描述可以看出，100BASE-TX 标准支持的传输介质是非屏蔽双绞线，而 100BASE-FX 标准支持的传输介质是光纤。显然，A 所描述的内容不符合 100BASE-TX 标准支持的传输介质类型。

答案：A

例4　以下关于万兆位以太网的描述中，错误的是（　　）。

A）万兆位以太网的协议标准是 IEEE 802.3ae

B）IEEE 802.3ae 主要用光纤作为传输介质

C）IEEE 802.3ae 支持半双工与全双工模式

D）IEEE 802.3ae 保留 Ethernet 最小和最大帧长度

分析：设计该例题的目的是加深读者对万兆位以太网的理解。在讨论万兆位以太网的协议内容时，需要注意以下几个主要的问题。

1）万兆位以太网（10GE）是传输速率为 10Gbit/s 的以太网。2002 年，IEEE 802 委员会批准 IEEE 802.3ae 作为万兆位以太网标准。

2）IEEE 802.3ae 保留 Ethernet 最小和最大帧长度，以便用户将已有 Ethernet 升级为万兆位以太网时，仍然可以与低速率的 Ethernet 通信。

3）IEEE 802.3ae 不再使用铜质的双绞线，而是主要使用光纤作为传输介质，以便在城域网和广域网范围内工作。

4）IEEE 802.3ae 仅支持全双工模式，由于不存在介质争用问题，无须使用 CSMA/CD 方法，因此传输距离不受冲突检测的限制。

通过上述描述可以看出，IEEE 802.3ae 仅支持全双工模式，而不支持半双工模式。显然，C 所描述的内容不符合 IEEE 802.3ae 对工作模式的规定。

答案：C

例 5 以下关于 10GE 物理层标准的描述中，错误的是（   ）。

A）10GE 将网络覆盖范围从局域网扩展到城域网、广域网

B）10GE 物理层标准分为两类：10GE 局域网与 10GE 广域网

C）10000BASE-ER 是一种 10GE 局域网物理层标准

D）10000BASE-LR 也是一种 10GE 局域网物理层标准

分析：设计该例题的目的是加深读者对万兆位以太网的理解。在讨论万兆位以太网的协议内容时，需要注意以下几个主要的问题。

1）万兆位以太网（10GE）将覆盖范围从局域网扩展到城域网、广域网，并成为城域网与广域网主干网的主流组网技术。

2）10GE 物理层标准分为两类：10GE 局域网与 10GE 广域网。其中，10GE 局域网标准支持的传输速率为 10Gbit/s；10GE 广域网标准支持的传输速率为 9.58464Gbit/s，以便与 SONET 的 STS-192 传输格式相兼容。

3）10GE 局域网物理层标准主要包括：

① 10000BASE-ER：支持的传输介质是 10μm 单模光纤。

② 10000BASE-EW：支持的传输介质是 10μm 单模光纤。

③ 10000BASE-SR：支持的传输介质是多模光纤（包括 50μm 和 62.5μm）。

4）10GE 广域网物理层标准主要包括：

① 10000BASE-LR：支持的传输介质是 10μm 单模光纤。

② 10000BASE-SW：支持的传输介质是多模光纤（包括 50μm 和 62.5μm）。

③ 10000BASE-L4：支持的传输介质是光纤（包括 10μm 单模光纤、50μm 多模光纤与 62.5μm 多模光纤）。

通过上述描述可以看出，10000BASE-LR 是一种 10GE 广域网物理层标准，而不属于 10GE 局域网物理层标准的范畴。显然，D 所描述的内容不符合 10000BASE-LR 标准支持的组网范围。

答案：D

7.1.8　局域网组网技术

例1　以下关于交换机工作原理的描述中，错误的是（　　）。

A）交换机支持同时在其多个端口之间建立多个并发连接

B）交换机的交换方式有直接交换、存储转发交换与改进的直接交换

C）汇集转发速率是指两个端口之间每秒钟最多能转发的帧数

D）衡量交换机性能的参数包括最大转发速率、汇集转发速率等

分析：设计该例题的目的是加深读者对交换机工作原理的理解。在讨论交换机的工作原理时，需要注意以下几个主要的问题。

1）交换式局域网的核心设备是局域网交换机（通常简称为交换机），它可以在其多个端口之间建立多个并发连接。

2）交换机的交换方式主要包括直接交换、存储转发交换与改进的直接交换。在直接交换方式中，交换机只要接收帧并检测到目的地址，则立即转发该帧。在存储转发交换方式中，交换机接收整个帧并进行差错检测，在接收帧正确的前提下，根据检测到的目的地址转发该帧。改进的直接交换将上述两种方式相结合。

3）衡量交换机性能的参数主要包括：

①最大转发速率是指两个端口之间每秒钟最多能转发的帧数。

②汇集转发速率是指所有端口每秒钟最多能转发的帧数。

③转发等待时间是交换机做出转发决策所需的时间，它与采用的交换技术相关。

通过上述描述可以看出，汇集转发速率是指所有端口每秒钟最多转发的帧数，而最大转发速率是指两个端口之间每秒钟最多转发的帧数。显然，C所描述的内容混淆了汇集转发速率与最大转发速率的相关概念。

答案：C

例2　以下关于虚拟局域网概念的描述中，错误的是（　　）。

A）虚拟局域网是一种称为VLAN的新型局域网

B）建立VLAN所使用的设备是局域网交换机

C）VLAN以软件方式实现逻辑工作组的划分与管理

D）逻辑工作组中的结点组成不受物理位置的限制

分析：设计该例题的目的是加深读者对虚拟局域网概念的理解。在讨论虚拟局域网的基本概念时，需要注意以下几个主要的问题。

1）虚拟局域网（VLAN）并不是一种新型的局域网，而是局域网向用户提供的一种新型服务。

2）VLAN建立在局域网交换技术的基础上，需要使用的设备是局域网交换机。

3）VLAN以软件方式实现逻辑工作组的划分与管理，逻辑工作组中的结点组成不受物理位置的限制。

4）同一逻辑工作组中的结点可以分布在不同网段上，但是它们之间的通信就像在同一网段上一样。

通过上述描述可以看出，虚拟局域网并不是一种新型的局域网，而是局域网向用户提供的一种新型的服务。显然，A所描述的内容不符合虚拟局域网的基本特征。

答案：A

例 3 以下关于集线器设备的描述中，错误的是（　）。

A）集线器作为中心设备通过双绞线与结点连接

B）集线器在 MAC 子层采用 CSMA/CD 方法

C）连接在同一集线器的主机可属于不同"冲突域"

D）集线器提供两类端口：RJ-45 端口与上连端口

分析：设计该例题的目的是加深读者对集线器（hub）的理解。在讨论集线器时，需要注意以下几个主要的问题。

1）集线器是 Ethernet 的中心连接设备时，所有结点通过双绞线与集线器连接。

2）这种 Ethernet 在物理结构上是星形结构，但在逻辑上仍然是总线型结构，在 MAC 子层仍采用 CSMA/CD 方法。

3）当集线器接收到某个结点发送的帧时，将该帧通过广播方式转发到其他端口。连接在同一集线器的所有结点属于一个"冲突域"。

4）普通的集线器提供两类端口：用于连接结点的 RJ-45 端口，这类端口数量是 8、12、16、24 等；用于级联的 RJ-45、AUI、BNC 或 F/O 端口，这类端口称为上连端口。

5）采用集线器与双绞线的组网方法主要有单一集线器结构、多集线器级联结构、堆叠式集线器结构等。

通过上述描述可以看出，连接在同一集线器的所有结点属于一个"冲突域"，而不可能属于不同的"冲突域"。显然，C 所描述的内容不符合集线器的基本特征。

答案：C

例 4 以下关于网桥概念的描述中，错误的是（　）。

A）网桥能互联采用不同网络层、数据链路层协议的局域网

B）网桥能互联采用不同传输介质、传输速率的局域网

C）网桥能完成数据帧接收、转发与地址过滤功能

D）网桥能隔离不同网络之间的广播通信量

分析：设计该例题的目的是加深读者对网桥概念的理解。在讨论网桥的基本概念时，需要注意以下几个主要的问题。

1）将大型局域网划分为通过网桥互联的多个子网，这样就促进了局域网互联技术的发展。

2）网桥可隔离子网之间的通信量，使每个子网成为一个独立的局域网。通过减少每个子网内部结点数的方法，改善每个子网的网络性能。

3）网桥在数据链路层完成数据帧接收、转发与地址过滤功能，它用来实现多个局域网之间的互联以及数据交换。

4）当采用网桥实现数据链路层互联时，允许互联网络的物理层协议不同，但是数据链路层以上各层协议需要相同。

5）目前，使用的局域网基本都是以太网，用于不同类型局域网互联的网桥已不重要。但是，各种以太网标准在物理层采用不同速率标准，仍须解决不同速率以太网在 MAC 子层的互联问题。

通过上述描述可以看出，当采用网桥实现数据链路层互联时，允许互联网络的物理层协议不同，但是数据链路层以上各层协议需要相同。显然，A 所描述的内容不符合网桥互联层次的相关规定。

答案：A

例5　以下关于网桥类型的描述中，错误的是（　　）。

A）网桥可以分为两种类型：透明网桥与源路由网桥

B）透明网桥与源路由网桥都是由每个网桥自己进行转发选择

C）IEEE 802.1d 是透明网桥标准，IEEE 802.5d 是源路由网桥标准

D）网桥的一个重要工作是构建与维护转发表

分析：设计该例题的目的是加深读者对网桥类型的理解。在讨论网桥的基本类型时，需要注意以下几个主要的问题。

1）网桥最重要的维护工作是构建与维护转发表。转发表中记录不同结点物理地址与网桥转发端口的关系。

2）根据工作原理的不同，网桥可以分为两种类型：透明网桥与源路由网桥。

3）透明网桥由每个网桥自己进行转发选择，局域网结点不负责进行转发选择，网桥对于互联局域网的结点是"透明"的。透明网桥标准是 IEEE 802.1d。

4）源路由网桥由发送帧的源结点负责转发选择。为了发现适合的路径，源结点以广播方式向目的结点发送一个探测帧。源路由网桥标准是 IEEE 802.5d。

通过上述描述可以看出，透明网桥是由每个网桥自己进行转发选择，而源路由网桥是由发送帧的源结点负责进行转发选择。显然，B 所描述的内容混淆了透明网桥与源路由网桥的工作过程。

答案：B

例6　局域网组网技术。

条件：

1）10 个结点连接到一台 10Mbit/s 的 Ethernet 集线器上。

2）10 个结点连接到一台 100Mbit/s 的 Ethernet 集线器上。

3）10 个结点连接到一台 10Mbit/s 的 Ethernet 交换机上。

请计算在上述情况下每个结点可获得的平均带宽。

分析：设计该例题的目的是加深读者对局域网组网技术的理解。在讨论局域网的组网技术时，需要注意以下几个主要的问题。

1）连接到一台 Ethernet 集线器的所有结点共享一个冲突域，如果集线器的带宽为 S，并且连接的结点数为 N，则每个结点可获得的平均带宽为 S/N。

2）Ethernet 交换机可以在不同端口之间建立并发连接，如果交换机的带宽为 S，不管连接的结点数是多少，每个结点都可以独享这个带宽 S。

计算：

1）已知 10 个结点连接到一台 10Mbit/s 的 Ethernet 集线器上，则每个结点可获得的平均带宽 =10/10=1（Mbit/s）。

2）已知 10 个结点连接到一台 100Mbit/s 的 Ethernet 集线器上，则每个结点可获得的平均带宽 =100/10=10（Mbit/s）。

3）已知 10 个结点连接到一台 10Mbit/s 的 Ethernet 交换机上，则每个结点可获得的平均带宽 =10（Mbit/s）。

答案：

1）每个结点可获得的平均带宽为 1Mbit/s。

2）每个结点可获得的平均带宽为 10Mbit/s。

3）每个结点可获得的平均带宽为 10Mbit/s。

例 7　局域网组网技术。

条件：一台交换机拥有 24 个 10/100Mbit/s 全双工端口和 2 个 1Gbit/s 全双工端口，假设所有端口都工作在全双工状态下。

请计算这种情况下的交换机总带宽。

分析：设计该例题的目的是加深读者对局域网组网技术的理解。在讨论局域网的组网技术时，需要注意以下几个主要的问题。

1）交换机的 24 个 10/100Mbit/s 全双工端口用于连接用户计算机，而 2 个 1Gbit/s 全双工端口用于连接路由器、服务器等关键设备。

2）如果每个 10/100Mbit/s 端口工作在全双工状态下，则它的带宽都等于 2 × 100Mbit/s；如果一个 1Gbit/s 端口工作在全双工状态下，则它的带宽都等于 2 × 1000Mbit/s。

3）交换机总带宽等于所有端口带宽之和。

计算：

交换机总带宽 =24 × 2 × 100+2 × 2 × 1000=8800（Mbit/s）=8.8（Gbit/s）。

答案：交换机总带宽等于 8.8Gbit/s。

7.2　同步练习

7.2.1　术语辨析题

用给出的定义标识出对应的术语（本题给出 26 个定义，请从中选出 20 个，分别将序号填写在对应的术语前的空格处）。

（1）_____ PPP　　　　　　　　（2）_____ 非平衡配置

（3）_____ MAC　　　　　　　　（4）_____ 冲击噪声

（5）_____ IEEE 802.3　　　　　（6）_____ 交换机

（7）_____ 热噪声　　　　　　　（8）_____ ARQ

（9）_____ IEEE 802.11　　　　 （10）_____ 0 比特插入 / 删除

（11）_____ 物理线路　　　　　　（12）_____ 光纤通道

（13）_____ 冲突　　　　　　　　（14）_____ 截止二进制指数后退延迟算法

（15）_____ VLAN　　　　　　　（16）_____ 误码率

（17）_____ 物理地址　　　　　　（18）_____ 正常响应模式

（19）_____ 网卡　　　　　　　　（20）_____ 冲突窗口

A. 通信中使用的点 – 点电路段。

B. 时刻存在，幅度较小，引起的差错是随机差错的噪声。

C. 由外界电磁干扰引起，幅度较大，引起的差错是突发差错的噪声。

D. 二进制比特在数据传输系统中被传错的概率。

E. 能够自动纠正传输差错的编码。

F. 收发双方在发现传输错误时采用自动反馈重发来纠正错误的方法。

G. 一组结点在通信中分为主站与从站，由主站来控制数据链路工作的配置方式。

H. 只有在主站向它发送命令帧探询之后，从站才能向主站发送数据帧的工作模式。

I. 从站可以随时发送数据帧，而无须等待主站发出探询的工作模式。

J. 在 HDLC 协议中解决帧同步问题的字段。

K. 在 HDLC 协议中解决帧数据传输透明性问题的方法。

L. 用于串行通信的拨号线路，如家庭或公司用户与 ISP 连接的数据链路层协议。

M. 控制多个结点利用公共传输介质收发数据的方法。

N. 定义 Ethernet 的 MAC 子层与物理层的标准。

O. 定义无线局域网的 MAC 子层与物理层的标准。

P. 定义无线个人区域网的 MAC 子层与物理层的标准。

Q. 定义宽带无线城域网的 MAC 子层与物理层的标准。

R. 总线型局域网的共享总线上同时出现两个或两个以上发送信号的现象。

S. 信号在总线上传播延迟的两倍，即 $2D/V$ 值。

T. CSMA/CD 方法采用的随机延迟算法。

U. Ethernet 帧结构中表示网络层使用的协议类型的字段。

V. 长度为 48 位的 Ethernet 地址。

W. 10GE 的物理层使用的技术。

X. 在多个端口之间建立多个并发连接的局域网设备。

Y. 用软件方法将局域网中的结点划分成若干个逻辑工作组的技术。

Z. 两端分别与局域网、主机接口连接的设备。

7.2.2　单项选择题

（1）在通信信道的噪声中，造成传输差错的主要因素是（　　）。

A）冲击噪声　　　　　　　　　B）热噪声
C）循环噪声　　　　　　　　　D）递归噪声

（2）如果发送数据的比特序列为"101…10111010110"，生成多项式 $G(x)$ 的比特序列为"11010010"，则发送数据中 CRC 校验的比特序列为（　　）。

A）11010110　　　　　　　　　B）1010110
C）010110　　　　　　　　　　D）10110

（3）在 BSC 使用的控制字符中，表示肯定应答的是（　　）。

A）STX　　　　　　　　　　　B）NAK
C）ETX　　　　　　　　　　　D）ACK

（4）如果协议字段值为"C021"，表示该 PPP 帧的类型是（　　）。

A）信息帧　　　　　　　　　　B）链路控制帧
C）无编号帧　　　　　　　　　D）网络控制帧

（5）在 Ethernet 帧结构中，不计入帧长度的字段包括（　　）。

A）目的地址　　　　　　　　　B）长度
C）帧前定界符　　　　　　　　D）帧校验

（6）1000BASE-T 物理层标准支持的传输介质是（　　）。

A）非屏蔽双绞线　　　　　　　B）同轴电缆
C）多模光纤　　　　　　　　　D）红外线

（7）以下关于自动反馈重发概念的描述中，错误的是（   ）。

A）接收方通过检错码判断数据是否出错，发现错误则采用自动反馈重发方法纠正

B）发送方需要保留发送数据的副本

C）接收方通过计算校验码来判断数据传输是否出错

D）发送方接收到 NAK 后，根据副本重新发送，直至正确接收为止

（8）以下关于 CRC 校验过程的描述中，错误的是（   ）。

A）发送方对发送数据 $f(x)$ 进行计算，获得发送多项式 $f(x) \cdot x^k$

B）将 $f(x) \cdot x^k$ 除以生成多项式 $G(x)$，获得余数多项式 $R(x)$

C）如果 $G(x)$ 的长度为 32，则 k 值也等于 32

D）接收方对接收数据 $f'(x)$ 采用同样运算，获得余数多项式 $R'(x)$

（9）以下关于 0 比特插入 / 删除过程的描述中，错误的是（   ）。

A）发送方在两个 F 字段之间检查出连续 5 个"1"，如果后面仍然为 1，则增加 1 个"0"

B）接收方首先找到 F 字段以确定帧的开始，然后对其后的比特序列进行检查

C）接收方发现 5 个连续"1"时，就将其后的 1 个"0"删除

D）采用 0 比特插入 / 删除方法后，帧中可传输任意组合的比特序列

（10）以下关于 BSC 协议的描述中，错误的是（   ）。

A）BSC 规定了 10 个控制字符、数据与控制报文格式及协议操作过程

B）SOH 与 EOT 分别表示报头开始与正文结束

C）SYN 是同步字符，接收方至少接收到两个 SYN 后才开始接收

D）接收方接收到 DLE 字符后，自动删除 DLE 字符

（11）以下关于 HDLC 监控帧的描述中，错误的是（   ）。

A）RR 表示准备好接收，确认序号为 N(R) – 1 及其之前的各帧

B）RNR 表示未准备好接收，否认序号为 N(R) – 1 及其之前的各帧

C）REJ 表示确认序号为 N(R) – 1 及其之前的各帧，否认序号为 N(R) 及其之后的各帧

D）SREJ 表示确认序号为 N(R) – 1 及其之前的各帧，仅否认序号为 N(R) 的帧

（12）以下关于 HDLC 信息帧的描述中，错误的是（   ）。

A）N(S) 表示当前发送信息帧的序号

B）N(R) 带有捎带确认的含义

C）对于 NRM，探询位 P=0，表示仅主站向从站发出"探询"

D）探询位 P 与终止位 F 在帧交换过程中应成对出现

（13）以下关于 Ethernet 物理地址的描述中，错误的是（   ）。

A）Ethernet 物理地址长度为 48 位

B）可分配的 Ethernet 物理地址应该有 2^{48} 个

C）IEEE 注册管理委员会为每个网卡生产商分配 Ethernet 物理地址的前 3 字节

D）标准 Ethernet 网卡的物理地址写法如 00-60-08-00-A6-38

（14）以下关于 PPP 信息帧的描述中，错误的是（   ）。

A）标志字段值固定为 0x6E

B）地址字段值固定为 0xFF

C）控制字段值固定为 0x03

D）对于 IP，协议字段值为 0x0021

（15）以下关于快速以太网的描述中，错误的是（　　）。

　　A）快速以太网仍保留传统 10Mbit/s 速率 Ethernet 的基本特征

　　B）100BASE-T 标准定义了 GMII，将 MAC 子层与物理层分隔开

　　C）快速以太网支持全双工与半双工两种模式

　　D）快速以太网支持 10Mbit/s 与 100Mbit/s 速率自动协商机制

（16）以下关于冲突检测的描述中，错误的是（　　）。

　　A）多个结点同时使用共享的传输介质发送数据会出现冲突

　　B）冲突是由于电磁波在总线中传播时叠加而造成

　　C）Ethernet 协议规定的冲突窗口时间为 5.12μs

　　D）在传播延迟的 2 倍时间内，冲突的数据帧已传遍整个网段

（17）以下关于透明网桥的描述中，错误的是（　　）。

　　A）透明网桥的标准是 IEEE 802.5d

　　B）透明网桥自己负责进行路径选择

　　C）透明网桥的转发表要记录 3 个信息：MAC 地址、端口与时间

　　D）网桥中的端口管理软件保证网桥的转发表能反映当前网络拓扑状态

（18）以下关于截止二进制指数后退延迟算法的描述中，错误的是（　　）。

　　A）算法可以表示为：$\tau=2^k \cdot R \cdot a$

　　B）a 为冲突窗口值

　　C）k 取 min$(n,10)$

　　D）最大可能延迟时间为 1024 个时间片

（19）以下关于 Ethernet 发送流程的描述中，错误的是（　　）。

　　A）所有结点发送数据前，需要侦听总线是否空闲

　　B）多个结点利用总线发送数据需要"冲突检测"

　　C）在检测到冲突后，发送结点进入立即重发流程

　　D）Ethernet 协议所规定的重发次数不超过 16 次

（20）以下关于 10GE 技术特征的描述中，错误的是（　　）。

　　A）10GE 仍保留 IEEE 802.3 标准对 Ethernet 最小与最大帧长度的规定

　　B）10GE 的传输介质仅使用光纤

　　C）10GE 有两类物理层标准：ELAN 与 EWAN

　　D）10GE 帧插入 OC-192/STM-64 帧的载荷区域，速率仍保持为精确的 10Gbit/s

（21）以下关于交换式局域网的描述中，错误的是（　　）。

　　A）不再使用 CSMA/CD 访问控制方法

　　B）仍支持双绞线、光纤等传输介质

　　C）组网使用的核心设备是集线器

　　D）通常提供称为 VLAN 的逻辑工作组服务

（22）以下关于 IEEE 802.3z 标准的描述中，错误的是（　　）。

　　A）它是针对快速以太网制定的协议标准

　　B）GMII 是用于分隔 MAC 子层与物理层的接口

　　C）1000BASE-LX 是支持多种光纤的物理层标准

　　D）1000BASE-T 是支持非屏蔽双绞线的物理层标准

（23）以下关于源路由网桥的描述中，错误的是（   ）。

    A）源路由网桥由发送帧的源结点负责执行路由选择

    B）源结点以广播方式向目的结点发送一个用于探测的发现帧

    C）发现帧到达目的结点后，将沿着各自的路径返回源结点

    D）源结点从返回信息中选择经交换机转发次数最少的路径

（24）以下关于交换机性能参数的描述中，错误的是（   ）。

    A）最大转发速率是两个端口之间每秒最多能转发的帧数

    B）转发等待时间是从帧进入到离开交换机所需的时间

    C）汇集转发速率是所有端口之间每秒最多能转发的帧数之和

    D）转发等待时间与交换机采用的交换技术密切相关

（25）以下关于 10000BASE-SW 标准的描述中，错误的是（   ）。

    A）它是一种 10GE 局域网标准

    B）支持的传输介质是多模光纤

    C）常用于网络设备之间的点到点连接

    D）在数据传输时采用 64B/66B 编码

第8章 物理层与物理层协议分析

8.1 例题解析

8.1.1 物理层与物理层协议

例1 以下关于物理层功能的描述中，错误的是（ ）。

A）物理层向数据链路层提供比特流的传输服务

B）物理层的功能包括物理连接的建立、维护与释放

C）数据传输的可靠性主要靠物理层来解决

D）设置物理层是为了屏蔽传输介质、设备与通信技术的差异

分析：设计该例题的目的是加深读者对物理层功能的理解。在讨论物理层的基本功能时，需要注意以下几个主要的问题。

1）物理层的基本功能是实现结点之间的比特流传输，以及物理连接的建立、维护与释放等。物理层提供的上述服务是面向数据链路层的。

2）计算机网络使用的传输介质与通信设备种类繁多，各种通信技术存在很大差异，并且新的通信技术在快速发展。

3）设置物理层的目的是屏蔽物理层采用的传输介质、通信设备与通信技术的差异性，使得数据链路层只需要考虑本层实现的服务。

4）数据链路层通过接口将帧传送给物理层，物理层将帧按照比特流格式进行编码，然后将信号通过传输介质传送到下一个结点。

通过上述描述可以看出，物理层的功能是向数据链路层提供比特流传输服务，而数据传输的可靠性还是要依靠数据链路层来实现。显然，C 所描述的内容不符合物理层与数据链路层之间的关系。

答案：C

例2 以下关于物理连接类型的描述中，错误的是（ ）。

A）物理连接可以分为两类：点 – 点连接与多点连接

B）点 – 点连接的实体之间通信分为 3 种方式：全双工传输、半双工传输与单工传输

C）全双工传输允许两个实体之间同时双向的比特流传输

D）半双工传输只允许两个实体之间单向的比特流传输。

分析：设计该例题的目的是加深读者对物理层功能的理解。在讨论物理层的基本功能时，需要注意以下几个主要的问题。

1）物理连接可以分为两类：点 – 点连接与多点连接。其中，点 – 点连接是在两个物理层实体之间通过一条传输介质相连。多点连接是在一个物理层实体与多个物理层实体之间分别通过传输介质相连。

2）点 – 点连接的实体之间通信分为 3 种方式：全双工传输、半双工传输与单工传输。

其中，全双工传输允许两个实体之间同时双向的比特流传输；半双工传输允许两个实体之间交替进行双向的比特流传输；单工传输只允许两个实体之间单向的比特流传输。

3）点 – 点连接的实体之间通信分为两种方式：串行传输与并行传输。其中，串行传输中的数据单元是位（bit）；并行传输中的数据单元是 n 位，其中 n 为并行连接的物理通道数量。

通过上述描述可以看出，半双工传输允许两个实体之间交替进行双向的比特流传输，而单工传输只允许两个实体之间单向的比特流传输。显然，D 所描述的内容混淆了半双工传输与单工传输方式的特点。

答案：D

8.1.2 数据通信的基本概念

例 1 以下关于信息、数据与信号的描述中，错误的是（ ）。

A）信息的载体可以是文本、音频、图像、视频等

B）计算机将字母、数字或符号用二进制代码表示

C）在网络中传输的是表示二进制编码序列的电信号

D）ASCII 码是一个信息交换编码标准，其中不包括通信控制字符

分析：设计该例题的目的是加深读者对信息、数据与信号的理解。在讨论信息、数据与信号的概念时，需要注意以下几个主要的问题。

1）通信的主要目的是交换信息。信息的载体可以是文本、音频、图像、视频等。

2）计算机产生的信息通常是字母、数字、符号的组合。为了传输这些信息，首先需要将每个字母、数字或符号用二进制编码表示。

3）数据通信是指在不同计算机之间传输表示字母、数字或符号的二进制编码序列的过程。在网络中传输的是表示二进制编码序列的电信号。

4）ASCII 是 ANSI 在 1967 年认定的美国国家标准，它作为不同计算机之间通信共同遵循的西文编码规则。ASCII 码采用 7 位二进制编码表示 128 个字符。这些字符分为两类：显示字符与控制字符。其中，显示字符包括数字 0 到 9、大小写字母、标点符号等。控制字符又分为文本控制字符与通信控制字符。

通过上述描述可以看出，ASCII 码可以表示 128 个字符，它们分为显示字符与控制字符，而控制字符又分为文本控制字符与通信控制字符。显然，D 所描述的内容不符合 ASCII 标准对于控制字符的定义。

答案：D

例 2 以下关于信号概念的描述中，错误的是（ ）。

A）计算机系统关心的是信息的编码方式

B）数据通信研究如何通过传输介质来传输数据编码

C）在传统的电话线路上传输的信号是模拟信号

D）电平幅度连续变化的电信号称为数字信号

分析：设计该例题的目的是加深读者对信号的基本概念的理解。在讨论信号概念时，需要注意以下几个主要的问题。

1）计算机系统关心的是信息的编码方式。例如，如何用 ASCII 码表示字母、数字与符号，如何用双字节表示汉字，以及如何表示音频、图形与视频。

2）数据通信研究如何将表示各类信息的编码，通过传输介质在不同计算机之间传输的问题。物理层根据使用的传输介质与设备来确定数据传输方式。

3）信号是数据在传输过程中电信号的表示形式。对于不同的传输介质，传输的信号类型分为两类：模拟信号与数字信号。

- 那些电平幅度连续变化的电信号称为模拟信号。在传统的电话线路上传输的信号通常是模拟信号。
- 计算机产生的电信号是用两种不同电平表示 0、1 的电压脉冲信号，这种电信号称为数字信号。

通过上述描述可以看出，电平幅度连续变化的电信号称为模拟信号，而用两种不同电平表示 0、1 的电压脉冲信号称为数字信号。显然，D 所描述的内容混淆了模拟信号与数字信号的基本特征。

答案：D

例3　以下关于同步技术的描述中，错误的是（　　）。

A）同步是指要求通信双方在时间基准上保持一致

B）数据通信中的同步分为两类：位同步与字符同步

C）外同步法是指发送方发送一路数据信号，同时另外发送一路控制字符 SOH

D）同步传输将多个字符构成一个组，每组字符之前添加 1 个或多个 SYN 字符

分析：设计该例题的目的是加深读者对同步技术的理解。在讨论同步技术时，需要注意以下几个主要的问题。

1）同步是指要求通信双方在时间基准上保持一致。数据通信中的同步分为两种类型：位同步与字符同步。

2）在数据通信过程中，需要解决通信双方时钟频率的一致性问题。接收方根据发送方发送数据的时间来校正自己的时间，这个过程称为位同步。

3）实现位同步的方法主要有两种：外同步法与内同步法。其中，外同步法是指发送方在发送数据信号的同时，额外发送一个同步时钟信号，接收方根据接收的时钟信号来校正自己的时间。内同步法是指发送方在发送的数据信号中添加同步时钟信号，接收方从接收数据中提取时钟信息并校正自己的时间。

4）在标准 ASCII 码中，每个字符由 8 位二进制编码构成。发送方以 8 位为单元发送，接收方也以 8 位为单元接收。字符同步是保证通信双方正确传输每个字符的过程。

5）字符同步的实现方法主要有两种：同步式与异步式。其中，同步传输将多个字符构成一个组，每组字符之前添加 1 个或多个 SYN 字符，接收方根据 SYN 确定组的起始与终止。异步传输对每个字符独立传输，每个字符的第一位前添加 1 位起始位（"1"），最后一位后添加 1 或 2 位终止位（"0"）。

通过上述描述可以看出，外同步法是指发送方发送一路数据信号，同时另外发送一路同步时钟信号，而不是发送一路控制字符 SOH。显然，C 所描述的内容不符合位同步中有关外同步法的实现方法。

答案：C

例4　以下关于传输介质特点的描述中，错误的是（　　）。

A）传输介质仅包括双绞线、同轴电缆与光纤

B）双绞线是当前网络中常用的传输介质

C）同轴电缆是早期网络中常用的传输介质

D）光纤是一种性能很好、应用广泛的传输介质

分析：设计该例题的目的是加深读者对传输介质特点的理解。在讨论传输介质类型和特点时，需要注意以下几个主要的问题。

1）传输介质是在网络中连接收发双方的物理线路，也是在通信中实际用于传输数据的载体。在计算机网络中，常用的传输介质主要包括双绞线、同轴电缆、光纤、无线信道、卫星信道等。

2）双绞线是当前局域网中最常用的传输介质。双绞线由按规则螺旋结构排列的 2 根、4 根或 8 根绝缘导线组成。双绞线主要分为两类：屏蔽双绞线与非屏蔽双绞线。

3）同轴电缆是早期网络中常用的传输介质。同轴电缆由内导体、绝缘层、外屏蔽层及外部保护层组成。同轴电缆主要分为两类：基带同轴电缆与宽带同轴电缆。

4）光纤是一种性能很好、应用广泛的传输介质中。光纤通过内部的全反射来传输一束经过编码的光信号。光纤主要分为两类：单模光纤与多模光纤。

通过上述描述可以看出，在计算机网络中，常用的传输介质包括双绞线、同轴电缆、光纤、无线信道、卫星信道等，而不是仅有双绞线、同轴电缆与光纤。显然，A 所描述的内容仅局限在有线传输介质中。

答案：A

例 5 以下关于双绞线概念的描述中，错误的是（　　）。

A）双绞线由按螺旋结构排列的两根、四根或八根绝缘导线组成

B）双绞线主要分为两种类型：屏蔽双绞线与非屏蔽双绞线

C）非屏蔽双绞线由外部保护层、屏蔽层与多对双绞线组成

D）双绞线的传输距离有限制，它适用于有限范围的局域网组网

分析：设计该例题的目的是加深读者对双绞线概念的理解。在讨论双绞线的基本概念时，需要注意以下几个主要的问题。

1）双绞线由按螺旋结构排列的两根、四根或八根绝缘导线组成。一对绝缘导线可作为一条通信线路，各个线对螺旋排列是为了减小线对之间的电磁干扰。

2）双绞线主要分为两种类型：屏蔽双绞线与非屏蔽双绞线。其中，屏蔽双绞线由外部保护层、屏蔽层与多对双绞线组成。非屏蔽双绞线由外部保护层与多对双绞线组成。

3）根据介质支持的传输特性，双绞线主要分为以下这些类型：一类线、二类线、三类线、四类线、五类线、超五类线与六类线。

4）由于双绞线的传输距离有限，单根双绞线的最大长度为 100m，因此它适用于有限范围的局域网组网。双绞线的主要优点是：价格低于其他介质，安装与维护方便。

通过上述描述可以看出，非屏蔽双绞线由外部保护层与多对双绞线组成，它与屏蔽双绞线的主要区别是没有屏蔽层。显然，C 所描述的内容混淆了非屏蔽双绞线与屏蔽双绞线的基本结构。

答案：C

例 6 以下关于光纤概念的描述中，错误的是（　　）。

A）光纤是一种柔软、能传导光波的传输介质

B）光纤通常分为两种类型：基带光纤与宽带光纤

C）光纤通过内部全反射来传输一束编码后的光信号

D）光纤传输的带宽大、损耗小、速率高与距离远

分析：设计该例题的目的是加深读者对光纤概念的理解。在讨论光纤的基本概念时，需要注意以下几个主要的问题。

1）光纤是一种柔软、能传导光波的介质，多种玻璃和塑料可用于制造光纤，其中超高纯度石英玻璃纤维的纤芯性能最好。在折射率较高的纤芯外面，以折射率较低的玻璃材质的包层包裹，最外层是 PVC 材质的外部保护层。

2）光纤通过内部全反射来传输一束经过编码的光信号。纤芯的折射系数高于包层，形成光波在纤芯与包层表面的全反射。在光纤中传输数据时，传输性能与光的波长有关。光波传输的理想波长主要有 3 个：850nm、1300nm 与 1550nm。

3）光纤通常分为两种类型：单模光纤与多模光纤。其中，单模光纤在某个时刻只能有一个光波在光纤内传输；多模光纤同时支持多个光波在光纤内传输。

4）由于数据是通过光波进行传输，光纤中不存在电磁干扰问题，并且数据传输过程是纯数字的，因此光纤传输的带宽大、损耗小、速率高与距离远。

通过上述描述可以看出，光纤的类型可分为单模光纤与多模光纤，而不是基带光纤与宽带光纤。显然，B 所描述的内容不符合针对光纤类型的相关定义。

答案：B

例 7　以下关于无线与卫星通信的描述中，错误的是（　　）。

A）电磁波在自由空间中传播的通信方式是无线方式

B）无线通信主要使用无线电、微波、红外线与可见光

C）当前的移动通信系统采用的是小区与区群的结构

D）在卫星通信中，发送站与接收站之间是视距范围的

分析：设计该例题的目的是加深读者对无线与卫星通信概念的理解。在讨论无线与卫星通信的相关概念时，需要注意以下几个主要的问题。

1）电磁波的传播方式分为两类：一种是在自由空间中传播，即无线方式；另一种是在有限的空间内传播，即有线方式。

2）从电磁波谱中可看出，按照频率由低向高排列，电磁波可分为无线电、微波、红外线、可见光、紫外线、X 射线与 γ 射线。目前，无线通信主要使用无线电、微波、红外线与可见光。

3）微波信号波长较短，利用机械尺寸较小的抛物面天线，可将微波信号能量集中在一个很小的波束内发送，通过很小的发射功率进行远距离通信。由于微波信号没有绕射功能，微波只能在视距范围内进行通信。

4）早期的移动通信系统采用的是大区制。为了提高覆盖区域的系统容量，以及充分利用有限的频率资源，研究者提出了小区制的概念。小区的覆盖半径较小，可用较小的发射功率实现双向通信。由多个小区构成的覆盖区称为区群。

5）卫星通信主要采用点 – 点通信线路，包括一颗卫星与两个地球站（发送站、接收站）。卫星上安装多个转发器，用于接收、放大与发送信息。发送站通过上行链路向卫星发射微波信号。卫星起到中继器的作用，它接收上行链路中的微波信号，经放大后通过下行链路发送给接收站。

通过上述描述可以看出，发送站通过上行链路向卫星发射微波信号，卫星起中继器的作用，将接收信号经放大后通过下行链路发送给接收站。显然，D 所描述的内容不符合卫星被

作为中继器的结构。

答案：D

8.1.3 数据编码技术

例 1 以下关于模拟数据编码的描述中，错误的是（　　）。

A）具有调制与解调功能的设备称为调制解调器

B）移频键控通过改变载波信号角频率表示数字信号 1、0

C）相对调相是用相位的绝对值表示数字信号 1、0

D）将数据按 3 位一组来组织，可以有 8 种组合，称为八相调制

分析：设计该例题的目的是加深读者对模拟数据编码概念的理解。在讨论模拟数据编码的基本概念时，需要注意以下几个主要的问题。

1）传统的电话信道是为传输话音信号而设计，只适用于传输音频的模拟信号，无法直接传输计算机的数字信号。为了利用电话交换网传输数字信号，首先需要将数字信号转换成模拟信号。

2）发送方将数字信号转换成模拟信号的过程称为调制；接收方将模拟信号还原成数字信号的过程称为解调。具有调制与解调功能的设备称为调制解调器（modem）。

3）振幅键控通过改变载波信号振幅表示数字信号 1、0。

4）移频键控通过改变载波信号角频率表示数字信号 1、0。

5）移相键控通过改变载波信号相位表示数字信号 1、0。其中，绝对调相是用相位的绝对值表示数字信号 1、0；相对调相是用相位的相对偏移值表示数字信号 1、0。

6）多相调制方法将数字信号按 2 位一组来组织，可以有 4 种组合，称为四相调制；将数字信号按 3 位一组来组织，可以有 8 种组合，称为八相调制。

通过上述描述可以看出，绝对调相是用相位的绝对值表示数字信号 1、0，而相对调相是用相位的相对偏移值表示数字信号 1、0。显然，C 所描述的内容混淆了绝对调相与相对调相的基本特征。

答案：C

例 2 以下关于数字数据编码的描述中，错误的是（　　）。

A）基带传输是不改变数字信号频带直接传输数字信号的方法

B）非归零码必须用另一个信道同时传送同步信号

C）曼彻斯特编码属于自含钟编码方法

D）差分曼彻斯特编码的时钟信号频率等于发送频率

分析：设计该例题的目的是加深读者对数字数据编码概念的理解。在讨论数字数据编码的基本概念时，需要注意以下几个主要的问题。

1）基带传输是指不改变数字信号频带（即波形）直接传输数字信号的方法。

2）在基带传输中，数字信号编码方法主要包括：非归零码、曼彻斯特编码与差分曼彻斯特编码。

3）非归零码（NRZ）用高低电平分别表示逻辑"0"与"1"。NRZ 码的缺点是无法判断每位的开始与结束，收发双方难以保持同步。为了保证收发双方的同步，必须在发送 NRZ 码的同时，用另一个信道同时传输同步信号。

4）曼彻斯特编码的每比特的中间有一次电平跳变，两次电平跳变的时间间隔可以是 *T*/2

或 T，利用电平跳变产生通信双方的同步信号。第一个码元的起始 $T/2$ 取数据的反码。因此，曼彻斯特编码信号称为"自含钟编码"信号。

5）差分曼彻斯特编码是对曼彻斯特编码的改进。差分曼彻斯特编码与曼彻斯特编码不同之处在于：当两比特交接处不发生电平跳变时，表示数字"1"；当两比特交接处发生电平跳变时，表示数字"0"。

6）曼彻斯特编码与差分曼彻斯特编码的缺点是：需要的编码的时钟信号频率是发送频率的两倍。

通过上述描述可以看出，差分曼彻斯特编码与曼彻斯特编码的缺点相同，该编码的时钟信号频率应该等于发送频率的两倍。显然，D 所描述的内容不符合差分曼彻斯特编码的相关规定。

答案：D

例 3 以下关于脉冲编码调制的描述中，错误的是（　　）。

A）脉冲编码调制是一种模拟数据数字化技术

B）脉冲编码调制的步骤依次是量化、采样与编码

C）量化是将样本幅度按量化级来决定取值的过程

D）如果有 k 个量化级，则编码的位数为 $\log 2k$

分析：设计该例题的目的是加深读者对脉冲编码调制概念的理解。在讨论脉冲编码调制的基本概念时，需要注意以下几个主要的问题。

1）脉冲编码调制（PCM）是模拟数据数字化的主要方法。PCM 技术的典型应用是语音信号数字化。

2）PCM 操作需要经过 3 个步骤：采样、量化与编码。

- 采样是指间隔一定的时间，将模拟信号的电平幅度取出作为样本，让其表示原来的信号。采样频率为 $f \geqslant 2B$ 或 $f=1/T \geqslant 2 \times f_{max}$。其中，$B$ 为信道带宽，T 为采样周期，f_{max} 为信道允许通过信号的最高频率。
- 量化是将样本幅度按量化级来决定取值的过程。经过量化后的样本幅度为离散的量化级，这时已不是连续值。在量化之前，需要规定将信号分为若干量化级。
- 编码是用相应位数的二进制编码表示量化后的样本量级。如果有 k 个量化级，则编码的位数为 $\log 2k$。

通过上述描述可以看出，脉冲编码调制的步骤依次是采样、量化与编码，而不是量化、采样与编码。显然，B 所描述的内容颠倒了采样与量化的顺序。

答案：B

例 4 曼彻斯特编码。

条件：图 8-1 给出了一个曼彻斯特编码信号波形，共有 8 位数据。

图 8-1　一个曼彻斯特编码信号波形

请说明该信号波形表示的数据。

分析：设计该例题的目的是加深读者对曼彻斯特编码的理解。在讨论曼彻斯特编码的基本规则时，需要注意以下几个主要的问题。

1）曼彻斯特编码的每位的中间有一次电平跳变，两次电平跳变的时间间隔可以是 $T/2$ 或 T。

2）第 1 位的起始 $T/2$ 取数据的反码。

3）前 $T/2$ 取 0 的反码（高电平），后 $T/2$ 取 0 的原码（低电平），表示数字"0"；前 $T/2$ 取 1 的反码（低电平），后 $T/2$ 取 1 的原码（高电平），表示数字"1"。

计算：

第 1 位：前 $T/2$ 为高电平，表示数字"0"。

第 2 位：前 $T/2$ 为低电平，表示数字"1"。

第 3 位：前 $T/2$ 为高电平，表示数字"0"。

第 4 位：前 $T/2$ 为高电平，表示数字"0"。

第 5 位：前 $T/2$ 为低电平，表示数字"1"。

第 6 位：前 $T/2$ 为高电平，表示数字"0"。

第 7 位：前 $T/2$ 为低电平，表示数字"1"。

第 8 位：前 $T/2$ 为低电平，表示数字"1"。

答案：该信号波形表示的数据为"01001011"。

例 5 差分曼彻斯特编码。

条件：图 8-2 给出了一个差分曼彻斯特编码信号波形，共有 8 位数据。

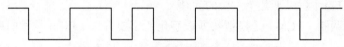

图 8-2　一个差分曼彻斯特编码信号波形

请说明该信号波形表示的数据。

分析：设计该例题的目的是加深读者对差分曼彻斯特编码的理解。在讨论差分曼彻斯特编码的基本规则时，需要注意以下几个主要的问题。

1）差分曼彻斯特编码的每位的中间有一次电平跳变，两次电平跳变的时间间隔可以是 $T/2$ 或 T。

2）第 1 位的起始 $T/2$ 取数据的反码。

3）当两位交接处不发生电平跳变时，表示数字"1"；当两位交接处发生电平跳变时，表示数字"0"。

计算：

第 1 位：前 $T/2$ 为高电平，表示数字"0"。

第 2 位：在两位交接处不发生电平跳变，表示数字"1"。

第 3 位：在两位交接处不发生电平跳变，表示数字"1"。

第 4 位：在两位交接处发生电平跳变，表示数字"0"。

第 5 位：在两位交接处不发生电平跳变，表示数字"1"。

第 6 位：在两位交接处不发生电平跳变，表示数字"1"。

第 7 位：在两位交接处不发生电平跳变，表示数字"1"。

第 8 位：在两位交接处发生电平跳变，表示数字"0"。

答案：该信号波形表示的数据为"01101110"。

8.1.4　数据传输速率的相关概念

例1　以下关于信道带宽与速率的描述中，错误的是（　　）。

A）奈奎斯特准则描述了无噪声状态下"带宽"与"速率"的关系

B）奈奎斯特准则表示最大传输速率等于信道带宽的 2 倍

C）香农定理描述了无噪声状态下"带宽"与"速率"的关系

D）$S/N=1000$ 表示该信道的信号功率是噪声功率的 1000 倍

分析：设计该例题的目的是加深读者对信道带宽与速率概念的理解。在讨论信道带宽与速率的概念时，需要注意以下几个主要的问题。

1）由于信道的带宽限制与存在干扰，信道上的传输速率总有一个上限。奈奎斯特准则与香农定理从定量的角度描述了"带宽"与"速率"的关系。

2）奈奎斯特定理描述了在有限带宽、无噪声的理想信道中，最大传输速率与信道带宽的关系。这里，最大传输速率 R_{max}（单位 bit/s）与理想的信道带宽 B（单位 Hz）的关系可写为：$R_{max}=2B$。

3）香农定理描述了在有限带宽、有热噪声的信道中，最大传输速率与信道带宽、信噪比之间的关系。这里，最大传输速率 R_{max} 与信道带宽 B、信噪比 S/N 的关系可写为：$R_{max}=B \times \log_2(1+S/N)$。

4）$S/N=1000$ 表示该信道的信号功率是噪声功率的 1000 倍。如果 $S/N=1000$ 与 $B=3000Hz$，则该信道的最大传输速率 $R_{max} \approx 30kbit/s$。

通过上述描述可以看出，香农定理描述了有随机热噪声状态下"带宽"与"速率"的关系，而奈奎斯特准则描述了无噪声状态下"带宽"与"速率"的关系。显然，C 所描述的内容混淆了香农定理与奈奎斯特准则的前提条件。

答案：C

例2　以下关于数据传输速率的描述中，错误的是（　　）。

A）传输速率是指传输系统每秒钟能传输的二进制位数

B）传输速率是描述数据传输系统的重要技术指标之一

C）如果传输速率为 2500Mbit/s，它可以表示为 2.5Gbit/s

D）如果传输速率为 $8 \times 10^3 bit/s$，它可以表示为 8Mbit/s

分析：设计该例题的目的是加深读者对数据传输速率概念的理解。在讨论数据传输速率的基本概念时，需要注意以下几个主要的问题。

1）传输速率是描述数据传输系统的重要技术指标之一。

2）传输速率在数值上等于每秒钟传输的二进制位数，单位为位 / 秒（bit/s）。

3）对于二进制数据来说，数据传输速率为 $S=1/T$，其中 T 为发送 1 位所需的时间。

4）在实际的网络应用中，常用的传输速率单位有：kbit/s、Mbit/s、Gbit/s 与 Tbit/s。其中，$1kbit/s=10^3 bit/s$，$1Mbit/s=10^6 bit/s$，$1Gbit/s=10^9 bit/s$，$1Tbit/s=10^{12} bit/s$。

通过上述描述可以看出，根据传输速率换算公式 $1kbit/s=10^3 bit/s$，$8 \times 10^3 bit/s$ 可以表示为 8kbit/s。显然，D 所描述的内容不符合传输速率的换算关系。

答案：D

例3　以下关于波特率概念的描述中，错误的是（　　）。

A）调制速率与波特率描述模拟线路上使用调制解调器的传输速率

B）调制速率是指每秒钟载波调制状态改变的数值，单位是 bit/s

C）数据传输速率 S 与调制速率 B 之间的关系可以表示为：$S=B \cdot \log_2 k$

D）调制速率为 1200baud，多相调制的相数为 8，则数据传输速率为 3600bit/s

分析：设计该例题的目的是加深读者对波特率概念的理解。在讨论波特率的相关概念时，需要注意以下几个主要的问题。

1）在早期的模拟线路上使用调制解调器进行数据通信时，曾经使用过调制速率与波特率的概念。

2）数据传输速率是指计算机通信中每秒钟传输的二进制位数，单位是 bit/s。

3）调制速率是在模拟数据信号的传输过程中，从调制解调器输出的调制信号每秒钟载波调制状态改变的数值，单位是 1/s，称为波特（baud）。调制速率也称为波特率。

4）数据传输速率 S 与调制速率 B 之间关系可以表示为：$S=B \cdot \log_2 k$。其中，k 为多相调制的相数。

5）表 8-1 给出了调制速率与数据传输速率的关系。

表 8-1   调制速率与数据传输速率的关系

调制速率 /baud	多相调制的相数	数据传输速率 / (bit/s)
1200	二相调制（$k=2$）	1200
1200	四相调制（$k=4$）	2400
1200	八相调制（$k=8$）	3600
1200	十六相调制（$k=16$）	4800

通过上述描述可以看出，调制速率是从调制解调器输出的调制信号每秒钟载波调制状态改变的数值，单位是 1/s，称为波特（baud）。显然，B 所描述的内容混淆了调制速率与数据传输速率的基本单位。

答案：B

例 4   数据传输速率。

条件：已知源结点与目的结点之间的线路距离为 20km，信号在该线路中的传播速度为 200km/ms，每个分组的长度等于 1KB，并且发送延时与往返传播延时相等。

请计算数据发送速率。

分析：设计该例题的目的是加深读者对数据传输速率的理解。在讨论数据传输速率的相关概念时，需要注意以下几个主要的问题。

1）传播延时等于线路长度除以信号传播速度，往返传播延时等于传播延时的 2 倍。

2）发送延时等于分组长度除以发送速率（或传输速率）。

计算：

1）往返传播延时 $T_1=2D/V=2 \times 20 \times 10^3/(2 \times 10^8)=2 \times 10^{-4}$ （s）。

2）假设发送速率为 S，分组长度为 $L=1024 \times 8$ （bit），则发送延时 $T_2=1024 \times 8/S$ （s）。

3）已知 $T_1=T_2$，则 $1024 \times 8/S=2 \times 10^{-4}$，得到 $S=1024 \times 8/(2 \times 10^{-4})=4096 \times 10^4$ （bit/s）= 40.96（Mbit/s）。

答案：数据发送速率为 40.96Mbit/s。

8.1.5　多路复用技术

例 1　以下关于多路复用概念的描述中，错误的是（　　）。

A）时分多路复用通过为多个信道分配互不重叠的时间片来实现多路复用

B）频分多路复用通过设置多个频率互不重叠的信道来实现多路复用

C）波分多路复用通过光振幅调制来实现多路复用

D）码分多址是在同一频段的不同信道采用特殊码型来实现互不干扰

分析：设计该例题的目的是加深读者对多路复用概念的理解。在讨论多路复用的基本概念时，需要注意以下几个主要的问题。

1）多路复用可以分为 4 种类型：频分多路复用、波分多路复用、时分多路复用与码分多路复用。

2）时分多路复用是以信道传输时间为对象，通过为多个信道分配互不重叠的时间片的方法来实现多路复用。

3）频分多路复用是以信道频率为对象，通过分配多个频率互不重叠的子信道来实现多路复用。

4）波分多路复用是指在一根光纤上复用多路光载波信号。波分多路复用通过设置多个频率互不重叠的光信道来实现多路复用。

5）码分多路复用是在同一频段的不同信道采用经过特殊挑选的码型，使得多个用户同时利用共享信道通信时互不干扰。码分多路复用又称为码分多址。

通过上述描述可以看出，波分多路复用通过在光纤上分配多个频率互不重叠的光信道，而不是通过光振幅调制技术来实现多路复用。显然，C 所描述的内容不符合波分多路复用的工作原理。

答案：C

例 2　以下关于同步时分多路复用的描述中，错误的是（　　）。

A）时分多路复用可以分为两类：同步时分多路复用与统计时分多路复用

B）同步时分多路复用将时间片固定地分配给多个信道

C）统计时分多路复用允许动态地分配时间片

D）时分多路复用中传输的"帧"就是数据链路层的"帧"

分析：设计该例题的目的是加深读者对同步时分多路复用概念的理解。在讨论同步时分多路复用的基本概念时，需要注意以下几个主要的问题。

1）时分多路复用可以分为两类：同步时分多路复用与统计时分多路复用。

2）同步时分多路复用将时间片预先分配给各个信道，因此各个信道的发送与接收必须是同步的。同步时分多路复用采用固定地分配时间片的方法，而不考虑这些信道中是否有数据需要发送。

3）统计时分多路复用允许动态地分配时间片，因此时间片序号与信道号之间不存在固定的对应关系。

4）在时分多路复用中，"帧"用来将物理层传输的比特流组成数据单元，以便接收方能够正确地接收它们。

通过上述描述可以看出，在时分多路复用中，"帧"用来将物理层传输的比特流组成数据单元，以便接收方能够正确地接收它们。显然，D 所描述的内容混淆了时分多路复用与数据链路层的"帧"概念。

答案：D

例 3 多路复用技术。

条件：在一条通信线路上设计一个频分多路复用系统，已知该线路的带宽为 100kHz，每个信号的带宽为 3.2kHz，相邻信道之间的隔离带宽为 0.8kHz。

请计算该线路上可容纳的信道数。

分析：设计该例题的目的是加深读者对频分多路复用的理解。在讨论频分多路复用的工作原理时，需要注意以下几个主要的问题。

1）图 8-3 给出了一种典型的频分多路复用系统结构。

2）如果线路带宽为 B，信道带宽为 b，隔离带宽为 c，信道数的计算公式为 $N \leqslant B/(b+c)$。

计算：

已知 $B=100kHz$，$b=3.2kHz$，$c=0.8kHz$，则信道数为：

$N=100/(3.2+0.8)=25$。

答案：该线路上可容纳的信道数为 25。

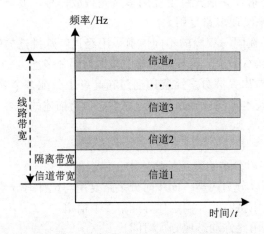

图 8-3　一种典型的频分多路复用系统结构

8.2　同步练习

8.2.1　术语辨析题

用给出的定义标识出对应的术语（本题给出 26 个定义，请从中选出 20 个，分别将序号填写在对应的术语前的空格处）。

（1）＿＿＿＿＿　移频键控　　　　（2）＿＿＿＿＿　内同步法

（3）＿＿＿＿＿　并行通信　　　　（4）＿＿＿＿＿　点 - 点连接

（5）＿＿＿＿＿　物理层　　　　　（6）＿＿＿＿＿　非屏蔽双绞线

（7）＿＿＿＿＿　码元　　　　　　（8）＿＿＿＿＿　ASCII 码

（9）＿＿＿＿＿　光纤　　　　　　（10）＿＿＿＿＿　基带传输

（11）＿＿＿＿＿　异步传输　　　　（12）＿＿＿＿＿　数据通信

（13）_____ 数字信号　　　　　（14）_____ 同步

（15）_____ 同轴电缆　　　　　（16）_____ 绝对调相

（17）_____ PCM　　　　　　　（18）_____ 无线通信

（19）_____ 蜂窝移动通信系统　（20）_____ 频带传输

A. 向上为数据链路层提供数据比特流传输服务，向下直接与传输介质相连的层次。

B. 在计算机之间传输表示二进制比特序列的模拟或数字信号的过程。

C. 在数据通信中被传输的二进制代码 0、1。

D. 用连续变化的电平表示的电信号。

E. 用 0、1 电压脉冲信号表示的电信号。

F. 发送端将数字信号变换成模拟信号，接收端将模拟信号还原成数字信号的过程。

G. 将表示一个字符的二进制代码按由低位到高位的顺序依次发送的方式。

H. 将表示一个字符的 8 位二进制代码同时通过 8 条并行的信道发送的方式。

I. 信号双向交替传送，一个时间只能向一个方向传送的方式。

J. 通信双方在时间基准上保持一致的过程。

K. 从自含时钟编码的数据中提取同步时钟的方法。

L. 在发送一路数据信号的同时，另外发送一路同步时钟信号的方法。

M. 将每个字符作为一个独立的整体来发送，字符之间的时间间隔任意。

N. 由外部保护层与多对双绞线组成的传输介质。

O. 由内导体、绝缘层、外屏蔽层及外部保护层组成的传输介质。

P. 通过内部的全反射来传输一束经过编码的光信号的传输介质。

Q. 通过改变载波信号的角频率来表示数字信号 1、0 的调制方法。

R. 通过改变载波信号的相位绝对值来表示数字信号 1、0 的方法。

S. 利用模拟信道传输数字信号的方法。

T. 在基本不改变数字信号波形的情况下直接传输数字信号的方法。

U. 通过采样、量化与编码，实现模拟的语音信号数字化的方法。

V. 基于小区制与区群模式实现的移动通信系统。

W. 采用 7 位二进制编码表示 128 个字符的国际编码标准。

X. 通过电磁波在自由空间中传播实现的通信方式。

Y. 在数据通信过程中，每秒传输的二进制比特数的单位。

Z. 在两个物理层实体之间用一条传输介质直接相连。

8.2.2　单项选择题

（1）在传输的数据信号中添加了同步时钟信号的方法称为（　　）。

　　A）外同步法　　　　　　　　　B）时分复用法

　　C）内同步法　　　　　　　　　D）频分复用法

（2）在字符同步中，为每组字符之前添加的同步字符通常是（　　）。

　　A）SOH　　　　　　　　　　　B）SYN

　　C）ENQ　　　　　　　　　　　D）ACK

（3）基础 ASCII 码采用 7 位二进制编码表示的字符数量为（　　）。

　　A）64　　　　　　　　　　　　B）256

C) 512　　　　　　　　　　　　D) 128

（4）在以下几种传输介质中，由外部保护层与多对螺旋结构排列导线构成的是（　　）。

A) 非屏蔽双绞线　　　　　　　B) 粗同轴电缆

C) 屏蔽双绞线　　　　　　　　D) 细同轴电缆

（5）对语音信号进行脉冲编码调制操作的第一步是（　　）。

A) 量化　　　　　　　　　　　B) 采样

C) 映射　　　　　　　　　　　D) 移相

（6）在以下几种模拟数据编码中，通过改变载波信号振幅来表示数字1、0的方法是（　　）。

A) 移频键控　　　　　　　　　B) 绝对调相

C) 振幅键控　　　　　　　　　D) 多相调制

（7）蜂窝移动通信系统采用的基本组网方式是（　　）。

A) 自组网　　　　　　　　　　B) 大区制

C) 卫星中继　　　　　　　　　D) 小区制

（8）在以下几种编码技术中，不属于数字数据编码的是（　　）。

A) 非归零码　　　　　　　　　B) 曼彻斯特编码

C) ASCII 码　　　　　　　　　D) 差分曼彻斯特编码

（9）如果数据传输速率为 2×10^7 bit/s，它可以表示为（　　）。

A) 20Mbit/s　　　　　　　　　B) 2Mbit/s

C) 20Gbit/s　　　　　　　　　D) 2Gbit/s

（10）在以下几种多路复用技术中，将信道使用的时间片作为划分依据的是（　　）。

A) 码分多路复用　　　　　　　B) 频分多路复用

C) 波分多路复用　　　　　　　D) 时分多路复用

（11）在卫星通信中，地面站向卫星发射信号通过的链路称为（　　）。

A) 下行链路　　　　　　　　　B) 并行链路

C) 上行链路　　　　　　　　　D) 串行链路

（12）在以下几种传输介质中，单根介质支持的组网范围最大的是（　　）。

A) 非屏蔽双绞线　　　　　　　B) 单模光纤

C) 屏蔽双绞线　　　　　　　　D) 多模光纤

（13）以下关于光纤类型的描述中，错误的是（　　）。

A) 光纤可分为单工光纤与半双工光纤

B) 不同类型光纤使用的光波类型不同

C) 单模光纤仅支持一个光波在光纤内传输

D) 多模光纤同时支持多个光波在光纤内传输

（14）以下关于 ASCII 码的描述中，错误的是（　　）。

A) ASCII 码是一个用于计算机内码，也用于数据通信的编码标准

B) ASCII 码采用 7 位二进制编码，可以表示 128 个字符

C) ASCII 码定义的字符分为显示字符与控制字符

D) ASCII 码定义的控制字符用于 HDLC 帧分类

（15）以下关于带宽与速率概念的描述中，错误的是（　　）。

A) 奈奎斯特准则与香农定律描述了带宽与速率的关系

B）奈奎斯特准则指出：以时间间隔为 $2\pi/\omega$ 通过信道，前后码元之间不产生串扰

C）香农定理给出有随机热噪声的信道中速率与带宽、信噪比的关系

D）信道的最大传输速率与带宽之间有明确的关系，可以用"带宽"表示"速率"

（16）以下关于字符同步方法的描述中，错误的是（　　）。

A）实现字符同步有两种实现方法：同步传输与异步传输

B）同步传输将字符组织成组，以组为单位连续传送

C）同步传输在每组字符之前规定加上一个同步字符 ACK

D）异步传输将每个字符独立发送，字符之间的时间间隔可以任意

（17）以下关于光纤特点的描述中，错误的是（　　）。

A）光纤的主要缺点是电磁干扰大、传输距离近等

B）光纤通过内部的全反射来传输一束经过编码的光信号

C）光载波调制主要采用振幅键控 ASK 方法

D）光纤的传输速率可以达到 Gbit/s 量级

（18）以下关于同轴电缆特点的描述中，错误的是（　　）。

A）同轴电缆由内导体、绝缘层、外屏蔽层及外部保护层组成

B）同轴电缆的特性参数由内导体、外屏蔽层及绝缘层的电参数与机械尺寸决定

C）同轴电缆根据带宽可以分为两类：基带同轴电缆与宽带同轴电缆

D）基带同轴电缆的抗干扰能力较差

（19）以下关于数据传输速率的描述中，错误的是（　　）。

A）传输速率的单位是位 / 秒，记做 bit/s

B）10Mbit/s 等价于 1×10^{10}bit/s

C）1Gbit/s 等价于 1×10^{9}bit/s

D）传输速率是衡量数据传输系统性能的重要指标之一

（20）以下关于数据编码技术的描述中，错误的是（　　）。

A）移频键控是通过改变载波信号相位的数据编码方法

B）振幅键控是通过改变载波信号振幅的数据编码方法

C）非归零码属于非自含时钟信号的数据编码方法

D）曼彻斯特编码属于自含时钟信号的数据编码方法

（21）以下关于移动通信系统的描述中，错误的是（　　）。

A）当前的移动通信系统是基于小区制模式

B）蜂窝移动通信必须依赖基站等基础设施

C）上行链路与下行链路使用相同的频率

D）术语"4G"是指第四代移动通信技术

（22）以下关于脉冲编码调制的描述中，错误的是（　　）。

A）脉冲编码调制是模拟数据数字化的主要方法

B）以等于信道带宽的速率采样，样本包含足以重构原信号的所有信息

C）量化后的样本幅度不是连续值

D）编码是用相应位数的二进制代码表示量化后样本的量级

（23）以下关于曼彻斯特编码特点的描述中，错误的是（　　）。

A）曼彻斯特编码信号是一种自含时钟编码

B）每比特的周期 T 分为前 $T/2$ 与后 $T/2$ 两部分

C）前 $T/2$ 传送该比特的反码，后 $T/2$ 传送该比特的原码

D）两次电平跳变的时间间隔可以是 $T/2$，利用电平跳变可以产生同步信号

（24）以下关于双绞线特点的描述中，错误的是（　　）。

A）双绞线都是由按螺旋结构排列的两根绝缘导线组成

B）各个线对螺旋排列的目的是减小彼此间的电磁干扰

C）双绞线主要分为两类：屏蔽双绞线与非屏蔽双绞线

D）屏蔽双绞线与非屏蔽双绞线的区别在于是否有屏蔽层

（25）以下关于数据通信概念的描述中，错误的是（　　）。

A）被传输的二进制代码的 0、1 称为码元

B）数据通信的任务是传输二进制代码序列

C）数据通信过程需要解释出代码表示的内容

D）信号是数据传输过程中的电信号表示形式

第9章 无线网络技术

9.1 例题解析

9.1.1 无线网络的基本概念

例1 以下关于无线网络分类的描述中，错误的是（　　）。

A）无线网络可以分为两类：有基础设施与无基础设施

B）无线自组网是一种典型的有基础设施的无线网络

C）无线传感器网是无线自组网与传感器技术结合的产物

D）无线网状网是无线自组网在接入领域的重要应用

分析：设计该例题的目的是加深读者对无线网络分类的理解。在讨论无基础设施的无线网络时，需要注意以下几个主要的问题。

1）从是否需要基础设施支持的角度，无线网络可以分为两类：有基础设施与无基础设施的无线网络。

2）无线自组网（Ad hoc）与无线传感器网（WSN）、无线网状网（WMN）属于无基础设施的无线网络。

3）在无线分组网（PRNET）的基础上发展起来的无线自组网，它是一种自组织、对等式、多跳、移动的无线网络，在军事、特殊领域有重要的应用前景。

4）无线传感器网是无线自组网与传感器技术相结合的产物，它在军事、特殊领域有重要的应用前景。

5）无线网状网是无线自组网在接入领域的应用，它作为无线局域网、无线城域网的有效补充，将成为解决无线接入"最后一公里"问题的重要技术。

通过上述描述可以看出，无线自组网（Ad hoc）与随之发展起来的无线传感器网（WSN）、无线网状网（WMN）都属于无基础设施的无线网络。显然，B所描述的内容不符合无线自组网的基本特征。

答案：B

例2 以下关于无线网络分类的描述中，错误的是（　　）。

A）无线局域网与无线城域网属于有基础设施的无线网络

B）无线城域网的协议标准是 IEEE 802.16

C）无线局域网的基础设施是接入点 AP

D）致力于 WLAN 标准与应用推广的组织是 WiMAX 论坛

分析：设计该例题的目的是加深读者对无线网络分类的理解。在讨论有基础设施的无线网络时，需要注意以下几个主要的问题。

1）从是否需要基础设施支持的角度，无线网络可以分为两类：有基础设施与无基础设施的无线网络。

2）无线局域网（WLAN）与无线城域网（WMAN）属于有基础设施的无线网络。

3）无线局域网的基础设施是接入点（AP），无线城域网的基础设施是基站（BS）。

4）无线局域网的协议标准是 IEEE 802.11，无线城域网的协议标准是 IEEE 802.16。

5）致力于 WLAN 标准与应用推广的组织是 WiFi 联盟，致力于 WMAN 标准与应用推广的组织是 WiMAX 论坛。

通过上述描述可以看出，致力于 WLAN 标准与应用推广的组织是 WiFi 联盟，而致力于 WMAN 标准与应用推广的组织是 WiMAX 论坛。显然，D 所描述的内容混淆了 WiFi 联盟与 WiMAX 论坛的作用。

答案：D

9.1.2 无线局域网技术

例 1 以下关于无线局域网概念的描述中，错误的是（　　）。

A）无线局域网以微波、激光与红外线等作为传输介质

B）无线局域网的协议体系涵盖 MAC 子层与物理层

C）当前的无线局域网已经可以完全替代有线局域网

D）无线自组网是由 WLAN 构建的一种特殊的移动网络

分析：设计该例题的目的是加深读者对无线局域网概念的理解。在讨论无线局域网的基本概念时，需要注意以下几个主要的问题。

1）无线局域网（WLAN）以微波、激光与红外线等无线电波作为传输介质，部分代替传统局域网中的同轴电缆、双绞线与光纤等有线介质，实现移动结点的物理层与数据链路层功能。

2）1990 年，IEEE 802 委员会成立 IEEE 802.11 工作组，从事无线局域网 MAC 子层的访问控制协议和物理层的传输介质标准的研究。针对无线局域网制定的一系列协议统称为 IEEE 802.11 标准。

3）在某些特殊的环境中，无线局域网能发挥传统局域网难以起到的作用。这类环境主要是建筑物群、工业厂房、不允许布线的历史古建筑，以及临时性的大型展览会等。无线局域网的应用领域主要有 3 个方面：作为传统局域网的扩充；用于移动结点的漫游访问；用于构建特殊的移动网络。

通过上述描述可以看出，无线局域网是作为传统局域网的有效扩充，当前它还不能完全替代传统的有线局域网。显然，C 所描述的内容不符合无线局域网的应用现状。

答案：C

例 2 以下关于 IEEE 802.11 模型的描述中，错误的是（　　）。

A）物理层定义了红外、扩频、窄带微波等数据传输标准

B）MAC 层支持两种访问方式：无争用服务与争用服务

C）MAC 层提供对多个接入点的漫游，以及数据验证与保密等功能

D）无争用服务的中心结点提供分布协调功能（DCF）

分析：设计该例题的目的是加深读者对 IEEE 802.11 模型结构的理解。在讨论 IEEE 802.11 模型的层次结构时，需要注意以下几个主要的问题。

1）IEEE 802.11 协议采用层次模型结构，其物理层定义了红外线、扩频、窄带微波等传输标准。

2）MAC 层的主要功能包括：对无线信道的访问控制，支持多个接入点的漫游，以及数据验证与保密服务。

3）MAC 层支持两种访问方式：无争用服务与争用服务。

4）无争用服务中存在中心结点，该结点提供点协调功能（PCF）。

5）争用服务类似于 Ethernet 的随机争用访问模式，被称为分布协调功能（DCF），采用的方法是带冲突避免的载波侦听多路访问（CSMA/CA）。

通过上述描述可以看出，在无争用服务中存在中心结点，该结点提供的是点协调功能（PCF），而争用服务提供的是分布协调功能（DCF）。显然，D 所描述的内容混淆了无争用服务与争用服务所提供的功能。

答案：D

例 3　以下关于无线局域网 MAC 层的描述中，错误的是（　　）。

A）MAC 层采用的是 CSMA/CA 冲突避免方法

B）发送站在发送完一帧之后，必须等待一个短的时间间隔

C）SIFS 用于分隔属于一次对话的各帧，其值统一为 7μs

D）DIFS 的数值大于 PIFS，而 PIFS 的数值大于 SIFS

分析：设计该例题的目的是加深读者对无线局域网 MAC 层的理解。在讨论无线局域网的 MAC 层时，需要注意以下几个主要的问题。

1）无线局域网的 MAC 层需要解决无线介质的访问控制问题，采用的方法是带冲突避免的载波侦听多路访问（CSMA/CA）。

2）每个结点在发送数据之前需要侦听信道。在源结点发送一个帧之后，必须等待一个时间间隔，检查目的结点是否返回确认帧。如果在规定时间内接收到确认，表示本次发送成功；否则，表示本次发送失败，源结点将重发该帧。

3）这个时间间隔称为帧间间隔（IFS）。IFS 的长短取决于帧的类型。高优先级帧的 IFS 短，它可以优先获得信道的使用权。

4）IFS 主要包括 3 种类型：短帧间间隔（SIFS）、点帧间间隔（PIFS）和分布帧间间隔（DIFS）。其中，SIFS 用于分隔属于一次对话的各个帧，如数据帧与确认帧，它的值与物理层协议相关。例如，IR 的 SIFS 为 7μs；DSSS 的 SIFS 为 10μs；FHSS 的 SIFS 为 28μs。PIFS 等于 SIFS 加 50μs。DIFS 等于 PIFS 加 50μs。

通过上述描述可以看出，SIFS 用于分隔属于一次对话的各个帧，它的值与物理层协议相关，如 IR 为 7μs、DSSS 为 10μs、FHSS 为 28μs。显然，C 所描述的内容不符合 IEEE 802.11 标准有关 IFS 的规定。

答案：C

例 4　以下关于无线局域网传输技术的描述中，错误的是（　　）。

A）无线局域网的传输技术包括红外线、扩频、窄带微波等

B）红外传输技术只有两种：定向光束与全方位红外传输

C）无线局域网当前最常用的是扩频通信技术

D）最初的窄带微波无线局域网需要申请执照

分析：设计该例题的目的是加深读者对无线局域网传输技术的理解。在讨论无线局域网的主要传输技术时，需要注意以下几个主要的问题。

1）无线局域网采用的是无线介质，按传输技术可分为 3 种类型：红外无线局域网、扩

频无线局域网和窄带微波无线局域网。

2）红外线（IR）信号按视距方式传播，发送方应该能直接看到接收方。红外传输技术主要有 3 种：定向光束红外传输、全方位红外传输与漫反射红外传输。

3）扩频通信将信号扩展到更宽的频谱上传输。目前，无线局域网最常用的是扩频通信技术。扩频技术主要分为两种类型：跳频扩频与直接序列扩频。

4）窄带微波是指使用微波无线电频带来传输数据。最初的窄带微波无线局域网都需要申请执照。

通过上述描述可以看出，红外信号按视距方式传播，红外传输技术主要有 3 种：定向光束红外传输、全方位红外传输与漫反射红外传输。显然，B 所描述的内容不符合红外传输技术的具体分类。

答案：B

例 5 以下关于 CSMA/CA 工作原理的描述中，错误的是（   ）。

A）当确定信道空闲时，源结点立即发送一个帧

B）目的结点正确接收到一个帧后，等待一个 SIFS 向源结点发送一个确认

C）源结点在发送帧的"持续时间"字段中填入发送结束后还要占用信道的时间

D）二进制指数退避算法要求第 i 次退避从 2^{2+i} 个时间片中随机选择一个退避时间

分析：设计该例题的目的是加深读者对 CSMA/CA 工作原理的理解。在讨论 CSMA/CA 的工作原理时，需要注意以下几个主要的问题。

1）无线局域网的 MAC 层采用 CSMA/CA 方法，物理层执行信道载波监听功能。

2）当源结点确定信道空闲时，在等待一个 DIFS 之后，如果信道仍空闲，则该结点可发送一个帧。当源结点结束一次发送后，需要等待接收确认帧。当目的结点正确接收一个帧时，在等待一个 SIFS 时间之后，则该结点将返回一个确认帧。如果源结点在规定时间内接收到确认，表示本次发送成功。

3）虚拟监听（VCS）用于进一步减少发生冲突的概率。MAC 层在帧的第 2 字段设置一个持续时间。当源结点发送一个帧时，在"持续时间"字段中填入发送结束后还要占用信道的时间。当其他结点接收到传输帧的持续时间之后，它们调整自己的网络分配向量（NAV），信道经过一个 NAV 时间之后进入空闲状态。

通过上述描述可以看出，当源结点确定信道空闲时，在等待一个 DIFS 时间之后，如果信道仍空闲，则该结点可发送一个帧。显然，A 所描述的内容忽视了 IEEE 802.11 标准中定义 DIFS 的主要目的。

答案：A

例 6 以下关于扩频无线局域网的描述中，错误的是（   ）。

A）扩频通信主要分为两种类型：跳频扩频与直接序列扩频

B）跳频扩频通信的发送方以固定时间间隔，每次变换一个发送频率

C）直接序列扩频通信将待发送的数据经过伪随机数进行异或操作后发送

D）IEEE 802.11 标准规定直接序列扩频通信使用 5.8GHz 的 ISM 频段

分析：设计该例题的目的是加深读者对扩频无线局域网技术的理解。在讨论扩频无线局域网的相关技术时，需要注意以下几个主要的问题。

1）扩频通信将数据的基带信号频谱扩展几倍或几十倍，以牺牲通信频带宽度为代价，提高无线通信的抗干扰性与安全性。

2）目前，无线局域网最常用的是扩频通信技术。扩频技术主要分为两种类型：跳频扩频与直接序列扩频。

3）跳频扩频（FHSS）将可用频带划分成多个带宽相同的信道，中心频率由伪随机数发生器产生的随机数决定，变化频率值称为跳跃值，接收方与发送方采用相同跳跃值以保证正确接收。

4）直接序列扩频（DSSS）使用 2.4GHz 的 ISM 频段，数据与伪随机数发生器产生的伪随机数进行异或操作，然后将数据经过调制后发送，接收方与发送方采用相同伪随机数以保证正确接收。

通过上述描述可以看出，IEEE 802.11 标准规定直接序列扩频通信使用 2.4GHz 的 ISM 频段，而不是 5.8GHz 的 ISM 频段。显然，D 所描述的内容不符合直接序列扩频通信所使用的频段值。

答案：D

例 7　以下关于 IEEE 802.11 标准的描述中，错误的是（　　）。

A）IEEE 802.11 工作组致力于无线局域网标准的制定

B）最初的 IEEE 802.11 标准采用的是 2.4GHz 频段

C）最新的 IEEE 802.11n 标准统一仅支持 2.4GHz 频段

D）WiFi 联盟致力于 IEEE 802.11 标准与应用的推广

分析：设计该例题的目的是加深读者对 IEEE 802.11 标准的理解。在讨论 IEEE 802.11 标准的基本内容时，需要注意以下几个主要的问题。

1）1990 年，IEEE 802 委员会成立 IEEE 802.11 工作组。1997 年，IEEE 802.11 成为无线局域网（WLAN）标准，它使用 ISM 的 2.4GHz 频段，可提供最大 2Mbit/s 的传输速率，包括 MAC 子层与物理层的相关协议。

2）1999 年，350 个产业界成员（包括 Cisco、Intel 等）创建了 WiFi 联盟，其中 WiFi 涵盖了"无线兼容性认证"的含义。该组织主要致力于 IEEE 802.11 标准与应用的推广，以及不同厂商设备的兼容性测试等。

3）此后，IEEE 陆续成立新的工作组，补充和扩展 IEEE 802.11 标准。1999 年，出现 IEEE 802.11a 标准，采用 5GHz 频段，传输速率为 54Mbit/s。同年，出现 IEEE 802.11b 标准，采用 2.4GHz 频段，传输速率为 11Mbit/s。2003 年，出现 IEEE 802.11g 标准，采用 2.4GHz 频段，传输速率提高到 54Mbit/s。

4）2009 年，出现 IEEE 802.11n 标准，它相对 IEEE 802.11g 是一次换代，并且已成为无线城市建设的首选技术。IEEE 802.11n 支持 2.4GHz 与 5GHz 两个频段，提供的传输速率最高可达 600Mbit/s。

5）IEEE 802.11ac 与 802.11ad 草案被称为千兆 WiFi 标准。2011 年，IEEE 802.11ac 草案发布，工作在 5GHz 频段，传输速率为 1Gbit/s。2012 年，IEEE 802.11ad 草案抛弃 2.4GHz 与 5GHz 频段，工作在 60GHz 频段，传输速率为 7Gbit/s。这些技术都考虑与 IEEE 802.11 a/b/g/n 标准兼容问题。

通过上述描述可以看出，IEEE 802.11n 标准支持 2.4GHz 与 5GHz 两个频段，以提供最高可达 600Mbit/s 的传输速率，而不是仅支持 2.4GHz 频段。显然，C 所描述的内容不符合 IEEE 802.11n 标准所支持的频段值。

答案：C

例 8 以下关于 IEEE 802.11 帧类型的描述中，错误的是（　　）。

A）IEEE 802.11 帧可以分为 3 类：RTS 帧、CTS 帧与数据帧

B）管理帧主要用于无线结点与 AP 之间建立连接

C）IEEE 802.11 标准共定义了 9 种控制帧

D）数据帧中设置了 4 个地址字段，填入的都是 MAC 地址

分析：设计该例题的目的是加深读者对 IEEE 802.11 帧类型的理解。在讨论 IEEE 802.11 帧的基本类型时，需要注意以下几个主要的问题。

1）IEEE 802.11 标准定义了 3 类帧：管理帧、控制帧与数据帧。

2）管理帧主要用于无线结点与 AP 之间建立连接，目前共定义了 14 种管理帧，如信标、探测、关联、认证等。在 BSS 模式中，AP 以 0.1 ～ 0.01s 间隔周期广播信标帧。只有在 Ad hoc 中，无线结点可以发送信标帧。

3）控制帧主要用于预约信道、确认数据帧等功能，目前共定义了 9 种控制帧，如请求发送（RTS）、允许发送（CTS）、确认（ACK）等。无线结点可通过 RTS/CTS 机制来预约信道。

4）数据帧由 3 个部分组成，即帧头、数据与帧尾。其中，帧头的长度为 30B，数据部分的长度为 0 ～ 2312B，帧尾长度为 2B。帧头主要由 4 个部分组成：帧控制、持续时间、地址 1 ～ 地址 4 与序号。

通过上述描述可以看出，IEEE 802.11 标准定义了 3 类帧：管理帧、控制帧与数据帧，而 RTS 帧、CTS 帧都属于控制帧的范畴。显然，A 所描述的内容不符合 IEEE 802.11 标准所定义的帧类型。

答案：A

例 9 数据传输速率。

条件：无线局域网的数据传输速率为 11Mbit/s，假设在连续传输长度为 64B 帧的情况下，无线信道的误码率为 1×10^{-7}。

请计算每秒钟可能传输出错的帧数。

分析：设计该例题的目的是加深读者对无线局域网传输速率的理解。在讨论无线局域网的数据传输速率时，需要注意以下几个主要的问题。

1）根据帧长度与误码率，计算连续传输 64B（512 位）数据的出错概率。

2）根据帧长度与传输速率，计算每秒钟能传输的帧数。

3）根据每秒钟传输的帧数与连续传输的出错概率，计算每秒钟可能传输出错的帧数。

计算：

1）已知帧长度为 512 位，误码率为 1×10^{-7}，则连续传输 512 位数据的出错概率为 $512 \times (1 \times 10^{-7}) = 5.12 \times 10^{-5}$。

2）已知帧长度为 512 位，传输速率为 11Mbit/s，则每秒钟能传输的帧数为 $(11 \times 10^{6})/512 = 21484$（帧 / 秒）。

3）每秒钟传输的帧数为 21484，连续传输的出错概率为 5.12×10^{-5}，则每秒钟可能传输出错的帧数为 $21484 \times (5.12 \times 10^{-5}) \approx 1$（帧）。

答案：每秒钟可能传输出错的帧数为 1。

9.1.3　无线城域网技术

例1　以下关于宽带无线接入概念的描述中，错误的是（　　）。

A）IEEE 802.16 工作组致力于无线城域网标准的制定

B）IEEE 802.16 就是无线城域网或无线本地环路标准

C）IEEE 802.16 侧重于局域网范围的无线结点之间通信

D）WiMAX 论坛致力于 IEEE 802.16 标准与应用的推广

分析：设计该例题的目的是加深读者对宽带无线接入概念的理解。在讨论宽带无线接入时，需要注意以下几个主要的问题。

1）1999 年，IEEE 802 委员会成立 IEEE 802.16 工作组。1997 年，IEEE 802.16 成为无线城域网（WMAN）标准，它的全称是"固定带宽无线访问系统空间接口"，也称为无线本地环路（wireless local loop）标准。

2）IEEE 802.11 与 IEEE 802.16 都针对无线环境，但是由于两者的应用对象不同，采用的技术与解决问题的侧重点均不同。IEEE 802.11 关注的是局域网范围的无线结点之间通信；而 IEEE 802.16 侧重于城市范围内建筑物之间的数据通信问题。

3）WiMAX 论坛是由众多的网络设备生产商、电信运营商等自发建立的组织，它致力于推广 WMAN 应用与 IEEE 802.16 标准。近年来，WiMAX 几乎成为可以代表 WMAN 的专用术语。

通过上述描述可以看出，IEEE 802.16 侧重于城市范围内建筑物之间的数据通信问题，而不是局域网范围的无线结点之间通信。显然，C 所描述的内容混淆了 IEEE 802.16 与 IEEE 802.11 标准的应用对象。

答案：C

例2　以下关于 IEEE 802.16 标准的描述中，错误的是（　　）。

A）IEEE 802.16 涉及 MAC 层与物理层的相关协议

B）IEEE 802.16 标准可以分为两种：视距与非视距

C）IEEE 802.16 网络需要在每个建筑物上建立基础设施

D）IEEE 802.16d 针对火车、汽车等移动物体的无线通信

分析：设计该例题的目的是加深读者对 IEEE 802.16 标准的理解。在讨论 IEEE 802.16 标准的基本内容时，需要注意以下几个主要的问题。

1）IEEE 802.16 定义了工作在 2～66GHz 频段的无线接入系统，包括 MAC 子层与物理层的相关协议。

2）IEEE 802.16 标准分为两种：视距（LOS）与非视距（NLOS），其中 2～11GHz 频段用于非视距类的应用，而 12～66GHz 频段用于视距类的应用。

3）IEEE 802.16 无线城域网需要在每个建筑物上建立基站。基站之间采用全双工、宽带的方式来进行通信。

4）IEEE 802.16 标准增加了两个物理层标准：IEEE 802.16d 与 IEEE 802.16e。其中，IEEE 802.16d 主要针对固定结点之间的无线通信；IEEE 802.16e 主要针对火车、汽车等移动物体之间的无线通信。

5）2011 年，IEEE 802.16m 标准正式发布，它是为下一代无线城域网而设计。

通过上述描述可以看出，IEEE 802.16d 主要针对固定结点之间的通信；而 IEEE 802.16e

主要针对的是火车、汽车等移动物体的通信。显然，D 所描述的内容混淆了 IEEE 802.16d 与 IEEE 802.16e 标准的应用对象。

答案：D

9.1.4　无线个人区域网技术

例 1　以下关于蓝牙系统的描述中，错误的是（　　）。

A）蓝牙系统的基本单元是微微网

B）每个微微网包含一个主结点，在 10m 范围内最多 255 个从结点

C）微微网是一个中心控制的 TDM 系统，主结点决定将时间片分配给通信设备

D）近距离可同时存在多个微微网，通过桥结点互连成一个分散网

分析：设计该例题的目的是加深读者对蓝牙概念的理解。在讨论蓝牙的相关概念时，需要注意以下几个主要的问题。

1）蓝牙系统的基本单元是微微网。每个微微网包含一个主结点，在 10m 范围内最多有 7 个活动的从结点，以及最多 255 个静观结点。

2）微微网是一个中心控制的 TDM 系统，主结点控制时钟并为不同设备分配时间片。主结点与从结点之间进行通信，从结点与从结点之间不直接通信。

3）当主结点将某个结点切换为低功耗状态，则该结点成为静观结点。静观设备只能响应主结点的激活或指示信号。

4）在同一范围中可以同时存在多个微微网，它们可以通过桥结点来连接。两个互联的微微网构成一个分散网。

5）蓝牙规范 1.0 版规定了 13 种应用所需的专用协议集。

6）IEEE 组织成立了 802.15 工作组，致力于无线个人区域网的物理层与数据链路层的协议标准化。IEEE 802.15.1 是基于蓝牙技术而设计的标准，主要考虑手机、PDA 等设备的近距离通信问题。

通过上述描述可以看出，每个微微网在 10m 范围内最多有 7 个从结点，以及最多 255 个静观结点，而不是最多有 255 个从结点。显然，B 所描述的内容混淆了从结点与静观结点的基本特征。

答案：B

例 2　以下关于 IEEE 802.15.4 标准的描述中，错误的是（　　）。

A）针对 LR-WPAN 制定了物理层和 MAC 层协议

B）使用 48 位 EUI 地址格式

C）在不同载波频率下实现了 20kbit/s、40kbit/s 和 250kbit/s 的传输速率

D）支持星形和点 – 点的网络拓扑结构

分析：设计该例题的目的是加深读者对 IEEE 802.15.4 标准的理解。在讨论 IEEE 802.15.4 标准的基本特点时，需要注意以下几个主要的问题。

1）无线个人区域网（WPAN）解决的是人类自身附近几米范围内的个人操作空间（POS）设备的联网需求。

2）IEEE 802.15.4 标准针对低速无线个人区域网（LR-WPAN）应用问题，为近距离不同设备之间的低速互联提供了统一标准。

3）与 WLAN 相比，LR-WPAN 仅需很少的基础设施，甚至可以不需要基础设施。由于

LR-WPAN 特征与无线传感器网有很多相似之处，因此很多研究机构也将它作为无线传感器网的通信标准。

4）IEEE 802.15.4 标准为 LR-WPAN 制定了物理层和 MAC 层协议。它具有以下几个主要特点：

①在不同载波频率下实现了 20kbit/s、40kbit/s 和 250kbit/s 三种传输速率。

②支持星形和点－点两种网络拓扑结构。

③使用 16 位和 64 位两种地址格式，其中 64 位地址是全球唯一的扩展地址。

④支持冲突避免的载波多路侦听（CSMA/CA）技术。

通过上述描述可以看出，LR-WPAN 可使用 16 位和 64 位两种地址格式，而不是 Ethernet 所使用的 48 位 EUI 地址格式。显然，B 所描述的内容混淆了 LR-WPAN 与 Ethernet 使用的地址格式。

答案：B

例 3　以下关于 LR-WPAN 特点的描述中，错误的是（　　）。

A）LR-WPAN 是通过 IEEE 802.15.4 通信的一组设备集合

B）LR-WPAN 设备根据通信能力分为 RFD 与 FFD

C）FFD 与 FFD、RFD 之间及 RFD 与 RFD 之间都可以直接通信

D）星形网络适合家庭自动化、个人健康护理等小范围的室内应用

分析：设计该例题的目的是加深读者对 LR-WPAN 特点的理解。在讨论 LR-WPAN 的基本特点时，需要注意以下几个主要的问题。

1）LR-WPAN 是指在个人操作空间内使用相同无线信道，并通过 IEEE 802.15.4 标准通信的一组设备集合。

2）LR-WPAN 设备按通信能力分为两类：简易功能设备（RFD）和全功能设备（FFD）。RFD 主要用于简单的控制应用，如电灯开关、被动式红外传感器等。

3）FFD 与 FFD 或 RFD 之间可以直接通信，而 RFD 与 RFD 之间不能直接通信，它们之间通信需要 FFD 转发。为 RFD 转发数据的 FFD 称为该 RFD 的协调器。网络协调器是 LR-WPAN 中的主控制器。

4）LR-WPAN 拓扑结构分为两类：星形与点－点。在星形网络中，所有设备都与网络协调器通信。星形网络适合家庭自动化、个人健康护理等小范围的室内应用。

5）在点－点网络中，只要彼此在对方的无线通信范围内，任何两个设备之间都可以直接通信。点－点网络中也需要网络协调器，以实现设备身份认证、链路状态管理等功能。点－点网络可以构造更复杂的网络结构，它适合于设备分布范围广的应用，如工业控制、货物库存跟踪、智能农业等。

通过上述描述可以看出，FFD 与 FFD 或 RFD 之间可以直接通信，而 RFD 与 RFD 之间不能直接通信，它们之间通信需要 FFD 转发。显然，C 所描述的内容不符合 LR-WPAN 设备之间通信的相关规定。

答案：C

例 4　以下关于 ZigBee 技术特点的描述中，错误的是（　　）。

A）ZigBee 是一种低速率、低功耗、低价格的无线网络技术

B）在 2.4GHz 频段工作时，ZigBee 设备的传输速率为 250kbit/s

C）ZigBee 在低层采用的是 IEEE 802.15.4 标准

D）ZigBee 与 LR-WPAN 在体系结构上是一致的

分析：设计该例题的目的是加深读者对 ZigBee 技术的理解。在讨论 ZigBee 技术的基本特点时，需要注意以下几个主要的问题。

1）ZigBee 是一种低速率、低功耗、低价格的无线网络技术，适用于数据采集与控制结点多、数据传输量小、覆盖面大、造价低的应用领域。

2）ZigBee 对通信速率的要求低于蓝牙。ZigBee 设备可工作在 ISM 频道，在 2.4GHz 频段的传输速率为 250kbit/s，在 915MHz 的传输速率为 40kbit/s。

3）ZigBee 设备对功耗的要求更低，通常由电池供电，在不更换电池的情况下可工作几个月，甚至是几年。

4）ZigBee 在低层采用 IEEE 802.15.4 标准，它经常与 IEEE 802.15.4 标准混淆，而实际上两种标准在体系结构上有很大区别。

通过上述描述可以看出，虽然 ZigBee 在低层采用 IEEE 802.15.4 标准，它经常与 IEEE 802.15.4 标准混淆，而实际上这两种标准在体系结构上有很大区别。显然，D 所描述的内容不符合 ZigBee 体系结构的相关规定。

答案：D

9.1.5 无线自组网技术

例 1 以下关于无线自组网概念的描述中，错误的是（   ）。

A）无线自组网的常用英文缩写为"Ad hoc"

B）无线自组网是一种自组织、对等式、多跳、移动的无线网络

C）在无线自组网中，每个结点都具有主机与路由器的双重角色

D）当无线自组网接入互联网时，都是作为中间的承载网来使用

分析：设计该例题的目的是加深读者对无线自组网特点的理解。在讨论无线自组网特点时，需要注意以下几个主要的问题。

1）无线自组网有多个英文名称，如"Ad hoc network""self-organizing network""infrastructureless network"与"multi-hop network"，通常简写为"Ad hoc"。

2）"Ad hoc"来源于拉丁语，具有"专门为某个特定目的、即兴的、事先未准备的"含义。IEEE 将 Ad hoc 定义为一种自组织、对等式、多跳、移动的无线网络。

3）在无线自组网中，每个结点都具有主机与路由器的双重角色，可以提供路由选择和分组转发功能，并通过无线方式组成任意拓扑结构。

4）无线自组网可以独立工作，也可以接入互联网或移动通信网。但是，当无线自组网接入互联网时，它不会作为中间的承载网，而是作为末端的子网出现，并不转发其他网络穿越该网络的分组。

通过上述描述可以看出，当无线自组网接入互联网时，它不会作为中间的承载网，而是作为末端的子网出现。显然，D 所描述的内容不符合无线自组网的基本用途。

答案：D

例 2 以下关于无线自组网特点的描述中，错误的是（   ）。

A）无线自组网是一种对等结构的网络，其中仅需要少量的路由器

B）无线自组网通常是针对某种特殊目的而临时构建

C）无线自组网的拓扑是动态改变的

D）无线自组网结点之间通信需要通过中间结点的多跳转发来完成

分析：设计该例题的目的是加深读者对无线自组网特点的理解。在讨论无线自组网特点时，需要注意以下几个主要的问题。

1）无线自组网无需任何预先架设的无线通信基础设施，所有结点通过分层协议体系与分布式算法，协调每个结点各自的行为。结点可以快速、自主和独立组网。

2）无线自组网是一种对等结构的网络。网络中的所有结点地位平等，没有专门的路由器。任何结点可以随时加入或离开网络，任何结点故障不会影响整个网络。

3）受到结点的无线发射功率限制，每个结点的覆盖范围有限。对于在有效发射功率之外的结点之间通信，必须通过中间结点的多跳转发来完成。

4）结点可以根据自己的需要进行开启或关闭，在任何时间以任意速度和方向移动，使得结点之间的通信关系会不断变化，造成无线自组网拓扑的动态改变。

5）结点具有携带方便的特点，通常使用电池供电，每个结点中的电池容量有限，必须采用节能措施以延长结点寿命。

6）无线自组网通常是针对某种特殊目的而临时构建，如用于战场、救灾与突发事件，在事件结束后网络自行结束使命并消失。

通过上述描述可以看出，无线自组网是一种对等结构的网络，所有结点地位平等，没有专门的路由器。显然，A 所描述的内容不符合无线自组网的基本特征。

答案：A

9.1.6 无线传感器网技术

例 1 以下关于无线传感器网特点的描述中，错误的是（   ）。

A）无线传感器网的结点数量多、分布地理范围广

B）传感器结点的主要限制是电源能量有限

C）传感器结点通常是一种微型嵌入式系统

D）无线路由器完成无线传感器网的结构重构任务

分析：设计该例题的目的是加深读者对无线传感器网特点的理解。在讨论无线传感器网的基本特点时，需要注意以下几个主要的问题。

1）无线传感器网的规模与其应用目的相关。例如，如果将它应用于森林防火和环境监测，必须部署大量传感器以获取精确信息，结点数量可能达到几千、几万甚至更多，并且分布在被检测的所有地理区域内。

2）无线传感器网是一种典型的无线自组网。在无线传感器网的实际应用中，传感器结点的位置不能预先精确设定，结点之间的相邻关系也不能预先知道，并且结点通常被放置在没有电力基础设施的地方。

3）传感器结点的主要限制是电源能量有限。传感器结点是一种微型嵌入式设备，要求它价格低、功耗小，必然导致其 CPU 处理能力弱、存储器容量小。同时，传感器结点要完成监测数据的采集、应答汇聚结点的任务请求、结点控制等多种工作。

4）在无线传感器网的使用过程中，结点数量增减将导致网络拓扑动态变化，这要求网络自身具有动态结构重构能力。

通过上述描述可以看出，在无线传感器网的使用过程中，结点数量增减将导致网络拓扑动态变化，要求网络自身具有动态结构重构能力。显然，D 所描述的内容不符合每个结点都

兼有路由器身份的基本特点。

答案：D

例2 以下关于无线传感器网结点类型的描述中，错误的是（   ）。

A）无线传感器网由传感器结点、汇聚结点和管理结点组成

B）传感器结点兼有传统网络的终端和路由器双重功能

C）管理结点通过 SNMP 实现对无线传感器网的用户管理

D）汇聚结点将无线传感器网与互联网等外部网络相联

分析：设计该例题的目的是加深读者对无线传感器网结点类型的理解。在讨论无线传感器网的结点类型时，需要注意以下几个主要的问题。

1）无线传感器网由 3 种结点组成：传感器结点、汇聚结点和管理结点。

2）传感器结点通常是一种微型嵌入式系统，它的处理能力、存储能力和通信能力较弱，通过自身携带的能量有限的电池来供电。

3）从网络功能上来看，每个传感器结点兼有传统网络的终端和路由器双重功能，除了进行本地信息收集和数据处理之外，还要对其他结点转发的数据进行存储、管理和融合等处理，同时与其他结点协作完成一些特定任务。

4）汇聚结点的处理能力、存储能力和通信能力较强，它将无线传感器网与互联网等外部网络相联，实现两种协议集的通信协议之间的转换，同时发布管理结点的监测任务，并将收集到的数据转发到外部网络。

5）拥有者通过管理结点对无线传感器网进行配置和管理，发布监测任务以及收集监测数据。

通过上述描述可以看出，拥有者通过管理结点对无线传感器网进行配置和管理，而不是管理结点通过 SNMP 实现对无线传感器网的用户管理。显然，C 所描述的内容不符合无线传感器网的配置与管理要求。

答案：C

例3 以下关于无线传感器网模型的描述中，错误的是（   ）。

A）无线传感器网模型包括 5 层：物理层、数据链路层、网络层、传输层与应用层

B）无线传感器网模型包括 3 个平台：能量管理、移动管理与任务管理平台

C）任务管理平台负责特定区域内的任务平衡和调度监控

D）移动管理平台负责各结点的路由选择功能

分析：设计该例题的目的是加深读者对无线传感器网模型的理解。在讨论无线传感器网的参考模型时，需要注意以下几个主要的问题。

1）无线传感器网模型是个三维结构，它包括物理层、数据链路层、网络层、传输层与应用层，以及能量管理平台、移动管理平台与任务管理平台。

2）能量管理平台负责完成监控传感器系统能量使用的功能。

3）移动管理平台负责实现监测与注册传感器结点的移动，维护汇聚结点的路由，以及动态追踪邻结点位置的功能。

4）任务管理平台负责实现在特定区域中任务平衡和调度监控的功能。

通过上述描述可以看出，移动管理平台负责实现监测与注册传感器结点的移动，维护汇聚结点的路由，以及动态追踪邻结点位置的功能。显然，D 所描述的内容不符合移动管理平台的基本功能。

答案：D

9.1.7　无线网状网技术

例1　以下关于无线网状网特点的描述中，错误的是（　　）。

A）无线网状网是一种基于多跳路由、对等结构的自组网

B）无线网状网由无线路由器来构成无线骨干网

C）IEEE 802.11n 标准中增加对无线网状网的支持

D）无线网状网将有效接入距离扩展到几公里的范围

分析：设计该例题的目的是加深读者对无线网状网特点的理解。在讨论无线网状网的基本特点时，需要注意以下几个主要的问题。

1）无线网状网（WMN）是在无线自组网的基础上发展起来，它是一种基于多跳路由、对等结构、高容量的网络，具有自组织、自配置、自修复的特征。

2）无线网状网由无线路由器（WR）构成无线骨干网，提供大范围的信号覆盖与结点连接，主要用于互联网的接入，并将接入距离扩展到几公里范围。无线网状网完成本地接入与数据的转发任务。

3）在无线城域网标准的制定过程中，IEEE 802.16a 增加了对无线网状网的支持。

4）无线网状网的优点主要表现在：组网灵活、成本低、维护方便、覆盖范围大、建设风险相对较小等。

5）无线网状网作为对无线局域网、无线城域网的补充，已成为解决无线接入"最后一公里"问题的新方案。

通过上述描述可以看出，在无线城域网标准的制定过程中，IEEE 802.16a 标准增加对无线网状网的支持，而 IEEE 802.11n 是新一代的 WLAN 标准。显然，C 所描述的内容混淆了 IEEE 802.16a 与 IEEE 802.11n 标准的基本用途。

答案：C

例2　以下关于无线网状网结构的描述中，错误的是（　　）。

A）无线网状网是在无线自组网的基础上发展起来的

B）平面结构无线网状网与普通的无线自组网区别不大

C）多级结构无线网状网的上层由无线路由器来构成主干网

D）多级结构无线网状网的下层终端设备之间可以直接通信

分析：设计该例题的目的是加深读者对无线网状网结构的理解。在讨论无线网状网的基本结构时，需要注意以下几个主要的问题。

1）无线网状网是在无线自组网的基础上发展起来，它在与无线局域网、无线城域网技术的结合过程中，针对不同应用场景提出了多种网络结构。

2）平面结构是一种最简单的无线网状网结构。在这种网络结构中，每个结点都执行同样的 MAC、路由与网管功能。实际上，这种无线网状网退化为无线自组网。

3）在多级结构的无线网状网中，上层由无线路由器构成主干网，下层由各种终端设备组成。这些终端设备都要接入无线路由器，它为终端设备之间通信选择传输路径。

4）混合结构将平面结构与多级结构相结合，以实现上述两种结构的优势互补。

通过上述描述可以看出，在多级结构的无线网状网中，下层的终端设备都要接入上层的无线路由器，由它为终端设备之间通信选择传输路径。显然，D 所描述的内容不符合多级结构无线网状网对终端之间通信的相关规定。

答案：D

9.2 同步练习

9.2.1 术语辨析题

用给出的定义标识出对应的术语（本题给出 26 个定义，请从中选出 20 个，分别将序号填写在对应的术语前的空格处）。

（1）_____ IFS		（2）_____ FHSS	
（3）_____ 汇聚结点		（4）_____ 微微网	
（5）_____ DSSS		（6）_____ WSN	
（7）_____ WR		（8）_____ WiFi 联盟	
（9）_____ POS		（10）_____ WMN	
（11）_____ WLAN		（12）_____ 静观结点	
（13）_____ 网络层		（14）_____ 传感器模块	
（15）_____ DCF		（16）_____ IEEE 802.15.4	
（17）_____ Ad hoc		（18）_____ IEEE 802.16	
（19）_____ WiMAX 论坛		（20）_____ VCS	

A. IEEE 定义的一种特殊的自组织、对等式、多跳、无线移动网络。

B. 用微波、激光与红外线等无线载波作为传输介质的局域网。

C. IEEE 802.11 的 MAC 层采用的随机争用访问控制方式。

D. CSMA/CA 规定发送站在发送完一帧之后必须再等待的时间间隔。

E. 为了进一步减少冲突的发生，IEEE 802.11 的 MAC 层采用的监听机制。

F. 发送信号频率按固定的时间间隔从一个频率跳到另一个频率的通信方法。

G. 将待发送的数据经过伪随机码的异或操作后发送的通信方式。

H. 全称为"固定带宽无线访问系统空间接口"的标准。

I. 致力于 WLAN 标准与应用推广的组织。

J. 致力于 WMAN 标准与应用推广的组织。

K. 蓝牙系统的基本组成单元。

L. 除了响应主结点激活或指示信号之外，不做其他任何工作的蓝牙结点。

M. 自身附近几米范围内的个人操作空间。

N. 为 LR-WPAN 制定的物理层和 MAC 层的协议标准。

O. LR-WPAN 中只能执行简单的控制功能的设备。

P. 网络结点主要是传感器的无线自组网。

Q. 连接无线传感器网与互联网等外部网络，发布监测任务收集、转发数据的结点。

R. 将传感器结点产生的多份数据进行处理、组合的过程。

S. 构成无线网状网的无线骨干网设备。

T. 基于无线自组网技术的多跳路由、对等结构、高容量的新型接入网。

U. 无线传感器结点中负责监控区域内信息采集和数据转换的模块。

V. 无线传感器结点中能量消耗最大的模块。

W. 无线传感器网模型中负责监控传感器结点的能量使用状况的平台。

X. 无线传感器网模型中负责特定区域内的任务调度与负载均衡的平台。

Y. 无线传感器网模型中提供信号调制与无线发送、接收功能的层次。

Z. 无线传感器网模型中负责路由生成与选择功能的层次。

9.2.2 单项选择题

（1）在传感器结点中，能量消耗最大的模块是（   ）。

A）无线通信模块   B）传感器模块

C）处理器模块   D）计时器模块

（2）在以下几种网络中，不属于自组织类型网络的是（   ）。

A）WSN   B）WLAN

C）WMN   D）MANET

（3）针对宽带无线城域网制定的协议标准是（   ）。

A）IEEE 802.3z   B）IEEE 802.15.4

C）IEEE 802.11   D）IEEE 802.16

（4）在以下几个组织中，致力于 IEEE 802.11 标准及应用推广的是（   ）。

A）WiMAX 论坛   B）ITU

C）WiFi 联盟   D）SIG

（5）除了响应主结点的激活或指示信号之外，不做其他任何事情的蓝牙结点称为（   ）。

A）主结点   B）静观结点

C）从结点   D）汇聚结点

（6）在以下数据传输速率中，IEEE 802.15.4 标准不支持的是（   ）。

A）500kbit/s   B）40kbit/s

C）250kbit/s   D）20kbit/s

（7）在无线传感器网模型中，提供信号调制与无线发送、接收功能的层次是（   ）。

A）传输层   B）物理层

C）网络层   D）应用层

（8）无线网状网中负责构建无线骨干网的设备是（   ）。

A）无线复用器   B）无线代理

C）无线路由器   D）无线网关

（9）以下关于 CSMA/CA 退避算法的描述中，错误的是（   ）。

A）当信道从忙转到空闲时，各结点不仅等待一个 SIFS 时间，还必须执行退避算法

B）IEEE 802.11 采用的是二进制指数退避算法

C）退避时间是在 2^{2+i} 个时间片中随机选择一个

D）当一个结点使用退避算法进入争用窗口时，将启动一个退避计时器

（10）以下关于无线局域网概念的描述中，错误的是（   ）。

A）物理层定义了红外、跳频扩频与直接序列扩频的数据传输标准

B）MAC 层支持对多个接入点的漫游，并提供数据验证与保密服务

C）MAC 层采用的是 CSMA/CA 算法

D）网络层支持按需的路由选择协议

（11）以下关于扩频通信概念的描述中，错误的是（   ）。

A）扩频通信是将数据基带信号频谱扩展几倍至几十倍

B）扩频通信系统的输入数据信号进入信道编码器后按随机数字进行调制

C）调制结果是将窄带通信变成了宽带通信

D）无线局域网主要采用跳频扩频与直接序列扩频技术

（12）以下关于蓝牙系统结构的描述中，错误的是（　　）。

A）蓝牙系统的基本单元是微微网

B）每个微微网都包含一个主结点，在 100m 距离内最多 7 个活动的从结点

C）每个微微网可包含最多 255 个静观结点

D）两个相连的微微网构成一个分散网

（13）以下关于 IEEE 802.16 标准的描述中，错误的是（　　）。

A）IEEE 802.16 主要涉及工作在 2 ~ 66GHz 频段的无线接入系统

B）IEEE 802.16 是一种点对多点、视距条件、大数据量的传输标准

C）IEEE 802.16a 增加了非视距和对无线网状网结构的支持

D）IEEE 802.16d 主要针对火车、汽车等移动物体的无线通信问题

（14）以下关于无线传感器网模型层次的描述中，错误的是（　　）。

A）数据链路层提供路由生成与路径选择功能

B）物理层提供信号调制与无线发送、接收功能

C）传输层提供对数据流的传输控制功能

D）应用层提供基于任务的信息采集、处理、监控等服务

（15）以下关于 CSMA/CA 工作流程的描述中，错误的是（　　）。

A）冲突避免要求每个发送结点在发送之前首先侦听信道

B）发送结点在发送完一帧之后，必须等待若干个 IFS，准备接收确认

C）如果发送结点接收到确认，说明本次发送成功

D）如果在规定时间内没接收到确认，说明本次发送失败，重发该帧

（16）以下关于跳频扩频通信概念的描述中，错误的是（　　）。

A）FHSS 将可利用的频带划分成多个称为信道的子频带

B）每个信道的带宽相同，中心频率由随机数决定，变化的频率值称为跳跃值

C）发送方与接收方分别独立产生各自的跳跃值，以增强安全性

D）IEEE 802.11 标准规定 FHSS 通信使用 2.4GHz 频段

（17）以下关于无线传感器网拓扑的描述中，错误的是（　　）。

A）无线传感器网的主要特征是拓扑不变

B）环境条件变化可能造成无线通信链路的改变

C）新结点的加入将会造成网络拓扑的改变

D）环境因素或电能耗尽可能造成传感器结点的故障或失效

（18）以下关于 CSMA/CA 冲突避免的描述中，错误的是（　　）。

A）IEEE 802.11 的 MAC 层采用了虚拟监听机制

B）IEEE 802.11 帧中的第 2 个字段设置了一个 2 字节的"持续时间"

C）其他结点收到正在传输帧中的"持续时间"后，调整自己的网络分配向量值

D）网络分配向量值等于发送一帧的时间加上一个 SIFS

（19）以下关于传感器结点特点的描述中，错误的是（　　）。

A）传感器结点的主要特点是携带的电源能量有限

B）能量主要消耗在传感器模块、处理器模块和无线通信模块

C）传感器结点传输 1 位到 100m 距离的能耗约等于执行 1 条计算指令的能耗

D）无线通信模块在睡眠状态关闭通信模块

（20）以下关于 IEEE 802.11 跳频扩频通信的描述中，错误的是（　　）。

A）跳频扩频通信的数据传输速率为 1Mbit/s 或 2Mbit/s

B）发送信号频率从一个频率跳到另一个频率的时间间隔称为驻留时间

C）IEEE 802.11 标准规定驻留时间为 400ms

D）如果发送速率为 2Mbit/s，则每秒钟可发送大约 32 个最大长度的 Ethernet 帧

（21）以下关于 IEEE 802.15.4 标准的描述中，错误的是（　　）。

A）IEEE 802.15.4 标准定义了物理层与数据链路层的 MAC 子层

B）物理层由射频收发器与底层的控制模块构成

C）高层协议访问 MAC 子层必须通过 LLC 子层

D）MAC 子层为高层访问物理信道提供点到点通信的服务接口

（22）以下关于无线网状网特点的描述中，错误的是（　　）。

A）无线网状网只需要完成本地接入业务

B）无线网状网采用自组织的多跳网络结构

C）无线网状网一般为静态或弱移动的拓扑

D）无线网状网是由 WR 构成无线骨干网

（23）以下关于直接序列扩频通信的描述中，错误的是（　　）。

A）DSSS 将数据经过伪随机码进行异或操作后发送

B）所有结点按照规定的时间间隔来变换频段

C）发送方与接收方需要使用相同的伪随机码

D）直接序列扩频通信具有很强的抗干扰能力

（24）以下关于无线传感器网模型的描述中，错误的是（　　）。

A）基于功能的结构模型增加了时间同步与定位两个子层

B）无线传感器网中的能量管理涉及所有的层次与功能

C）定位子层依靠网络层的路由功能为高层应用提供服务

D）时间同步和定位子层依靠物理信道与数据链路的协作

（25）以下关于无线自组网路由问题的描述中，错误的是（　　）。

A）无线自组网是一个多跳的网络

B）结点移动造成无线自组网拓扑不断变化

C）路由协议需要在拓扑动态变化的条件下提供正确的路由

D）无线自组网路由协议的研究主要集中在 MAC 子层

第 10 章　网络安全技术

10.1　例题解析

10.1.1　网络安全与网络空间安全

例1　以下关于网络安全问题的描述中，错误的是（　　）。

A）计算机网络从问世以来就面临安全威胁

B）计算机网络安全仅涉及技术的层面

C）保障网络安全需要相关方面的法律法规

D）计算机网络是计算机犯罪的攻击重点

分析：设计该例题的目的是加深读者对网络安全问题的理解。在讨论网络安全问题时，需要注意以下几个主要的问题。

1）计算机网络在给广大用户带来方便的同时，必然给个别不法分子带来可乘之机，他们通过网络非法获取经济、政治、军事、科技情报，或是进行信息欺诈、破坏与网络攻击等犯罪活动。另外，它也会导致涉及个人隐私的法律与道德问题。

2）计算机犯罪正在引起整个社会的普遍关注，而计算机网络是犯罪分子攻击的重点。计算机犯罪是一种高技术型犯罪，其隐蔽性对网络安全构成很大威胁。

3）计算机网络安全涉及一个系统的概念，它包括技术、管理与法制环境等多方面。只有不断健全有关网络与信息安全的法律法规，提高管理人员的素质、法律意识与技术水平，提高用户遵守网络使用规则的自觉性，增强网络与信息系统安全的防护技术，才能不断改善网络与信息系统的安全状况。

通过上述描述可以看出，计算机网络安全涉及一个系统的概念，它包括技术、管理与法制环境等多方面，而不单纯是技术层面的事情。显然，B 所描述的内容不符合网络安全的相关概念。

答案：B

例2　以下关于网络安全问题的描述中，错误的是（　　）。

A）网络安全已成为影响社会稳定、国家安全的重要因素之一

B）网络空间被看作与国家领土、领海、领空、太空同样重要的空间

C）基础理论体系主要包括网络空间理论与密码学等

D）技术理论体系主要包括各种网络安全应用技术

分析：设计该例题的目的是加深读者对网络安全问题的理解。在讨论网络时，需要注意以下几个主要的问题。

1）目前，互联网、移动互联网、物联网已应用于现代社会的政治、经济、文化、教育、科研与社会生活的各个领域，这种开放网络环境下的安全问题更加严重。网络安全已成为影响社会稳定、国家安全的重要因素之一。

2）2011 年，美国政府在"网络空间国际战略"报告中，将网络空间看作与国家领土、领海、领空、太空四大常规空间同等重要的"第五空间"。近年来，世界各国纷纷研究和制定网络空间安全政策。

3）网络空间安全理论包括三大体系：基础理论体系、技术理论体系与应用理论体系。其中，基础理论体系主要包括网络空间理论与密码学。技术理论体系主要包括系统安全理论、网络安全理论与技术。应用理论体系主要包括各种网络安全应用技术。

通过上述描述可以看出，技术理论体系主要包括系统安全理论、网络安全理论与技术，而应用理论体系主要包括各种网络安全应用技术。显然，D 所描述的内容混淆了技术理论体系与应用理论体系涉及的内容。

答案：D

10.1.2　OSI 安全体系结构

例 1　以下关于网络安全问题的描述中，错误的是（　　）。

A）任何危及网络与信息系统安全的行为都可视为攻击

B）常见的网络攻击可分为两类：被动攻击与主动攻击

C）截获、伪造、篡改或重放数据的行为都属于被动攻击

D）截获是指攻击者假冒接收者身份截获网络传输的数据

分析：设计该例题的目的是加深读者对网络安全问题的理解。在讨论网络安全问题时，需要注意以下几个主要的问题。

1）任何危及网络与信息系统安全的行为都可视为攻击。常见的网络攻击可分为两类：被动攻击与主动攻击。

2）窃听或监视数据传输属于被动攻击。攻击者通过在线窃听方法，非法获取网络上传输的数据，或通过在线监视网络用户的身份、传输数据的频率与长度，破译加密数据，非法获取敏感或机密的信息。

3）主动攻击可分为 3 种基本方式：

①截获数据：网络攻击者假冒和顶替合法的接收者，截获网络上传输的数据。

②篡改或重放数据：攻击者假冒接收者，在截获网络上传输的数据之后，经过篡改再发送给接收者；或者在截获数据之后，在某时刻重发该数据，造成数据传输混乱。

③伪造数据：攻击者假冒合法的发送者，将伪造的数据发送给接收者。

通过上述描述可以看出，截获、伪造、篡改或重放数据的行为都属于主动攻击，而窃听或监视数据传输的行为属于被动攻击。显然，C 所描述的内容混淆了主动攻击与被动攻击的基本特征。

答案：C

例 2　以下关于 X.800 标准内容的描述中，错误的是（　　）。

A）认证服务提供对通信实体和数据来源的认证与身份鉴别

B）数据机密性服务防止数据在传输过程中被窃听、修改或重放

C）访问控制服务防止未授权的用户非法使用系统资源

D）防抵赖服务防止数据的发送方或接收方否认其发送或接收行为

分析：设计该例题的目的是加深读者对 X.800 标准的理解。在讨论 X.800 标准的基本内容时，需要注意以下几个主要的问题。

1）X.800 标准将网络安全服务定义为：开放系统的各层协议为保证系统与数据传输有足够的安全性所提供的服务。

2）X.800 标准将网络安全服务分为五种类型：

①认证服务：提供对通信实体和数据来源的认证与身份鉴别。

②访问控制服务：通过对用户身份的认证和用户权限的确认，防止未授权的用户非法使用系统资源。

③数据机密性服务：防止数据在传输过程中被窃听或泄露。

④数据完整性服务：确保接收数据与发送数据的一致性，防止数据被修改、插入、删除或重放。

⑤防抵赖服务：确保数据由特定用户发送，或由特定用户接收，防止发送方在发送数据后否认，或接收方在接收数据后否认。

通过上述描述可以看出，数据机密性服务防止数据传输中被窃听或泄露，而数据完整性服务防止数据被修改、插入、删除或重放。显然，B 所描述的内容混淆了数据机密性服务与数据完整性服务涵盖的内容。

答案：B

例 3　以下关于 TC-SEC-NCSC 准则的描述中，错误的是（　　）。

A）TC-SEC-NCSC 准则即可信计算机系统评估准则

B）在其定义的安全等级中，D 级系统的安全要求最低

C）C 级系统的安全要求低于 B 级系统的安全要求

D）B 级系统是用户能定义访问控制要求的自主保护类型

分析：设计该例题的目的是加深读者对 TC-SEC-NCSC 准则的理解。在讨论 TC-SEC-NCSC 准则的基本内容时，需要注意以下几个主要的问题。

1）美国政府发布了可信计算机系统评估准则（TC-SEC-NCSC），将计算机系统安全等级分为 4 类 7 个等级，即 D、C1、C2、B1、B2、B3 与 A1。这些等级描述了对计算机系统的安全要求，D 级系统的安全要求最低，A1 级系统的安全要求最高。

2）D 级系统属于非安全保护类，不能用于多用户环境下的重要信息处理。

3）C 级系统为用户能定义访问控制要求的自主保护类型，它分为两个级别：C1 级和 C2 级。UNIX 系统通常能满足 C2 级标准。

4）B 级系统属于强制型安全保护类，即用户不能分配权限，仅网络管理员可为用户分配访问权限。B 类系统分为三个级别：B1、B2 与 B3 级。部分 UNIX 系统可达到 B1 级标准的要求。

5）A1 级提供的安全服务功能与 B3 级基本一致。A1 级系统在安全审计、安全测试、配置管理等方面提出更高要求。A1 级在系统安全模型设计及软、硬件实现上要通过认证，要求达到更高的安全可信度。

通过上述描述可以看出，B 级系统是用户不能分配权限的强制型安全保护类型，而 C 级系统是用户能定义访问控制要求的自主保护类型。显然，D 所描述的内容混淆了对 B 级系统与 C 级系统的安全要求。

答案：D

10.1.3　加密与认证技术

例 1　以下关于密码学概念的描述中，错误的是（　　）。

A）由明文变换成密文的过程称为加密

B）由密文恢复出明文的过程称为解密

C）加密算法与密钥都是需要严格保密的内容

D）对称密码在加密和解密时使用相同的密钥

分析：设计该例题的目的是加深读者对密码学概念的理解。在讨论密码学的基本概念时，需要注意以下几个主要的问题。

1）加密的基本思想是伪装明文以隐藏其真实内容。伪装明文的操作称为加密，加密时使用的变换规则称为加密算法。由密文恢复出原明文的过程称为解密，解密时使用的变换规则称为解密算法。

2）密码是含有一个参数 K 的数学变换：$C = E_K(M)$。其中，M 是未加密的信息（明文），C 是加密后的信息（密文），E 是加密算法，参数 K 称为密钥。密文 C 是明文 M 使用密钥 K，经过加密算法计算后的结果。

3）密码体制是指密码系统的工作方式。如果加密和解密使用相同密钥，该密码体制称为对称密码。如果加密和解密使用不同密钥，该密码体制称为非对称密码。

4）加密、解密算法可以视为常量，而密钥则是一个变量。因此，密钥需要严格保密，用户应该及时更换密钥。

通过上述描述可以看出，加密、解密算法可以视为常量，它是可以公开的；而密钥是一个变量，需要严格保密。显然，C 所描述的内容不符合密码学的基本原则。

答案：C

例 2　以下关于 DES 加密算法的描述中，错误的是（　　）。

A）DES 是一种典型的对称加密算法

B）DES 以比特流为单位进行加密或解密

C）DES 的 64 位密钥中有 56 位用于加密

D）三重 DES 对数据执行三次 DES 计算

分析：设计该例题的目的是加深读者对密码学概念的理解。在讨论密码学的基本概念时，需要注意以下几个主要的问题。

1）数据加密标准（DES）是典型的对称加密算法，它是由 IBM 公司提出、ISO 认定的国际标准。

2）DES 是一种分组密码算法，将数据分解成固定大小分组，以分组为单位加密或解密。DES 每次处理一个 64 位的明文分组，每次生成一个 64 位的密文分组。

3）DES 算法采用 64 位密钥，其中 8 位用于奇偶校验，用户可使用其余 56 位。在加密与解密过程中，DES 将置换与代换等操作相结合。

4）三重 DES（3DES）是对 DES 安全性的改进方案。3DES 以 DES 算法为核心，采用 3 个 56 位密钥对数据执行三次 DES 计算，即加密、解密、再加密的过程。

通过上述描述可以看出，DES 是一种分组密码算法，以分组为单位加密或解密，而不是以比特流为单位加密或解密。显然，B 所描述的内容不符合 DES 属于分组密码算法的这个特征。

答案：B

例3 以下关于公钥密码概念的描述中，错误的是（   ）。

A）公钥密码的基本特征是将数据以分组为单位加密

B）公钥密码可用于数据加密、数字签名或密钥交换

C）很多数论概念是设计公钥密码算法的基础

D）RSA 与 ECC 是两种常用的公钥密码算法

分析：设计该例题的目的是加深读者对公钥加密概念的理解。在讨论公钥加密的基本概念时，需要注意以下几个主要的问题。

1）非对称加密的另一种名称是公钥密码，其特征是加密与解密用的密钥不同，并且两个密钥之间无法互相推导。公钥密码体制提供两个密钥：公钥与私钥。其中，公钥是可公开的密钥；私钥是须严格保密的密钥。

2）在数据加密应用中，发送方使用接收方的公钥对明文加密，接收方使用自己的私钥对密文解密；在数字签名应用中，发送方使用自己的私钥对明文加密，接收方使用发送方的公钥对密文解密。

3）很多数论概念是设计公钥密码算法的基础，如素数与互为素数、费马定理、欧拉定理、中国余数定理、离散对数等。与对称加密技术相比，公钥密码的加密与解密速度比较慢。

4）公钥加密算法主要包括 RSA、ECC、DSS、ElGamal 与 Diffie-Hellman 等。

通过上述描述可以看出，公钥密码的基本特征是加密与解密用的密钥不同，而不是将数据以分组为单位执行加密。显然，A 所描述的内容不符合公钥密码的基本特征。

答案：A

例4 以下关于数字签名概念的描述中，错误的是（   ）。

A）数字签名将发送方的身份与信息相结合

B）发送方在发送数据后，无法抵赖其发送行为

C）发送方通常先通过 MD5 函数计算生成摘要

D）MD5 算法对需要签名的数据进行加密操作

分析：设计该例题的目的是加深读者对数字签名概念的理解。在讨论数字签名的基本概念时，需要注意以下几个主要的问题。

1）数字签名将发送方的身份与信息相结合，保证信息传输过程中的完整性，并提供信息发送方的身份认证。

2）数字签名主要实现 3 个功能：接收方核对发送方的签名，以确定对方身份；发送方在发送数据后，无法抵赖其发送行为；接收方无法伪造发送方的签名。

3）在采用 RSA 算法进行数字签名前，通常用单向散列函数计算签名信息生成摘要，并对消息摘要进行签名。

4）消息摘要（MD5）是一种单向散列算法，对任意长度的数据生成 128 位的散列值，也称为"不可逆的指纹"。MD5 算法没有对数据进行加密操作，仅生成用于判断数据完整性的散列值。

通过上述描述可以看出，MD5 算法没有对数据进行加密操作，仅生成用于判断数据完整性的散列值信息。显然，D 所描述的内容不符合 MD5 算法的基本原理。

答案：D

10.1.4　网络安全协议

例 1　以下关于 IPSec 协议概念的描述中，错误的是（　　）。

A）IPSec 是一个网络层的安全通信协议集

B）AH 仅提供数据源身份认证与抗重放功能

C）ESP 提供 AH 所有功能与数据加密服务

D）主机输入与输出须建立不同的安全关联

分析：设计该例题的目的是加深读者对 IPSec 协议概念的理解。在讨论 IPSec 协议的基本概念时，需要注意以下几个主要的问题。

1）IPSec 是针对网络层通信安全制定的一个协议集。IPSec 适用于各版本的 IP 协议，IPv4 将它作为一种可选的协议，IPv6 将它作为组成部分来使用。

2）IPSec 主要包括 3 个组成部分：认证头部（AH）、封装安全负载（ESP）与密钥管理协议。其中，AH 提供数据源身份认证、数据完整性认证，以及可选的抗重放功能；ESP 提供 AH 所有功能与数据加密服务；密钥管理协议用于通信双方协商安全参数，如工作模式、加密算法、密钥及生存期等。

3）IPSec 工作模式分为两种：隧道模式与传输模式。其中，在隧道模式中，隧道两端分别位于两台 IPSec 网关，提供子网到子网的安全服务；在传输模式中，隧道两端分别位于两台 IPSec 主机，提供主机到主机的安全服务。

4）安全关联是一组安全参数的集合，每个安全关联与一条隧道相关。安全关联主要有两个特点：安全关联描述了一种单向关系，输入与输出须建立不同的安全关联；安全关联针对的是一种安全协议，需要为 AH 与 ESP 建立不同的安全关联。

通过上述描述可以看出，AH 提供数据源身份认证、数据完整性认证，以及可选的抗重放功能，而不是仅提供数据源身份认证与抗重放功能。显然，B 所描述的内容不符合关于 AH 协议的功能定义。

答案：B

例 2　以下关于 SSL 协议概念的描述中，错误的是（　　）。

A）SSL 是一种在传输层提供安全服务的协议

B）SSL 当前主要应用于 Web 服务的 HTTP

C）SSL 主要包括两部分：握手协议与记录协议

D）记录协议实现双方的加密算法协商与密钥传递

分析：设计该例题的目的是加深读者对 SSL 协议概念的理解。在讨论 SSL 协议的基本概念时，需要注意以下几个主要的问题。

1）安全套接层（SSL）是一种传输层安全协议，使用非对称加密体制和数字证书技术，以保护数据传输的保密性与完整性。

2）SSL 支持 HTTP、FTP、Telnet 等应用层协议，但目前主要应用于 HTTP，为各种基于 Web 的网络应用提供身份认证与安全传输服务。

3）SSL 主要包含两个协议：握手协议与记录协议。其中，握手协议实现双方的加密算法协商与密钥传递；记录协议定义 SSL 数据传输格式，实现数据的加密与解密操作。

4）鉴于 SSL 与 PCT 不兼容的现状，IETF 发布传输层安全（TLS）协议，希望推动传输层安全协议的标准化。

通过上述描述可以看出，握手协议实现双方的加密算法协商与密钥传递，而记录协议定义 SSL 数据传输格式，实现数据的加密与解密操作。显然，D 所描述的内容混淆了握手协议与记录协议的基本功能。

答案：D

例 3 以下关于电子邮件安全技术的描述中，错误的是（   ）。

A）现有电子邮件系统中存在很多安全问题

B）用户端安全邮件技术属于相关安全技术之一

C）PGP 仅提供对邮件正文与附件的加密服务

D）PGP 的设计思想与数字信封基本一致

分析：设计该例题的目的是加深读者对电子邮件安全技术的理解。在讨论电子邮件相关安全技术时，需要注意以下几个主要的问题。

1）未加密的电子邮件在网络上容易被截获，如果电子邮件未经过数字签名，则用户无法确定邮件真正的发送方。

2）为了解决电子邮件安全问题，可以采用以下几种技术：端 – 端的邮件安全、传输层安全、邮件服务器安全、用户端安全邮件技术。

3）已出现一些邮件安全相关协议与标准，如 PGP、S/MIME、MOSS 等。

4）PGP 提供电子邮件的加密、身份认证、数字签名等功能，主要用来保证数据传输过程的安全，它的设计思想与数字信封一致。

通过上述描述可以看出，PGP 提供电子邮件的加密、身份认证、数字签名等功能，而不是仅提供对邮件正文与附件的加密服务。显然，C 所描述的内容不符合 PGP 所提供的基本功能。

答案：C

例 4 以下关于电子商务安全技术的描述中，错误的是（   ）。

A）电子商务需要鉴别交易商家身份的真实性

B）SET 仅涉及电子支付与证书的管理过程

C）SET 是一种成熟的电子支付安全协议

D）电子商务系统包括持卡人、商家、发卡银行、收单银行、支付网关与认证中心

分析：设计该例题的目的是加深读者对电子商务安全技术的理解。在讨论电子商务相关安全技术时，需要注意以下几个主要的问题。

1）电子商务是一种主要基于浏览器 /Web 服务器模式，实现网上购物、在线支付等的新型商业模式。

2）电子商务需要以下几种安全服务：鉴别贸易伙伴、持卡人的合法身份，以及交易商家身份的真实性；确保订购与支付信息的保密性；保证数据在交易过程中不被篡改或伪造，确保信息的完整性。

3）SET 是公认、成熟的电子支付安全协议。SET 使用对称加密与公钥加密体制，以及数字信封、信息摘要与双重签名技术。SET 定义了电子商务体系结构、电子支付与证书管理过程。

4）基于 SET 的电子商务系统包括 6 个组成部分：持卡人、商家、发卡银行、收单银行、支付网关、认证中心。

通过上述描述可以看出，SET 定义了电子商务体系结构、电子支付与证书管理过程，而

不是仅涉及电子支付与证书的管理过程。显然，B 所描述的内容不符合 SET 协议所提供的基本功能。

答案：B

10.1.5　防火墙技术

例 1　以下关于防火墙概念的描述中，错误的是（　　）。

A）防火墙是在网络之间执行控制策略的安全系统

B）防火墙是仅由硬件设备构成的网络安全产品

C）防火墙可以分为包过滤路由器与应用级网关

D）包过滤路由器与应用级网关有不同组合方式

分析：设计该例题的目的是加深读者对防火墙概念的理解。在讨论防火墙的基本概念时，需要注意以下几个主要的问题。

1）防火墙是在网络之间执行控制策略的安全系统，它通常会包括硬件与软件等不同组成部分。

2）防火墙的设置目的是保护内部网络不被外部用户非法访问，因此它需要位于内部网络与外部网络之间。

3）防火墙可以分为两种基本类型：包过滤路由器与应用级网关。最简单的防火墙由单个包过滤路由器组成，而复杂的防火墙通常由包过滤路由器与应用级网关构成。

4）包过滤路由器与应用级网关有多种组合方式，防火墙系统结构也相应地具有多种组成形式。

通过上述描述可以看出，防火墙通常包括硬件与软件等组成部分，而不是仅由硬件设备构成的网络安全产品。显然，B 所描述的内容不符合防火墙组成部分的规定。

答案：B

例 2　以下关于防火墙类型的描述中，错误的是（　　）。

A）包过滤路由器通常被称为屏蔽路由器

B）包过滤方法在网络层监控进出网络的分组

C）应用级网关是在传输层进行用户身份认证

D）双归属主机、应用级代理都属于应用级网关

分析：设计该例题的目的是加深读者对防火墙类型的理解。在讨论防火墙的基本类型时，需要注意以下几个主要的问题。

1）防火墙可以分为两种基本类型：包过滤路由器与应用级网关。

2）包过滤路由器是基于路由器的防火墙，通常也称为屏蔽路由器。包过滤方法主要在网络层监控进出网络的分组。

3）应用级网关是在应用层进行用户身份认证与访问控制的防火墙。应用级网关主要包括多归属主机与应用级代理。

4）多归属主机又称为多宿主主机，它是具有多个网络接口的主机，每个接口都与一个网络连接。如果多归属主机只连接两个网络，则称为双归属主机。多归属主机可以作为应用级网关，在应用层过滤进出网络的特定服务请求。

5）应用级代理与应用级网关的不同之处：应用级代理完全接管用户主机与被访问服务器之间的访问通道。

通过上述描述可以看出，应用级网关是在应用层进行用户身份认证与访问控制，而不是主要在传输层进行身份认证的防火墙类型。显然，C 所描述的内容不符合应用级网关的基本工作原理。

答案：C

例 3　以下关于防火墙系统结构的描述中，错误的是（　　）。

A）防火墙系统仅有一种称为屏蔽主机网关的结构

B）屏蔽路由器通常是支持包过滤功能的路由器

C）堡垒主机是构成防火墙系统的一种基本构件

D）非敏感、可直接访问的服务器可放置在 DMZ 中

分析：设计该例题的目的是加深读者对防火墙系统结构的理解。在讨论防火墙系统的基本结构时，需要注意以下几个主要的问题。

1）由于不同内部网的安全策略与要求不同，防火墙系统的配置与实现方式有很大的区别。

2）屏蔽路由器是防火墙系统的基本构件，通常是支持包过滤功能的路由器。屏蔽路由器被设置在内部网络与外部网络之间，所有分组经过路由器过滤后转发到内部子网，它为内部网络提供了一定程度的安全性。

3）堡垒主机也是防火墙系统的基本构件，通常是有两个网络接口的双归属主机。双归属主机也具有路由器的作用。应用层网关或代理通常安装在双归属主机中，它处理的分组是特定服务的请求或响应，通过检查的请求或响应被转发给相应的主机。

4）屏蔽主机网关由屏蔽路由器与堡垒主机组成，屏蔽路由器被设置在堡垒主机与外部网络之间。所有分组先经过屏蔽路由器过滤才转发到堡垒主机，由堡垒主机中的应用级代理对分组进行分析，然后将通过检查的分组转发给内部主机。

5）对于安全要求更高的网络系统，可采用两个屏蔽路由器与两个堡垒主机的结构。外屏蔽路由器被设置在内部网络与外部网络之间。外屏蔽路由器与外堡垒主机构成一个过滤子网。内包过滤路由器与内堡垒主机保护内部网络中的主机。过滤子网通常被称为非军事区（DMZ）。那些非敏感、可直接访问的服务器放在 DMZ 中。

通过上述描述可以看出，由于不同内部网的安全策略与要求不同，防火墙系统的配置与实现方式有很大区别，它不是仅有一种称为屏蔽主机网关的结构。显然，A 所描述的内容不符合防火墙系统结构的相关规定。

答案：A

10.1.6　入侵检测技术

例 1　以下关于入侵检测概念的描述中，错误的是（　　）。

A）入侵检测系统是识别对计算机和网络资源的恶意使用行为的系统

B）入侵检测功能包括对可能的恶意行为采取必要的防护手段

C）CIDF 需要分析的事件只能是经过协议解析后的数据包内容

D）CIDF 的组成部分包括事件发生器、事件分析器、响应单元与事件数据库

分析：设计该例题的目的是加深读者对入侵检测概念的理解。在讨论入侵检测的基本概念时，需要注意以下几个主要的问题。

1）入侵检测系统（IDS）是识别对计算机和网络资源的恶意使用行为的系统。

2）入侵检测的功能主要包括：监测和发现可能存在的攻击行为，包括来自系统外部的入侵行为，以及内部用户的非授权行为，并且采取相应的防护手段。

3）通用入侵检测框架结构（CIDF）将需要分析的数据统称为事件。CIDF 的组成部分主要包括事件发生器、事件分析器、响应单元与事件数据库。

①事件发生器产生的事件可能是经过协议解析的数据包内容，或者是从日志文件中提取的相关信息。

②事件分析器根据事件数据库的入侵特征描述、用户行为模型等，解析事件以得到格式化的描述，并判断事件是否合法。

③响应单元是对分析结果做出响应的功能单元，响应主要包括切断连接、报警与保存日志等。

④事件数据库用于保存攻击类型数据或检测规则等信息。

通过上述描述可以看出，在 CIDF 框架结构中，事件发生器产生的事件可能是经过协议解析后的数据包内容，或者是从日志文件中提取的相关信息。显然，C 所描述的内容不符合 CIDF 对事件概念的相关规定。

答案：C

例2　以下关于入侵检测方法的描述中，错误的是（　　）。

A）入侵检测系统的核心功能是发现违反安全策略的行为

B）入侵检测方法可以分为两类：异常检测与误用检测

C）异常检测的判断依据是当前状态是否符合正常状态

D）误用检测根据网络使用的正常行为建立入侵行为模型

分析：设计该例题的目的是加深读者对入侵检测方法的理解。在讨论入侵检测的基本方法时，需要注意以下几个主要的问题。

1）入侵检测系统的核心功能是通过分析各种事件，从中发现违反安全策略的行为。按采用的检测方法，入侵检测系统可以分为：异常检测与误用检测。

2）异常检测是指已知网络的正常活动状态，如果当前状态不符合正常状态，则认为有攻击行为发生。异常检测的关键是建立对应正常网络活动的特征原型。所有与特征原型差别很大的行为均被视为异常。

3）误用检测建立在使用特征描述方法，能够表示出任何已知攻击的基础上。根据入侵者的某些行为特征建立入侵行为模型，如果用户行为与入侵模型相匹配，则判定入侵行为已经发生。

通过上述描述可以看出，误用检测根据入侵者的异常行为特征建立入侵行为模型，而不是根据正常使用行为建立入侵行为模型。显然，D 所描述的内容混淆了异常检测与误用检测方法的基本原理。

答案：D

例3　以下关于蜜罐概念的描述中，错误的是（　　）。

A）蜜罐是一个包含漏洞的诱骗系统，为攻击者提供一个容易攻击的目标

B）蜜罐的设计目标仅是转移攻击者对网络系统中有价值资源的注意力

C）从应用目标的角度，蜜罐系统可以分为研究型蜜罐与实用型蜜罐

D）蜜罐可以记录入侵者的行为及过程，为起诉入侵者收集有用的证据

分析：设计该例题的目的是加深读者对蜜罐概念的理解。在讨论蜜罐的基本概念时，需

要注意以下几个主要的问题。

1）蜜罐是一个包含漏洞的诱骗系统，通过模拟一台主机、服务器或其他网络设备，为攻击者提供一个容易攻击的目标，诱骗攻击者对它发起攻击并攻陷它。

2）蜜罐系统的设计目标主要有 3 方面：转移攻击者对有价值资源的注意力，从而保护网络中的有价值资源；通过收集、分析攻击者的目标、行为与破坏方式等，了解网络安全状态及研究对策；记录入侵者的行为和过程，为起诉入侵者收集有用的证据。

3）从应用目标的角度，蜜罐系统可以分为两类：研究型蜜罐与实用型蜜罐。从系统功能的角度，蜜罐系统可以分为 3 类，即端口监控器、欺骗系统与多欺骗系统等。

通过上述描述可以看出，蜜罐的设计目标包括转移攻击者对有价值资源的注意力，分析攻击者的目标、行为与破坏方式，以及为起诉入侵者收集有用的证据。显然，B 所描述的内容仅局限在蜜罐设计目标的一个方面。

答案：B

10.1.7 恶意代码及防护技术

例 1 以下关于恶意代码概念的描述中，错误的是（　　）。

A）恶意代码是在计算机或网络之间传播、可能修改计算机系统的程序

B）恶意代码有 3 个特征：恶意的目的，本身是程序，通过执行产生作用

C）恶意代码早期的主要形式是带有木马的垃圾邮件

D）恶意代码与网络攻击近年来呈现出融合的趋势

分析：设计该例题的目的是加深读者对恶意代码概念的理解。在讨论恶意代码的基本概念时，需要注意以下几个主要的问题。

1）恶意代码是在计算机或网络之间传播的程序，目的是在用户和网络管理员不知情的情况下修改系统。

2）恶意代码具有 3 个共同特征：恶意的目的，本身是程序，通过执行产生作用。

3）恶意代码早期的主要形式是计算机病毒。目前，恶意代码主要包括以下几种类型：计算机病毒、网络蠕虫、特洛伊木马，以及垃圾邮件、流氓软件等。

4）近年来，恶意代码与网络攻击呈融合的趋势，变种速度快，检测难度增加。

5）恶意代码的传播途径主要集中在：利用操作系统或应用软件的漏洞、通过浏览器传播，以及利用用户的信任关系等。

通过上述描述可以看出，恶意代码早期的主要形式是计算机病毒，而不是带有木马的垃圾邮件。显然，C 所描述的内容不符合恶意代码发展过程中的特征。

答案：C

例 2 以下关于计算机病毒概念的描述中，错误的是（　　）。

A）计算机病毒是一组可能会影响计算机使用的程序代码

B）感染性、潜伏性、触发性都是计算机病毒的主要特征

C）计算机病毒传播可以利用计算机或网络中存在的漏洞

D）计算机病毒在休眠阶段被某些事件或某种条件所激活

分析：设计该例题的目的是加深读者对计算机病毒概念的理解。在讨论计算机病毒的基本概念时，需要注意以下几个主要的问题。

1）计算机病毒是指在计算机程序中插入的破坏计算机功能或毁坏数据、影响计算机的

使用，并能自我复制的一组计算机指令或程序代码。

2）除了与其他程序一样可存储与运行之外，计算机病毒具有感染性、潜伏性、触发性、破坏性与衍生性等特点。

3）随着计算机网络特别是互联网的快速发展，计算机网络逐渐成为病毒的主要传播途径，导致病毒传播速度更快且危害范围更广。计算机病毒主要利用各种网络协议或命令，以及计算机或网络漏洞来传播。

4）计算机病毒的生命周期分为4个阶段：休眠、传播、触发与执行。病毒在休眠阶段不执行操作，而是等待被某些事件激活。病毒在传播阶段将自身副本植入其他程序，这个副本可能变型以应对检测。病毒在触发阶段被某些事件激活。病毒执行预先设定的功能，可能是无害的行为，也可能具有破坏性。

通过上述描述可以看出，计算机病毒在休眠阶段并不执行什么操作，而是等待被某些事件或某种条件所激活。显然，D 所描述的内容混淆了计算机病毒的休眠阶段与触发阶段的基本特征。

答案：D

例3 以下关于网络蠕虫概念的描述中，错误的是（   ）。

A）在蠕虫的多种定义中，多数强调的是它的破坏性

B）蠕虫曾经利用电子邮件作为主要传播途径

C）蠕虫近年来经常采用基于社交网络的欺骗手段

D）针对蠕虫的防范可通过及时修复漏洞的方法

分析：设计该例题的目的是加深读者对网络蠕虫概念的理解。在讨论网络蠕虫的基本概念时，需要注意以下几个主要的问题。

1）网络蠕虫的权威定义是：一种无须用户干预、依靠自身复制能力、自动通过网络传播的恶意代码。在针对蠕虫的多种定义中，多数强调的是它的主动性和独立性。

2）随着互联网应用的快速发展，电子邮件作为互联网的典型应用，经常被蠕虫利用作为主要传播媒介。随着社交网络应用的快速发展，通过基于社交网络的欺骗手段，攻击者更容易诱使用户感染蠕虫。

3）蠕虫和计算机病毒之间的区别主要表现在：

①蠕虫是独立的程序，而病毒是寄生在其他程序中的一段程序。

②蠕虫通过漏洞进行传播，而病毒是通过复制自身到宿主文件来传播。

③蠕虫感染计算机，而病毒感染计算机的文件系统。

④蠕虫会造成网络拥塞甚至瘫痪，而病毒破坏计算机的文件系统。

⑤蠕虫防范可通过及时修复漏洞的方法，而防治病毒需要依靠杀毒软件来查杀。

通过上述描述可以看出，在针对网络蠕虫的多种定义中，多数强调的是其传播的主动性和独立性，而不是强调它对计算机系统的破坏性。显然，A 所描述的内容不符合有关蠕虫定义的关键特征。

答案：A

例4 以下关于木马程序概念的描述中，错误的是（   ）。

A）木马后来被引用为后门程序的代名词

B）木马通过感染其他文件的手段来传播

C）木马技术的发展大致可以划分为六代

D）木马通常依靠骗取用户信任来激活它

分析：设计该例题的目的是加深读者对木马程序概念的理解。在讨论木马程序的基本概念时，需要注意以下几个主要的问题。

1）特洛伊木马通常简称为"木马"，它来源于古希腊神话"木马屠城记"，后来被引用为后门程序的代名词，特指为攻击者打开计算机后门的程序。

2）木马可以被定义为：伪装成合法程序或隐藏在合法程序中的恶意代码，这些代码本身可能执行恶意行为，或者为非授权访问系统提供后门。

3）木马程序通常不感染其他文件，它只是伪装成一种正常程序，并且随着其他程序安装在计算机中，但是用户不知道该程序的真实功能。大多数木马以收集用户的个人信息为主要目的。

4）木马技术在隐蔽性与功能方面不断完善。从最早的木马出现至今，木马技术的发展大致可以划分为六代。

5）木马与蠕虫的区别主要是：木马通常不对自身进行复制，而蠕虫对自身大量复制；木马通常依靠骗取用户信任来激活，而蠕虫自行在计算机之间进行传播，这个过程并不需要用户介入。

通过上述描述可以看出，木马程序通常不会感染其他文件，它只是伪装成一种正常程序，并且随着其他程序被安装在计算机中。显然，B所描述的内容不符合木马程序传播的基本方式。

答案：B

例5 以下关于网络防病毒技术的描述中，错误的是（　　）。

A）网络防病毒需要从两个方面入手：工作站与服务器

B）网络防病毒软件提供3种扫描方式：实时扫描、预置扫描与人工扫描

C）预置扫描可在预先选择的时间扫描文件服务器

D）网络防病毒系统包括两个子系统：工作站模块与服务器模块

分析：设计该例题的目的是加深读者对网络防病毒技术的理解。在讨论网络防病毒相关技术时，需要注意以下几个主要的问题。

1）网络防病毒需要从两方面入手：工作站与服务器。目前，用于网络环境的防病毒软件很多，其中多数运行在文件服务器，可同时检查服务器和工作站病毒。

2）网络防病毒软件通常提供3种扫描方式：实时扫描、预置扫描与人工扫描。其中，实时扫描要求连续不断地扫描服务器；预置扫描可在预先选择的时间扫描服务器；人工扫描可在任何时候扫描指定目录和文件。

3）网络防病毒系统通常包括以下几个部分：客户端防毒软件、服务器端防毒软件、针对群件的防毒软件、针对黑客的防毒软件。

4）网络防病毒系统通常包括以下几个子系统：系统中心、服务器端、工作站端、管理控制台。每个子系统均包括若干不同模块，除了承担各自的任务之外，还要与其他子系统通信、协同工作，共同完成对网络病毒的防护工作。

通过上述描述可以看出，网络防病毒系统通常包括系统中心、服务器端、工作站端、管理控制台等子系统，而不仅是工作站模块与服务器模块。显然，D所描述的内容不符合网络防病毒系统的基本结构。

答案：D

10.2　同步练习

10.2.1　术语辨析题

用给出的定义标识出对应的术语（本题给出 26 个定义，请从中选出 20 个，分别将序号填写在对应的术语前的空格处）。

（1）_____　窃听数据　　　　（2）_____　网络蠕虫

（3）_____　认证　　　　　　（4）_____　防火墙

（5）_____　AH　　　　　　　（6）_____　IDS

（7）_____　公钥加密　　　　（8）_____　计算机病毒

（9）_____　ESP　　　　　　（10）_____　分组密码

（11）_____　访问控制　　　　（12）_____　对称加密

（13）_____　SSL　　　　　　（14）_____　防抵赖

（15）_____　IPSec　　　　　（16）_____　TLS

（17）_____　木马程序　　　　（18）_____　SET

（19）_____　伪造数据　　　　（20）_____　网络空间

A. 与国家领土、领海、领空、太空四大常规空间同等重要的“第五空间”。

B. 攻击者通过在线侦听方法，非法获取网络传输数据的行为。

C. 攻击者假冒与顶替接收者身份，在线截获网络传输数据的行为。

D. 攻击者截获网络传输数据之后，经过修改再发送给接收者的行为。

E. 攻击者假冒发送者身份，将自己生成的数据发送给接收者的行为。

F. 提供对通信实体和数据来源的身份鉴别的网络安全服务。

G. 防止数据在传输过程中被窃听或泄露的网络安全服务。

H. 防止发送方或接收方否认其发送或接收行为的网络安全服务。

I. 防止未授权的用户非法使用系统资源的网络安全服务。

J. 由美国政府发布、将计算机系统安全分为 4 类 7 个等级的网络安全标准。

K. 对数据的加密与解密使用同一密钥的密码体制。

L. 对数据的加密与解密使用不同密钥的密码体制。

M. 对数据以分组为单位进行加密或解密的密码技术。

N. 对数据以字节流为单位进行加密或解密的密码技术。

O. IETF 为保证网络层通信安全而制定的一个协议集。

P. IETF 为推动传输层安全协议标准化而制定的协议。

Q. 提供数据源认证、数据完整性认证、抗重放功能的 IPSec 协议。

R. 提供数据加密服务、数据源认证、数据完整性认证、抗重放功能的 IPSec 协议。

S. 由 Netscape 公司提出、主要用于 Web 应用的传输层安全协议。

T. 由 VISA 和 MasterCard 共同提出的电子支付安全协议。

U. 保护内部网络不被外部用户非法访问的网络安全设备。

V. 识别对计算机和网络资源的恶意使用行为的网络安全系统。

W. 包含漏洞、引诱攻击者执行攻击、记录攻击行为的网络安全系统。

X. 带有隐蔽性、潜伏性、传播性和破坏性等特征的恶意程序。

Y. 无须用户干预、依靠自身复制能力、通过网络自动传播的恶意程序。

Z. 特指为攻击者打开计算机后门的程序。

10.2.2　单项选择题

（1）在 X.800 标准中，提供对通信实体、数据来源鉴别服务的是（　　）。

A）数据机密性　　　　　　　　B）访问控制

C）数据完整性　　　　　　　　D）认证

（2）在可信计算机系统评估准则中，安全要求最低的级别是（　　）。

A）D 级　　　　　　　　　　　B）E 级

C）A1 级　　　　　　　　　　 D）B3 级

（3）在 DES 算法的加密过程中，处理的基本数据单元大小是（　　）。

A）32 位　　　　　　　　　　　B）128 位

C）64 位　　　　　　　　　　　D）256 位

（4）在以下几种机密算法中，不属于公钥加密类型的是（　　）。

A）ElGamal　　　　　　　　　B）3DES

C）RSA　　　　　　　　　　　D）ECC

（5）如果将公钥密码用于数字签名应用，发送方对明文加密时使用的是（　　）。

A）发送方的私钥　　　　　　　B）接收方的私钥

C）发送方的公钥　　　　　　　D）接收方的公钥

（6）在以下几种服务中，AH 协议不能提供的是（　　）。

A）抗重放　　　　　　　　　　B）数据完整性检测

C）数据加密　　　　　　　　　D）数据源认证

（7）在 IPSec 隧道模式中，隧道端点所在的设备通常称为（　　）。

A）包过滤路由器　　　　　　　B）安全网关

C）源路由网桥　　　　　　　　D）应用代理

（8）在以下几种安全协议中，不属于传输层协议的是（　　）。

A）PCT　　　　　　　　　　　B）SSL

C）PGP　　　　　　　　　　　D）TLS

（9）以下关于防火墙概念的描述中，错误的是（　　）。

A）设置防火墙的基本目的是监测和发现可能存在的攻击行为

B）防火墙系统通常是一个由软件与硬件组成的系统

C）包过滤路由器是工作在网络层的防火墙基本组件

D）采用两个屏蔽路由器与两个堡垒主机的防火墙结构称为多级主机网关结构

（10）以下关于 AES 算法的描述中，错误的是（　　）。

A）AES 是一种密钥比 DES 长的对称加密算法

B）AES 将数据以分组为基本单位进行加密

C）AES 支持两种密钥长度：128 位与 192 位

D）AES 的计算轮数与密钥长度直接相关

（11）以下关于网络攻击类型的描述中，错误的是（　　）。

A）篡改数据属于主动攻击

B）伪造数据属于主动攻击

C）窃听数据属于被动攻击

D）重放数据属于被动攻击

（12）以下关于几种加密算法的描述中，错误的是（　　）。

A）3DES 与 RC2 属于对称加密体制

B）Blowfish 与 ECC 属于公钥加密体制

C）IDEA 与 RC5 属于对称加密体制

D）Diffie-Hellman 与 DSS 属于公钥加密体制

（13）以下关于木马与蠕虫的描述中，错误的是（　　）。

A）网络蠕虫当前已成为后门程序的代名词

B）木马伪装成一种正常程序来隐蔽地安装

C）木马通常不对自身进行复制，而蠕虫对自身大量复制

D）木马依靠骗取用户信任来激活，而蠕虫自行在计算机之间传播

（14）以下关于 CIDF 概念的描述中，错误的是（　　）。

A）CIDF 是一种通用的入侵检测框架结构

B）CIDF 将需要分析的数据统称为事件

C）事件发生器通过数据包或日志文件生成事件

D）事件分析器仅根据事件数据库中的特征来分析事件

（15）以下关于防火墙系统结构的描述中，错误的是（　　）。

A）防火墙系统的配置与实现方式可以有不同形式

B）屏蔽主机网关结构由两个屏蔽路由器与两个堡垒主机构成

C）多级主机网关结构中设置了被称为 DMZ 的过滤子网

D）DMZ 是指在内部网中允许外部主机直接访问的公共区域

（16）以下关于应用层安全协议的描述中，错误的是（　　）。

A）SSL 是用于 Web 服务的应用层安全协议

B）PGP 是用于电子邮件的应用层安全协议

C）PGP 是用于电子商务的应用层安全协议

D）S/MIME 是用于电子邮件的应用层安全协议

（17）以下关于 X.800 标准的描述中，错误的是（　　）。

A）访问控制防止未授权的用户非法使用系统资源

B）认证服务确保接收数据与发送数据的一致性

C）防抵赖确保数据由特定的用户发送或接收

D）数据机密性防止数据在传输过程中被窃听或泄露

（18）以下关于网络防病毒技术的描述中，错误的是（　　）。

A）网络防病毒是网络管理员和用户都关心的问题

B）网络防病毒是网络应用系统设计中需要考虑的问题

C）网络防病毒应该从两方面入手：工作站与服务器

D）网络防病毒只需为网络中的每台计算机安装单机杀毒软件

（19）以下关于蜜罐概念的描述中，错误的是（　　）。

A）蜜罐是一个包含漏洞的诱骗系统

B）蜜罐为攻击者提供一个容易攻击的目标

C）蜜罐不记录有关攻击行为的相关证据

D）蜜罐通常模拟一台主机、服务器或其他网络设备

（20）以下关于计算机病毒周期的描述中，错误的是（　　）。

A）在休眠阶段，病毒不执行操作，而是等待被激活

B）在触发阶段，病毒被某些事件激活，接着进入传播阶段

C）在传播阶段，病毒将自身副本植入其他程序

D）在执行阶段，病毒将会执行预先设定的功能

（21）以下关于包过滤路由器概念的描述中，错误的是（　　）。

A）包过滤路由器是基于路由器的防火墙组件

B）包过滤路由器在网络层执行分组的过滤

C）包过滤方法既能控制主机又能控制用户

D）包过滤规则基于分组头部的部分字段内容

（22）以下关于 TC-SEC-NCSC 等级的描述中，错误的是（　　）。

A）C 级系统属于用户自主保护类型

B）C 级系统分为两个级别：C1 与 C2

C）B 级系统属于强制安全保护类型

D）B 级系统分为两个级别：B1 与 B2

（23）以下关于网络攻击分类的描述中，错误的是（　　）。

A）网络攻击分为两类：服务攻击与非服务攻击

B）服务攻击主要是针对各类服务器的攻击

C）非服务攻击是对网络设备或通信线路的攻击

D）非服务攻击的目的是造成服务器工作不正常甚至瘫痪

（24）以下关于 RSA 算法的描述中，错误的是（　　）。

A）RSA 是一种基于分组的对称加密算法

B）RSA 分组长度可变，明文分组长度需要小于密钥长度

C）RSA 密钥长度包括 512 位、1024 位、2048 位

D）RSA 理论基础是分解两个大素数的积在计算上不可行

（25）以下关于 IPSec 安全关联的描述中，错误的是（　　）。

A）安全关联是一组与隧道相关的安全参数集合

B）每个安全关联与一条隧道直接相关

C）通信双方之间的 AH 与 ESP 需要使用不同的安全关联

D）通信双方之间的输入与输出可以使用相同的安全关联

参 考 文 献

[1] Irv Englander. 现代计算机系统与网络（原书第 5 版）[M]. 朱利，译 . 北京：机械工业 出版社，2018.

[2] William Stallings，等 . 现代网络技术：SDN、NFV、QoE、物联网和云计算 [M]. 胡超， 等译 . 北京：机械工业出版社，2018.

[3] James F Kurose，等 . 计算机网络自顶向下方法（原书第 7 版）[M]. 陈鸣，译 . 北京： 机械工业出版社，2018.

[4] Kevin R Fall，等 . TCP/IP 详解　卷 1：协议（原书第 2 版）[M]. 吴英，等译 . 北京： 机械工业出版社，2016.

[5] Larry L Peterson，等 . 计算机网络：系统方法（原书第 5 版）[M]. 王勇，等译 . 北京： 机械工业出版社，2015.

[6] Douglas E Comer. 计算机网络与因特网（原书第 6 版）[M]. 范冰冰，等译 . 北京：电 子工业出版社，2015.

[7] William Stallings. 网络安全基础：应用与标准（原书第 5 版）[M]. 白国强，等译 . 北京： 清华大学出版社，2014.

[8] Andrew S Tanenbaum，等 . 计算机网络（原书第 5 版）[M]. 严伟，等译 . 北京：清华 大学出版社，2012.

[9] Behrouz A Forouzan . TCP/IP 协议族（原书第 4 版）[M]. 王海，等译 . 北京：清华大学 出版社，2011.

[10] 吴功宜，吴英 . 物联网工程导论 [M]. 2 版 . 北京：清华大学出版社，2018.

[11] 吴功宜，吴英 . 计算机网络 [M]. 4 版 . 北京：清华大学出版社，2017.

[12] 吴英 . 计算机网络软件编程指导书 [M]. 2 版 . 北京：清华大学出版社，2017.

[13] 吴功宜，吴英 . 计算机网络高级教程 [M]. 2 版 . 北京：清华大学出版社，2015.

[14] 吴英 . 网络安全技术教程 [M]. 北京：机械工业出版社，2015.

[15] 吴功宜，吴英 . 计算机网络课程设计 [M]. 2 版 . 北京：机械工业出版社，2012.

[16] 吴功宜 . 计算机网络与互联网技术研究、应用和产业发展 [M]. 北京：清华大学出版 社，2008.

TCP/IP详解 卷1：协议（原书第2版）

作者：Kevin R. Fall, W. Richard Stevens 译者：吴英 吴功宜
ISBN: 978-7-111-45383-3 定价：129.00元

TCP/IP详解 卷1：协议（英文版·第2版）

ISBN: 978-7-111-38228-7 定价：129.00元

我认为本书之所以领先群伦、独一无二，是源于其对细节的注重和对历史的关注。书中介绍了计算机网络的背景知识，并提供了解决不断演变的网络问题的各种方法。本书一直在不懈努力，以获得精确的答案和探索剩余的问题域。对于致力于完善和保护互联网运营或探究长期存在的问题的可选解决方案的工程师，本书提供的见解将是无价的。作者对当今互联网技术的全面阐述和透彻分析是值得称赞的。

——Vint Cerf，互联网发明人之一，图灵奖获得者

《TCP/IP详解》是已故网络专家、著名技术作家W.Richard Stevens的传世之作，内容详尽且极具权威性，被誉为TCP/IP领域的不朽名著。本书是《TCP/IP详解》第1卷的第2版，主要讲述TCP/IP协议，结合大量实例介绍了TCP/IP协议族的定义原因，以及在各种不同的操作系统中的应用及工作方式。第2版在保留Stevens卓越的知识体系和写作风格的基础上，新加入的作者Kevin R.Fall结合其作为TCP/IP协议研究领域领导者的尖端经验来更新本书，反映了最新的协议和最佳的实践方法。

推 荐 阅 读

物联网工程导论（第2版）

作者：吴功宜 吴英 ISBN:978-7-111-58294-6 定价：49.00元

　　本书从信息技术、信息产业以及信息化和工业化融合的角度认识物联网，并从物联网工程专业的高度组织全书内容体系，阐述了物联网出现的社会背景、技术背景，而且以物联网的体系结构为主线，清晰地描述了物联网涉及的各项关键技术，为读者勾勒出物联网的全景。同时，本书给出了大量物联网及关键技术的应用案例，指出物联网关键技术中有待解决的前沿问题，使读者在了解物联网的同时，找到专业研究的方向。

物联网技术与应用（第2版）

作者：吴功宜 吴英 ISBN:978-7-111-59949-4 定价：39.00元

　　物联网的出现预示着"世上万物凡存在，皆互联；凡互联，皆计算；凡计算，皆智能"的发展前景。物联网既支撑着大数据、云计算、智能、移动计算、下一代网络等新技术，又支撑着智能工业、智能农业、智能医疗、智能交通等行业的应用。本书正是为了满足不同专业的初学者了解物联网的关键技术和应用而编写的。在严谨地阐述概念、原理、技术的同时，本书采用通俗易懂的案例，图文并茂地为读者解释物联网关键技术，既涉及物联网的经典技术和方法，又涵盖大数据、人工智能、机器人、云计算、CPS等热点技术与物联网的关系及其应用，使读者形成关于物联网的完整知识体系。

现代网络技术：SDN、NFV、QoE、物联网和云计算

作者：[美] 威廉·斯托林斯（William Stallings） 等 译者：胡超 邢长友 陈鸣

书号：978-7-111-58664-7 定价：99.00元

　　本书全面、系统地论述了现代网络技术和应用，介绍了当前正在改变网络的五种关键技术，包括软件定义网络、网络功能虚拟化、用户体验质量、物联网和云服务。无论是计算机网络的技术人员、研究者还是高校学生，都可以通过本书了解现代计算机网络。

　　本书包括六个部分，第一部分是现代网络的概述，包括网络生态系统的元素和现代网络关键技术的介绍。第二部分全面和透彻地介绍了软件定义网络概念、技术和应用。第三部分介绍网络功能虚拟化的概念、技术和应用，第四部分介绍与SDN和NFV出现同样重要的服务质量（QoS）和体验质量（QoE）的演化。第五部分介绍云计算和物联网（IoT）这两种占支配地位的现代网络体系结构，第六部分介绍SDN、NFV、云和IoT的安全性。

作者简介

威廉·斯托林斯（William Stallings）

　　世界知名计算机图书作者，拥有麻省理工大学计算机科学专业博士学位。他在推广计算机安全、计算机网络和计算机体系结构领域的技术发展方面做出了突出的贡献。他著有《数据通信：基础设施、联网和安全》《计算机组成与体系结构：性能设计》《操作系统：精髓与设计原理》《计算机安全：原理与实践》《无线通信网络与系统》等近20部计算机教科书，曾13次收到来自教科书和学术作者协会（Text and Academic Authors Association）颁发的年度最优计算机科学教科书奖。